Ullstein Sachbuch

Ullstein Sachbuch
Ullstein Buch Nr. 34270
im Verlag Ullstein GmbH
Frankfurt/M – Berlin – Wien
Amerikanischer Originaltitel
»Mathematical Carnival«
Übersetzt von Sibylle und Ulfried Wesser

Ungekürzte Ausgabe

Umschlagentwurf:
Hansbernd Lindemann
Alle Rechte vorbehalten
© 1975 by Martin Gardner
Mit freundlicher Genehmigung
der Alfred A. Knopf, Inc., New York
© der deutschen Ausgabe
1980 by Verlag Ullstein GmbH,
Frankfurt/M – Berlin – Wien
Printed in Germany 1985
Druck und Verarbeitung: Ebner Ulm
ISBN 3 548 34270 1

Mai 1985

CIP-Kurztitelaufnahme
der Deutschen Bibliothek

Gardner, Martin:
Mathematischer Karneval /
Martin Gardner.
[Übers. von Sibylle u. Ulfried Wesser]. –
Ungekürzte Ausg. – Frankfurt/M;
Berlin; Wien: Ullstein, 1985.
   (Ullstein-Buch; Nr. 34270:
   Ullstein-Sachbuch)
   Einheitssacht.:
   Mathematical carnival <dt.>
   ISBN 3-548-34270-1
NE: GT

Martin Gardner Mathematischer
Karneval

Ullstein Sachbuch

Der Autor:

Martin Gardner, Sohn eines Ölsuchers aus Oklahoma, begann seine berufliche Karriere als Reporter bei der »Tulsa Tribune«, bis er sich als freier Schriftsteller niederließ. Seit 1957 hatte er eine ständige Kolumne in der Zeitschrift »Scientific American«, in der seine mathematischen Spielereien erschienen sind. Lieferbare Titel bei Ullstein: *Mathematische Hexereien* (06578), *Unsere gespiegelte Welt* (07709), *Kabarett der Täuschungen* (07718), *Mathematischer Zirkus* (07692), *Die Zahlenspiele des Dr. Matrix* (4160), *Rätsel und Denkspiele* (4162), *Das verhexte Alphabet* (4165).

*Dieses Buch ist
John Horton Conway gewidmet,
dessen Beiträge zur erholsamen Mathematik
in ihrer Kombination von
Tiefe, Eleganz und Humor einzig dastehen*

Inhalt

Einführung

Ein Mathematiklehrer sieht sich immer vor einer Schwierigkeit: Wie kann er seine Schüler wachhalten? Dabei spielt das Interesse des Lehrers an seinem Fachgebiet und auch sein Wunsch, mit den Schülern ins Gespräch zu kommen, keine entscheidende Rolle.

Ähnlichen Problemen steht auch der Verfasser eines Mathematikbuches für Laien gegenüber. Wie sehr er sich auch bemüht, technische Fachwörter zu vermeiden und sein Anliegen dem Interesse seiner Leser anzupassen, er hat das Problem: Wie bringt er seine Leser dazu, auch noch die nächste Seite umzublättern?

Auch die »Neue Mathematik« war keine Hilfe. Ihr ging der Gedanke voraus, das rein mechanische Auswendiglernen mathematischer Regeln und Formeln durch bloße Übung zu ersetzen und den Streß des Mathematikunterrichts so klein wie möglich zu halten. Unglücklicherweise erwiesen sich das Kommutativ-, das Distributions- und das Assoziativgesetz und auch die andersartige Sprache der elementaren Mengentheorie als noch stumpfsinniger und langweiliger als das Große Einmaleins. Mittelmäßige Lehrer, die sich mit der neuen Mathematik herumplagen mußten, wurden dabei noch mittelmäßiger, und die armen Schüler lernten außer einer Terminologie, die niemandem außer den Pädagogen, die sie erfunden hatten, nützte, überhaupt nichts mehr. Auch die Bücher über die neue Mathematik, die geschrieben wurden, um diese den Erwachsenen klarzumachen, waren langweiliger als die Bücher der alten Mathematik. Den Lehrern wurde es bald leid, Kinder immer wieder daran erinnern zu müssen, daß es Ziffern waren, was sie schrieben, und keine Zahlen. Die ganze Misere wird in dem Buch von Morris Kline, *Warum Hänschen nicht addieren kann*, offensichtlich.

Um Schülern und Laien die Mathematik verständlich zu machen, erschien es mir immer als das beste, den Stoff in spielerischer Form zu vermitteln. Die Mathematik muß selbstverständlich, wenn sie auf hohem Niveau betrieben wird und mit praktischen Problemen verbunden ist, äußerst ernsthaft behandelt werden. Auf der Anfängerebene wird kein Schüler dadurch zum Lernen der höheren Gruppentheorie angeregt, daß man ihm erzählt, er werde sie herrlich und anregend finden oder sogar nützlich, wenn er einmal Kernphysiker werden sollte. Sicher ist es noch die beste Methode, Schüler und Studenten aufzuwecken, wenn man ihnen etwas kompliziertere mathematische Spiele, Denk- oder Scherzaufgaben gibt, zu deren Lösung man sich mathematischer Hilfsmittel bedienen muß. Einige Mathematiklehrer vermeiden aber ein solches Vorgehen, weil sie es als nicht ernsthaft ansehen.

Natürlich empfiehlt niemand einem Lehrer, seine Schüler nur mit mathematischen Unterhaltungsspielen zu beschäftigen, und auch ein Buch für Laien, das nur Spiele anbietet, wird wirkungslos sein, wenn es nicht auch wichtige mathematische Erkenntnisse vermittelt. Zweifellos müssen hier das ernsthafte Lernen und die spielerische Unterhaltung zusammenwirken. Das Ernsthafte macht das Ganze wertvoll und das Spielerische hält den Leser munter.

Mit dieser Art von Mischung habe ich versucht, meine Beiträge in der Zeitschrift *Scientific American* seit Dezember 1956 zu schreiben. Seitdem wurden sechs Bücher mit Sammlungen dieser Artikel veröffentlicht. Dies ist nun das siebente. Wie auch in meinen ersten Bänden, wurden hier die Artikel neu bearbeitet und erweitert, um sie auf den neuesten Stand zu bringen; dabei konnten wertvolle Leserechos aufgenommen werden.

Die Gebiete, die hier berührt werden, sind so vielfältig wie die Masken im Karneval; hoffentlich wird der Leser diese farbige Straße mit Freuden entlangwandern, ob er nun als Mathematiker vom Fach ist oder als Laie an dem bunten Gemisch und den Spielen Spaß findet. Hat er diese Straße der Mathematik durchlaufen, wird er am Ende überrascht sein, wie viel er doch an nichttrivialer Mathematik aufgenommen hat, ohne daß er sich dabei anstrengen mußte.

Martin Gardner

Sprouts und Brussels Sprouts*

»Ein Freund von mir, der in Cambridge Philologie studiert, führte mir kürzlich das Spiel ›Sprouts‹ vor, das im letzten Semester in Cambridge zur Manie wurde. Ein Spiel von seltsamer topologischer Natur.«

So begann ein Brief, den mir David Hartshorne, ein Mathematikstudent an der Universität von Leeds, 1967 schrieb. Kurz danach berichteten mir auch andere englische Leser über dieses unterhaltsame Spiel, zu dem man nur Bleistift und Papier braucht, und das im Campus von Cambridge erfunden wurde. Ich bin sehr froh, daß es mir gelang, die Herkunft des Spiels bis zu seinem Anfang zu verfolgen – bis zu den gemeinsamen kreativen Bemühungen von John Horton Conway, damals Professor der Mathematik am Sidney Sussex College in Cambridge, und Michael Stewart Paterson, zu dieser Zeit Student auf dem Gebiet der abstrakten Computertheorie in Cambridge.

Das Spiel beginnt damit, daß man n Punkte auf ein Stück Papier zeichnet. Anfänger sollten mit drei oder vier Punkten beginnen, weil es sonst zu schwer wird. Ein Zug des Spiels besteht darin, einen Punkt mit einem anderen zu verbinden oder zum gleichen Punkt zurückzukehren; dabei soll auf der gezeichneten Linie irgendwo ein neuer Punkt markiert werden. Folgende Regeln sind dabei zu beachten:

1. Die Verbindungslinien können jede Form haben, aber sie dürfen keine vorher gezogene Linie oder sich selbst kreuzen und durch keinen vorher markierten Punkt hindurchgehen.

2. Von keinem Punkt dürfen mehr als drei Linien ausgehen.

Der Reihe nach setzen die Spieler ihre Kurven an den »Sprößling«. Beim normalen Spiel gewinnt, wer als letzter eine Kurve zeichnen kann. Man kann das Spiel auch nach Art der Nimm-Spiele als »Misère-Spiel« durchführen. Dieser französische Ausdruck stammt aus dem Sprachschatz des Whist-Spiels, bei dem vermieden werden muß, Stiche zu

---

* Sprout = Sproß, Sprößling.

bekommen. Im Misère-Sprouts gewinnt der Spieler, der als erster nicht mehr spielen kann.

Die Abbildung 1 zeigt den typischen Verlauf eines Spiels, das mit drei Punkten beginnt. Gewonnen hat hier der erste Spieler mit dem siebenten Zug. Man erkennt auch, warum das Spiel »Sproß« genannt wird: Die Muster sprießen aus den Punkten. Es handelt sich nicht mehr um ein einfaches Kombinationsspiel, bei dem man Verbindungslinien zeichnet, sondern die gesamte Topologie der Fläche wird genutzt. Mathematisch ausgedrückt: Hier wird die Jordansche Kurventheorie angewendet, in der festgestellt wird, daß einfache, geschlossene Kurven eine Fläche in innere und äußere Bezirke teilen.

Man könnte nun vermuten, daß dieses Sprouts-Spiel endlos weiterwachsen kann, doch Cornway fand den einfachen Beweis, daß ein Spiel in $3n - 1$ Zügen enden muß. Von jedem Punkt dürfen nur drei Linien ausgehen. Gehen drei Linien von ihm aus, dann ist er für das Spiel nicht mehr existent, er ist tot. Beginnt ein Spiel mit n Punkten, so kann man an jedem der drei Punkte beginnen, wir haben daher drei mal n Möglichkeiten. Jeder einzelne Zug verbraucht praktisch zwei solcher Möglichkeiten, eine am Anfang und eine am Ende der Kurve, fügt aber eine neue »Möglichkeit« durch die Festlegung eines neuen Punktes hinzu. Mit jedem Punkt wird daher die Summe der Möglichkeiten des gesamten Spiels um 1 herabgesetzt. Wenn nur noch ein Punkt, von dem schon zwei Linien ausgehen, im Spiel übrigbleibt, kann das Spiel nicht fortgesetzt werden, da ein weiterer Punkt, für das Ende der Linie, nicht mehr vorhanden ist. Kein Spiel kann länger als $3n - 1$ Züge dauern. Damit ist bewiesen, daß jedes Spiel mindestens $2n$ Züge dauert. Das Drei-Punkte-Spiel startet mit neun Möglichkeiten und endet mit oder vor dem achten Zug bei einer Gesamtdauer von mindestens sechs Zügen.

Ein Spiel mit einem Punkt ist natürlich trivial. Der erste Spieler hat nur einen möglichen Zug, den vorgegebenen Punkt mit sich selbst durch eine Linie zu verbinden. Der zweite Spieler gewinnt, indem er die beiden Punkte entweder innerhalb oder außerhalb der geschlossenen Kurve verbindet. Diese beiden Sekundärzüge sind gleichwertig, da man die äußere Seite von der inneren Seite der geschlossenen Kurve nicht unterscheiden kann. Dieser Grundgedanke des Spiels wird klar, wenn man sich vorstellt, das Spiel auf der Oberfläche einer Kugel zu spielen. Bohren wir die Kugel innerhalb des geschlossenen Kurvenzuges an, so können wir die Oberfläche der Kugel so zu einer Ebene auseinanderziehen, daß alle Punkte, die innerhalb des Kurvenzuges lagen, außerhalb

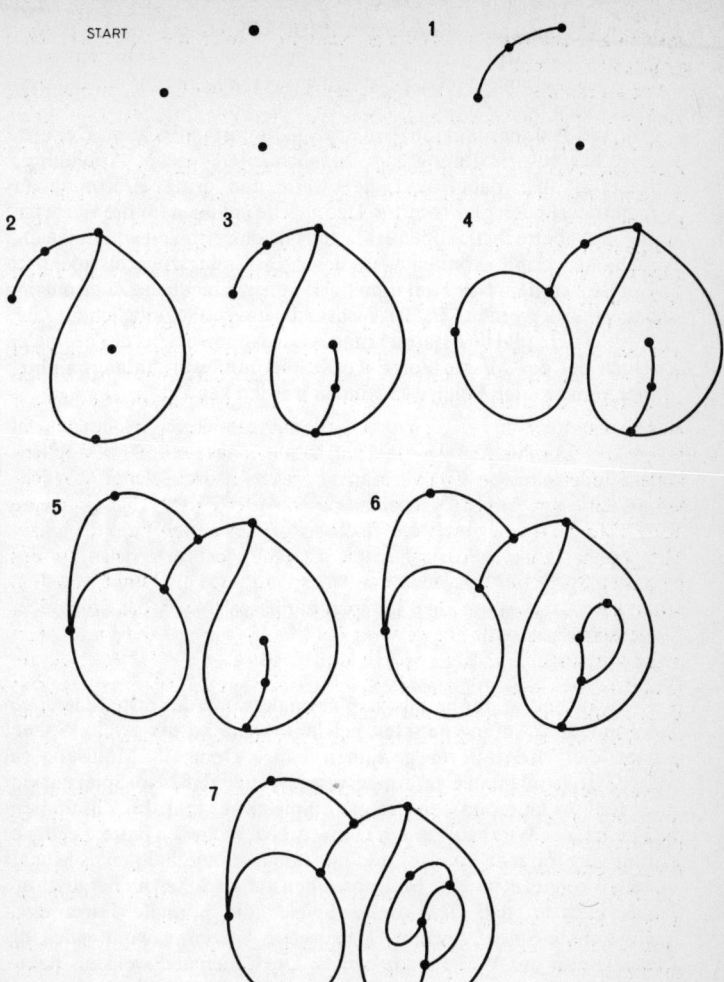

Abb. 1   Typisches Sprout-Spiel mit drei Punkten

liegen und umgekehrt. Diese topologische Äquivalenz von Innen- und Außenseite ist wichtig, und wir sollten immer wieder daran denken, da es die Analyse eines Spiels entscheidend vereinfacht, das mit mehr als zwei Punkten beginnt.

Mit zwei Anfangspunkten wird das Spiel sofort interessant. Der erste Spieler hat zur Eröffnung fünf Möglichkeiten, wie in Abbildung 2 dargestellt, aber dabei sind die zweite und dritte Eröffnung aus Symmetriegründen gleichwertig. Das gleiche gilt auch für die vierte und fünfte in Anbetracht der oben erklärten Gleichwertigkeit von Innen und Außen, und damit können vier dieser Eröffnungszüge als identisch angesehen werden. Nur zwei topologisch unterschiedliche Züge müssen daher erklärt werden. Es ist nicht schwierig, alle möglichen Züge aufzuzeichnen, und ihre Betrachtung zeigt, daß sowohl bei der normalen als auch bei der Misère-Form jedes Spiel mit zwei Anfangspunkten immer vom zweiten Spieler gewonnen werden kann.

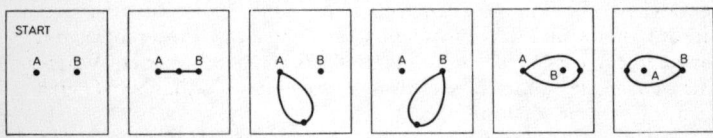

Abb. 2   Anfangspunkte *A* und *B* und mögliche Eröffnungszüge des ersten Spielers in einem Zwei-Punkte-Spiel.

Conway fand weiter heraus, daß normalerweise der erste Spieler ein Spiel mit drei Anfangspunkten gewinnt, während der zweite Spieler immer die Misère-Form gewinnen kann. Denis P. Mollison, ein Mathematikstudent in Cambridge, zeigte weiter, daß beim Spiel mit vier oder fünf Anfangspunkten der erste Spieler gewinnt. Im Zusammenhang mit einer Wette, die er mit Conway abgeschlossen hatte, bei der es darum ging, ob man eine vollständige Analyse innerhalb eines Monats erstellen könne, erbrachte Mollison einen auf 49 Seiten niedergeschriebenen Beweis, daß der zweite Spieler die normale Form eines Sechs-Punkte-Spiels gewinnt. Der zweite Spieler gewinnt auch die Misère-Form des Vier-Punkte-Spiels. Doch niemand weiß bis heute, wer Spiele mit mehr als vier Punkten in der Misère-Form gewinnen kann. Es liegen auch Untersuchungen über das normale Spiel mit sieben oder acht Punkten vor, aber ich kenne kein Ergebnis, das diese bestätigt.

14

Soweit mir bekannt ist, besteht auch noch kein Computerprogramm zur Analyse des Sprouts-Spiels.

Es gibt noch keine perfekte Spielstrategie, aber man kann, wenn ein Spiel abgeschlossen ist, hinterher erkennen, ob die gezogenen Kurven die Ebene so in Bezirke unterteilten, daß sie zu einem Gewinn führten. An dieser Vorausplanung erkennt man einen intelligent geführten Wettkampf, wobei die Erfahrungen der Spieler eine große Rolle spielen. Beim Spiel entstehen unerwartet gewachsene Muster, und daher erscheint es keine allgemein gültige Strategie zu geben, mit der man sicher gewinnen kann. Conway ist deshalb auch der Meinung, daß eine vollständige Analyse eines Acht-Punkte-Spiels bereits die mathematischen Möglichkeiten einer modernen Rechenanlage übersteigt.

Das Spiel »Sprouts« wurde am Donnerstag, dem 21. Februar 1967, nachmittags, als Conway und Paterson ihren Tee tranken, im Aufenthaltsraum des Mathematik-Departments erfunden. Beide versuchten ziemlich angestrengt, ein neues Spiel mit Bleistift auf Papier zu entwickeln. Conway arbeitete gerade an einem Spiel, das Paterson erdacht hatte und das etwas mit dem Falten von Papierbögen mit aufgedruckten Stempeln zu tun hatte. Sie suchten nach neuen Wegen, die Spielregeln zu fassen, als Paterson bemerkte: »Warum nicht einen neuen Punkt auf die Linie zeichnen?«

»Als diese Regel angenommen war«, so schrieb mir Conway, »ließ man alle bisherigen Regeln fallen bis auf die Ausgangsposition, nämlich *n* Punkte. Und danach begannen die Sprouts zu sprießen.« Alle Seiten waren sich einig, daß das wichtigste die Einführung eines neuen Punktes bei jedem Zug war, daher meint man auch, daß drei Fünftel des Spiels von Paterson und zwei Fünftel von Conway stammen. »Und es gibt komplizierte Gesetze«, fügte Conway hinzu, »durch die wir einiges Geld mit dem Spiel verdienen wollten.«

»Am Tage, nachdem Sprouts geboren war«, meinte Conway, »schien es, als ob alle Welt es spielte. Bei Kaffee oder Tee saßen kleine Gruppen zusammen und starrten auf das Spielgeschehen. Einige begannen, die Spielzüge an Mauern und anderen Gegenständen aufzuzeichnen, während andere bereits über eine mehrdimensionale Form des Spiels nachdachten. Selbst das Verwaltungspersonal war nicht immun gegen das Spiel, von dem man die Überreste auf den unmöglichsten Plätzen antraf. Immer wenn ich in diesen Tagen jemanden für das neue Spiel zu gewinnen suchte, schien es mir, als ob er bereits etwas davon gehört hätte. Sogar meine drei- und vierjährigen Töchter spielten mit mir Sprouts, obwohl sie gegen mich verloren.«

15

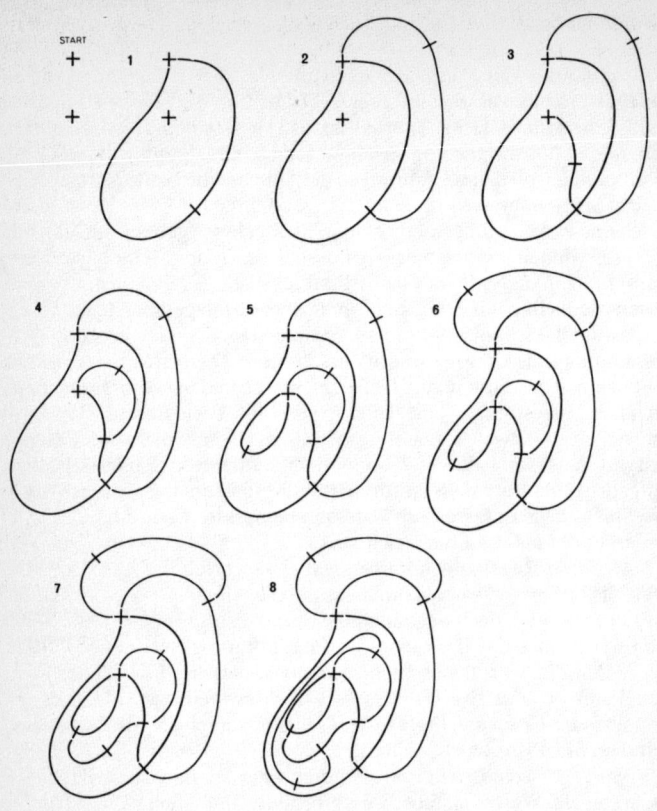

Abb. 3 Typisches Brussels-Sprouts-Spiel mit zwei Kreuzen

Den Namen »Sprouts« erhielt das Spiel von Conway. Ein Alternativ-
name »Measles« (Masern) wurde von einem Studenten vorgeschlagen,
da man von ihm wie von einer Krankheit heimgesucht wird. Aber unter
dem Namen Sprouts wurde es schnell bekannt. Conway erdachte später
ein ähnliches Spiel, das er »Brussels Sprouts« nannte, womit er zu
verstehen gab, daß es sich um einen Scherz handelte. Zunächst werde ich

das Spiel vorstellen und überlasse es dem Leser zu entdecken, warum es sich dabei um einen Spaß handelt, bevor ich am Ende dieses Kapitels die Antwort gebe.

Brussels Sprouts beginnt mit n Kreuzen statt Punkten. Ein Zug besteht darin, an irgendeinem Arm eines Kreuzes eine Kurve anzusetzen, die an einem freien Arm irgendeines anderen Kreuzes oder auch des gleichen endet. Dann wird ein Querbalken irgendwo entlang der neu gezeichneten Linie eingezeichnet. Von dem so entstandenen neuen Kreuz sind bereits zwei Arme durch die gezeichnete Kurve verbraucht und zwei Arme bleiben zur späteren Verwendung übrig. Wie beim Sprouts-Spiel, darf keine Kurve sich selbst oder eine vorher gezeichnete Kurve kreuzen (auch darf sie nicht durch ein vorher gezeichnetes Kreuz laufen). Und wie in Sprouts ist der Gewinner des Spiels die letzte Person, die spielt, und der Gewinner des Misère-Spiels die erste Person, die nicht mehr spielen kann.

Wenn man einmal Sprouts gespielt hat, dann erscheint Brussels Sprouts zunächst komplizierter und eine Form zu sein, in der ein Spiel niemals enden kann, da, wenn zwei Arme eines Kreuzes verbraucht sind immer zwei neue hinzugefügt werden. Trotzdem enden alle Spiele, und den darin verborgenen Scherz kann der Leser entdecken, wenn er beginnt, das Spiel zu analysieren. Betrachten wir dazu das in Abbildung 3 angegebene Spiel, welches mit zwei Kreuzen beginnt. Es endet mit einem Sieg für den zweiten Spieler beim achten Zug.

In einem Brief von Conway wird über einige wichtige Erkenntnisse der »Sproutologie« berichtet. Ein neues Konzept, das er die »Ordnung der Tötlichkeit« einer Endposition nennt, geht von fünf grundlegenden Typen aus: Laus, Käfer, Küchenschabe, Ohrkriecher und Skorpion. Die größeren Insekten und Spinnen werden von Läusen heimgesucht, und Conway zeichnete ein Muster, von dem er sagte, »es habe die Form eines Ohrkriechers und darinnen die umgekehrte Form einer Laus«. Wie er selbst feststellte, sind gewisse Muster noch lausiger als andere, und es gibt in der FTDTNO (Fundamentale Theorie Der Tötlichkeit Nullter Ordnung) unergründliche Tiefen. Die Sprouts vermehren sich so schnell, daß ich meinen nächsten Bericht darüber für einige Zeit aufschieben muß.

Anhang

Sprouts war auch ein unheimlicher Hit für die Leser von »Scientific American«, und viele erarbeiteten Verallgemeinerungen und Variationen des Spiels. Ralph J. Ryan schlug vor, jeden Punkt durch einen kleinen Pfeil zu ersetzen, von dem die Linien nur in eine Richtung ausgehen können. Gilbert W. Kessler kombinierte Punkte und Kreuze zu einem Spiel, das er »Succotash« (indianisches Gericht aus Maiskörnern und Bohnen) nannte. George P. Richardson schlug vor, das Spiel auf der Oberfläche von Zylindern und anderen Körpern zu spielen. Eric L. Gans schlug eine Verallgemeinerung des Spiels Brussels Sprouts vor, genannt Belgian Sprouts, in dem er die Punkte durch Sterne mit n Querbalken am gleichen Punkt ersetzte. Vladimir Ygnetovitsch veränderte die Spielregel und überließ es jedem Spieler, bei seinem Zug auf eine Linie einen, zwei oder überhaupt keinen Punkt zu zeichnen.

Einige Leser bezweifelten die Aussage, daß jedes normale Sprouts-Spiel mindestens $2n$ Züge dauern würde. Sie schickten mir »Gegenbeispiele«, aber in jedem dieser Fälle wurde vergessen, daß von jedem alleinstehenden Punkt zwei Spielzüge ausgehen können.

Antworten

Warum wurde das Spiel Brussels Sprouts, das zunächst wie eine komplizierte Form von Sprouts erscheint, von seinem Erfinder John Horton Conway als ein Scherz betrachtet? Die Antwort ist: Man kann es weder gut noch schlecht spielen, da jedes Spiel in genau $5n - 2$ Zügen endet, wobei auch hier wieder n die Anfangszahl der Kreuze ist. Spielt man es in der normalen Form (der letzte Spieler ist der Gewinner), dann wird das Spiel immer von dem gewonnen werden, der den ersten Zug ausführt, wenn er mit einer ungeraden Anzahl von Kreuzen beginnt, und vom zweiten Spieler, wenn es mit einer geraden Anzahl von Kreuzen beginnt. (Natürlich gilt für die Misère-Form das Umgekehrte.) Hat man mit jemandem einmal Sprouts gespielt, das ja ein echter Wettkampf ist, kann man zum »Falschspiel« Brussels Sprouts übergehen, und da man im voraus immer weiß wer gewinnt, darf man ohne weiteres Wetten abschließen. Ich überlasse es dem Leser, nachzuweisen, daß jedes Spiel in $5n - 2$ Zügen endet.

Münzspiele

Münzen sind einfache Gegenstände, mit denen man auf unterhaltsame Weise Mathematik betreiben kann. Sie lassen sich leicht stapeln, können als Spielmarken, aber auch als Modelle für Punkte und Flächen benutzt werden; sie sind rund, wobei ihre beiden Seiten gut zu unterscheiden sind. Hier kommt nun eine Sammlung von Spielen für die man nicht mehr als zehn Münzen benötigt. Sie sind zum Teil einfach genug, um sich am Tresen in einer Bar oder zu Hause am Eßtisch damit zu unterhalten, aber einige von ihnen berühren schon Gebiete der Mathematik, die durchaus nicht trivial sind.

Für eines der ältesten aber auch besten Spiele legt man acht Münzen in einer Reihe auf einen Tisch (siehe Abbildung 4) und versucht, sie in vier Zügen zu umzulegen, daß am Ende vier Stapel zu je zwei Münzen vorhanden sind. Es gibt dazu die eine Bedingung: Bei jedem Zug soll die gezogene Münze zwei Münzen nach rechts oder links überspringen und danach auf die nächste Münze gelegt werden. Die übersprungenen Münzen können sowohl zwei einzelne Münzen sein, die nebeneinander liegen, als auch ein Stapel von zwei Münzen. Acht ist die kleinste Anzahl Münzen, die nach dieser Methode paarweise gestapelt werden können.

Dem Leser wird die Lösung dieser Aufgabe sicher leichtfallen; aber nun kommt ein amüsanter Teil: Lege zwei weitere Münzen hinzu, so daß am Anfang des Spiels eine Reihe aus zehn Münzen liegt! Kann man diese Münzen in fünf Zügen paarweise aufeinanderlegen? Viele, die

Abb. 4   Verdopplungsaufgabe

bereits die Lösung für acht Münzen gefunden haben, geben bei der Lösung des Zehnerproblems auf, aber es kann sofort gelöst werden, wenn man die Sache durchschaut. Selbstverständlich wird am Ende des Kapitels die Lösung angegeben, dabei sieht man, daß der Fall von acht Münzen eine triviale Lösung für die allgemeine Aufgabe, eine Reihe von $2n$ Münzen (für $n > 3$) in n Zügen zu stapeln, ist.

Wenn man Münzen eng aneinander auf einen Tisch legt, dann bilden ihre Mittelpunkte die Schnittpunkte eines dreieckigen Gitters. Von dieser Tatsache ausgehend, lassen sich viele Münzspiele unterschiedlicher Art aufbauen. Zum Beispiel beginnen wir mit sechs eng als Rhombus gepackten Münzen (links in Abbildung 5), und versuchen, sie

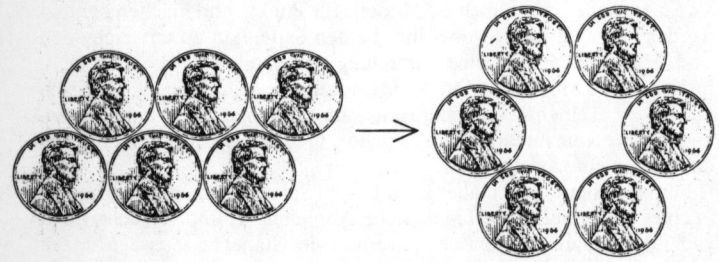

Abb. 5 Aufbau eines Kreismusters

in drei Zügen so umzuformen, daß daraus ein kreisförmiges Muster (rechts in Abbildung 5) entsteht. Dieses runde Muster von Münzen könnte in seiner Mitte eine siebente Münze aufnehmen, und die außen liegenden sechs Münzen würden diese berühren. Zum Spiel muß jede einzelne Münze in eine neue Position gezogen werden, so daß sie wieder zwei andere Münzen berührt, wodurch ihre neue Lage eindeutig festgelegt wird. Wie beim Verdopplungsspiel, kann man auch hier einen Trick anwenden, falls man das Spiel jemanden vorführt. Kann der Mitspieler die Aufgabe nicht lösen, so führe man ihm die Lösung langsam, schrittweise vor, und fordere ihn auf, sie zu wiederholen. Aber wenn die Münzen in ihre Anfangsposition zurückgelegt werden, kann man die Rhomboidenform spiegelverkehrt auslegen, und dabei ist es höchstwahrscheinlich, daß der Mitspieler diesen Unterschied nicht bemerkt, wenn er zu seinem eigenen Verdruß sieht, daß er das Spiel doch nicht in drei Zügen beenden kann.

Eine gute Weiterentwicklung dieses Spiels geht von einer Dreieck-Anordnung von zehn Münzen aus (links in Abbildung 6). Es handelt sich um das berühmte »Tetraktys-Symbol« der alten Pythagoräer, die gleiche Form, nach der heute die zehn Bowling-Pins aufgestellt werden. Die Aufgabe ist nun, das Dreieck umzudrehen (rechts in Abbildung 6), wobei jeweils nur eine Münze in eine neue Position verschoben werden darf, in der sie zwei andere Münzen berührt. Was ist die kleinste Anzahl von Zügen, mit der man dies erreichen kann? Die meisten Spieler kommen schnell auf die Lösung: Vier Züge, aber es geht auch in drei Zügen. Interessant ist auch eine Verallgemeinerung der Aufgabe. Ein Dreieck aus drei Münzen kann man, wie man sehr leicht sieht, umdrehen, indem man eine Münze bewegt, und ein Dreieck aus sechs Münzen, indem man zwei Münzen bewegt. Da man nun das Dreieck aus zehn Münzen durch Verschiebung von drei umdrehen kann, ergibt sich die Frage, ob es gelingt, das nächstgrößere gleichschenklige Dreieck – das aus fünfzehn Münzen wie die fünfzehn Kugeln bei Beginn des amerikanischen Billardspiels angeordnet ist – durch Verschiebung von vier Münzen umzudrehen? Nein, das ist nicht möglich, hierzu sind fünf Züge erforderlich. Es gibt einen erstaunlich einfachen Weg, um aus der Anzahl der Münzen die kleinste Anzahl von Münzen zu berechnen, die, um das Dreieck zu drehen, verschoben werden muß. Kommen Sie auf diese Lösung?

Das Dreieckgitter eignet sich auch für Spiele, die mit Pflöcken und Steckbrettern gespielt werden. Peg-Solitair dagegen wird seit langer Zeit auf quadratischen Gittern gespielt; darüber gibt es auch eine umfangreiche Literatur. Soweit mir bekannt ist, existieren ähnliche Spiele mit dreieckigen Gitteranordnungen, die gerade in letzter Zeit sehr oft angeboten werden. Die einfachste Anfangsposition ist aber gar nicht so trivial; es handelt sich um das pythagoräische Dreieck mit zehn Punkten. Damit man die Lösung dieser Aufgabe leichter versteht, sollte man sich zunächst auf einem Blatt Papier, wie in Abbildung 7 gezeigt, Punkte aufzeichnen, die so weit auseinanderstehen müssen, daß zwischen den Geldstücken, die auf die Punkte gelegt werden sollen, noch genügend Platz vorhanden ist. Danach sind die Positionen der Geldstücke zu numerieren.

Und nun zur Aufgabe: Nimm ein Geldstück weg, damit ein »Loch« entsteht, und verringere die Anzahl der Geldstücke durch Springen und Wegnehmen bis nur noch eins übrigbleibt. Schiebebewegungen sind nicht erlaubt. Gesprungen wird wie beim Damespiel: immer nur über eine danebenliegende Münze auf einen freien Platz unmittelbar hinter

Abb. 6   Dreiecksinversion

dieser Münze. Die übersprungene Münze darf weggenommen werden. Wie man sieht, kann in sechs Richtungen gesprungen werden: In jede Richtung parallel zur Grundlinie und in jede parallel zu den beiden Seiten des Dreiecks. Genau wie beim Damespiel gilt eine Folge von Sprüngen als ein Zug. Nach einigen Versuchen stellt man fest, daß die Aufgabe natürlich lösbar ist, aber als Mathematiker begnügt man sich nicht damit, sondern sucht nach der Lösung, bei der ein Minimum von Zügen benötigt wird. Nun als Beispiel eine Lösung in sechs Zügen, die mit der Entfernung der Münze von Punkt 2 beginnt:

1.   7–2
2.   9–7
3.   1–4
4.   7–2
5.   6–4, 4–1, 1–6
6.   10–3

Es gibt aber eine bessere Lösung in fünf Zügen. Der Leser sollte versuchen, sie zu finden, und wenn ihm das geglückt ist, kann er sich mit einem Fünfzehn-Punkte-Dreieck versuchen. Die Gesellschaft S. S. Adams verkauft unter dem Namen Ke Puzzle Game seit Jahren ein solches Spiel, das aus einem Steckbrett mit Holzpflöcken besteht. Aber diesem Spiel sind keine Lösungen beigegeben.

Eine Münze soll um eine andere Münze, ohne Schlupf zwischen den beiden sich berührenden Münzrändern, herumgerollt werden. Wie oft

Abb. 7 Dreiecks-Solitaire

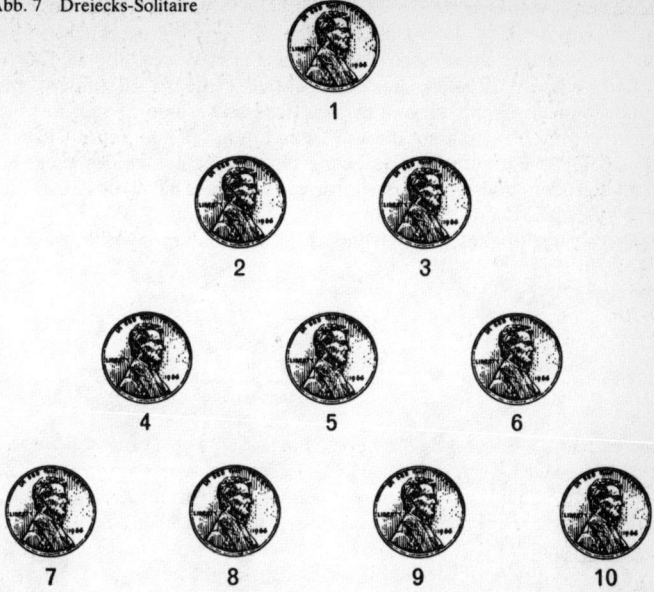

1

2   3

4   5   6

7   8   9   10

dreht sie sich bei dem Umlauf um die festliegende Münze? Man sollte annehmen, die Antwort sei einmal, da die rollende Münze auf einem Rand rollt, der ihrem eigenen Umfang entspricht, aber ein schnelles Experiment zeigt: Die richtige Antwort ist zweimal. Augenscheinlich muß zu der kompletten Umdrehung noch eine zusätzliche addiert werden. Nehmen wir nun an, wir rollen die Münze ohne Schlupf von der Spitze eines Dreiecks, das aus sechs Münzen besteht, wie Abbildung 8 zeigt, einmal auf der Außenfläche entlang bis wieder zurück zu ihrer Startposition. Wie oft wird sich dann die Münze um sich selbst drehen? Sie rollt, wie man leicht am Bild sieht, entlang einer Wandfläche, die gleich $^{12}/_{6}$ eines Münzumfangs ist; d. h. sie führt zwei volle Umdrehungen durch, wird sich also zweimal drehen. Da sie auch hier einen kompletten Umlauf durchführt, müssen wir nun noch eine weitere Umdrehung zuaddieren, und sagen, sie dreht sich dreimal? Nein. Durch einen Test stellt man fest: Sie wird viermal gedreht! Die Wahrheit ist, daß für jeden Grad eines Bogens entlang dessen sie rollt, sie sich in Wirklichkeit um zwei Grad dreht, wir müssen also die Länge des Weges, den die Münze entlangrollt, verdoppeln, um die richtige Antwort zu finden: vier Umdrehungen. Wenn wir uns an diese Tatsache erinnern, ist es nun viel leichter, andere Aufgaben dieser Art zu lösen, die man oft in Büchern über Münzspiele anfindet. Berechne einfach die Länge des Weges in Winkelgraden, multipliziere sie mit zwei, und du erhältst die Anzahl der erforderlichen Umdrehungen.

Dies erscheint alles ziemlich einsichtig, aber dahinter verbirgt sich ein

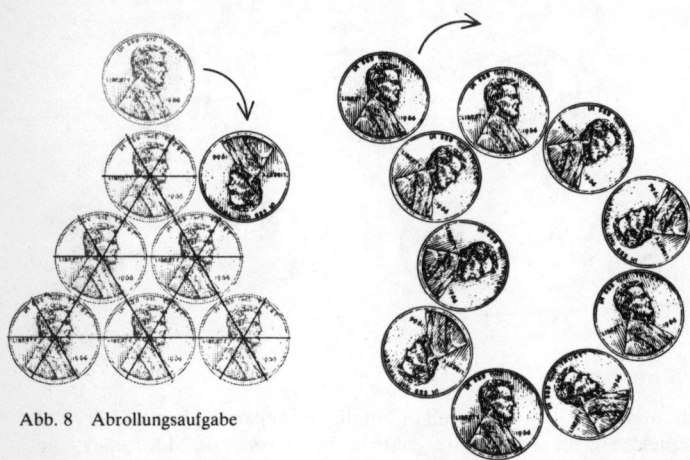

Abb. 8 Abrollungsaufgabe

Abb. 9 Überraschendes Invarianz-Theorem

schöner Lehrsatz, der, soviel ich weiß, bisher noch gar nicht bemerkt wurde. Anstatt die Münzen dicht anzuordnen, um die die einzelne Münze gerollt wird, stelle einmal eine beliebig geformte Kette, wie sie Abbildung 9 zeigt, aus neun Münzen zusammen. (Die einzige Bedingung ist, daß die Münze ohne Schlupf gerollt wird und dabei jede Münze der Kette berührt!) Dabei zeigt sich überraschenderweise: Die Anzahl der Umdrehungen der Münze ist völlig unabhängig von der Form der Kette. Besteht die Kette aus neun Münzen, dann dreht sich die Münze

24

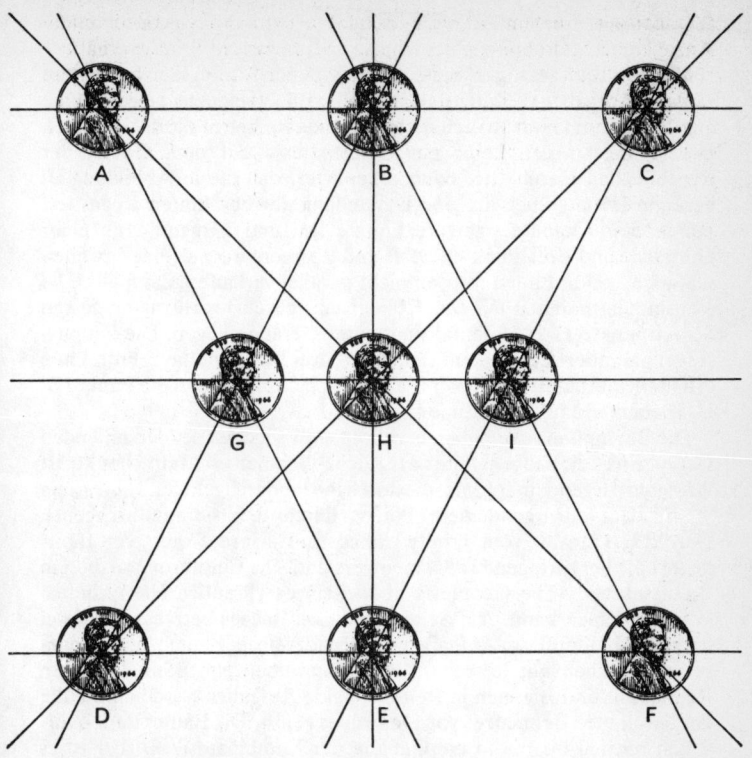

Abb. 10   Baumpflanzaufgabe und Pappus-Theorem

genau fünfmal um sich selbst. Aber wenn man sie innerhalb dieser Kette rollt, dann wird sie sich exakt einmal herumdrehen. Auch dies ist wieder unabhängig von der Form der Kette. Mit etwas elementarer Geometrie wird der Leser feststellen, daß die Anzahl der Umdrehungen einer bewegten Münze um eine geschlossene Kette aus n Münzen ($n > 2$), wenn die Münze außen herumgerollt wird, immer konstant ist. Und wenn dies der Fall ist, sieht er sofort, wie er bei Anwendung der gleichen Gesetze auf eine Münze, die innerhalb einer Kette aus n Münzen

($n > 6$) rollt, eine einfache Gleichung ableiten kann, aus der man die Anzahl der Umdrehungen der Münze in Abhängigkeit von n erhält.

Münzen sind auch geeignete Hilfsmittel zur Lösung der bekannten »Pflanz-Aufgaben«. Zum Beispiel: Ein Bauer möchte neun Bäume anpflanzen, und zwar so, daß sie zehn gerade Reihen mit je drei Bäumen bilden. Besitzt der Leser einige Kenntnisse auf dem Gebiet der darstellenden Geometrie, dann erkennt er, daß die in Abbildung 10 gezeigte Lösung auch als eine Darstellung der berühmten Regel von Pappus gelten kann: Liegen drei Punkte, A, B und C, irgendwo auf einer Geraden, und drei Punkte, D, E und F, irgendwo auf einer zweiten Geraden (beide Linien müssen nicht parallel verlaufen, dann gilt: Die Verbindungslinien A F B D C E bilden ein gekreuztes Hexagon, dessen Schnittpunkte G H I ebenfalls auf einer Geraden liegen. Die Pappus-Regel garantiert daher neun Linien mit drei Punkten; die zehnte Linie erhalten wir dadurch, daß wir die Figur so anordnen, daß die Punkte B, H, E ebenfalls auf einer Linie liegen.

Die Baumpflanz-Aufgaben berühren ein Teilgebiet der darstellenden Geometrie, die sogenannte »Inzidenz-Geometrie« (ein Punkt ist inzident zu irgendeiner Linie, die durch ihn hindurchgeht, und eine Linie ist inzident zu irgendeinem Punkt, durch den sie hindurchgeht). Harold L. Dorwart vom Trinity College in Harford, Conn., veröffentlichte eine hervorragende allgemeinverständliche Einführung zu diesem Problemkreis: »The Geometry of Incidence« (Prentice Hall), die ich sehr empfehlen kann. Auf Seite 146 dieses Buches betrachtet er zwei derartige Baumpflanz-Aufgaben – fünfundzwanzig Bäume, angeordnet in zehn Reihen mit je sechs Bäumen und neunzehn Bäume in neun Reihen mit fünf Bäumen je Reihe –, beide Aufgaben werden mit Hilfe des berühmten Lehrsatzes von Desargues gelöst. Die Baumpflanz-Aufgaben reichen bis hin in die Gebiete der Kombinatorik. Bisher ist es noch nicht gelungen, ein allgemeingültiges Verfahren zu ihrer Lösung zu entwickeln, und das ganze Gebiet steckt noch voller unbeantworteter Fragen.

Nun wieder zurück zu unseren Münzen. Zehn Münzen können so ausgelegt werden, daß sie fünf gerade Linien bilden, mit jeweils vier Münzen auf einer Linie (es ist natürlich davon auszugehen, daß jede Linie durch die Mitten der vier auf ihr liegenden Münzen führen muß). In Abbildung 11 sind fünf Möglichkeiten für eine derartige Anordnung zu sehen. Jede Form kann noch beliebig oft geändert werden, ohne daß sich dadurch die grundlegende geometrische Struktur ändert. Das wird hier in diesem Beispiel, das von dem englischen Rätsel-Spezialisten

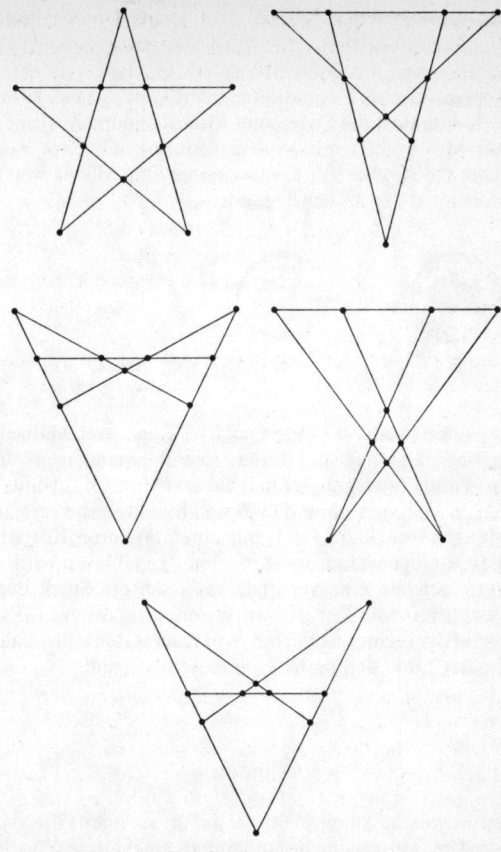

Abb. 11 Fünf Möglichkeiten, zehn Bäume in fünf Reihen zu je vier Bäumen zu pflanzen

Henry Ernest Dudeney stammt, vorgeführt, um die bilaterale Symmetrie all dieser Anordnungen zu zeigen. Es gibt aber noch eine sechste Lösung, die sich in ihrer Anordnung von den anderen fünf unterscheidet. Kann der Leser sie finden?

Viele Münzspiele sind ausgezeichnete kleine Unterhaltungsspielereien, auch »Quicky« genannt, die man am Bartresen spielen kann, und die doch noch etwas mit Mathematik zu tun haben. Lege z. B. vier Münzen in quadratischer Formation auf den Tisch, und wette mit irgend jemanden, du könntest die Lage einer Münze ändern und erhältst dann zwei gerade Münzreihen mit je drei Münzen auf jeder Reihe. Das erscheint unmöglich, aber zur Lösung nimm eine Münze weg und lege sie auf die diagonal gegenüber liegende.

A   **B**   **C**   Abb. 12   Drei-Münzen-Spiel

Nun noch zwei weitere Münz-Quickys: Lege drei Münzen, wie in Abbildung 12 gezeigt, aus, und fordere irgend jemanden auf, die Münze C zwischen A und B zu legen, so, daß die drei Münzen auf einer geraden Linie zu liegen kommen ohne daß B sich irgendwie bewegt, und ohne daß die Münze A mit der Hand, mit einem anderen Körperteil, von einem anderen Gegenstand berührt oder weggeblasen wird. Für eine andere Wette zeichne eine vertikale Linie auf ein Stück Papier. Die Aufgabe ist, drei Münzen so anzuordnen, daß zwei Kopfseiten vollständig auf der rechten Seite und zwei Rückseiten vollständig auf der linken Seite der Linie sich befinden und sichtbar sind.

Anhang

Die Begrenzungen der Steckspiele, die auf dreieckigen Gitterstrukturen gespielt werden, müssen nicht unbedingt eine Dreiecksform haben, sondern können z. B. hexagonal, rhombisch oder in Form sechseckiger Sterne gebaut sein. Auch kann mit verschiedenen Spielregeln gespielt werden: z. B. 1. Sprünge parallel zu einer Seitenbegrenzung können verboten sein. 2. Züge und Sprünge in seitlicher Richtung können wie beim chinesischen Schachspiel erlaubt sein.

Wenn isometrisches (dreieckiges) Solitair nach klassischen Regeln, nach denen Sprünge in alle sechs Richtungen erlaubt sind, gespielt wird, gibt es eine elegante Methode zum Testen, ob ein vorhandenes Muster von einem anderen abgeleitet werden kann. Diese Verfahren sind Weiterentwicklungen jener, die zunächst für Spiele auf rechteckigen Gitteranordnungen entwickelt wurden.

Diese Verfahren führen wie im rechtwinkligen Steckspiel nicht zu direkten Lösungen, noch kann man damit beweisen, daß es eine Lösung gibt; aber man ist mit ihnen in der Lage, die Unlösbarkeit bestimmter Probleme nachzuweisen. Mannis Charosh, Harry O. Davis, John Harris und Wade E. Philpott haben auf diesem Gebiet viel Arbeit, die allerdings bisher umveröffentlicht blieb, geleistet. Diese Arbeiten basieren auf einer kommutativen Gruppe, mit der eine Mustergleichheit bestimmt werden kann. Färbt man die Gitterpunkte mit drei Farben an und beachtet noch weitere Vorschriften, dann kann man schnell die Unmöglichkeit bestimmter Problemlösungen bestimmen. Zum Beispiel ein hexagonales Feld, dessen mittlerer Platz nicht besetzt ist, kann nicht bis auf eine Münze reduziert werden, wenn nicht die Seitenlänge des Hexagons einer Zahl der Form $3n + 2$ entspricht. Eine einleuchtende Erklärung für ein solches Vorgehen wird in dem Artikel von Irvin Roy Hentzel: »Triangular Puzzle Peg« in der Zeitschrift »Recreational Mathematics«, Ausgabe 6 Herbst 1973, gegeben.

Antworten

1. Um aus einer Reihe mit acht Münzen vier Stapel von je zwei aufzubauen, numeriere sie zunächst von 1 bis 8 und lege 4 auf 7, 6 auf 2, 1 auf 3 und 5 auf 8. Sind zehn Münzen vorhanden, so verdoppele einfach die Münzen an einem Ende (z. B. lege 7 auf 10), und es verbleibt dann eine Reihe von acht Münzen, für die die Lösung oben angegeben wurde. Selbstverständlich kann das Problem bei einer Reihe von $2n$ Münzen mit n Zügen gelöst werden, indem man zunächst die Münzen an einem Ende verdoppelt bis acht Stück übrigbleiben, die nach dem angegebenen Schema umgesetzt werden.

2. Die Rhombusanordnung von sechs Münzen (Abbildung 13) kann zu einem Kreis umgeformt werden. Dazu numeriert man sie zunächst wie gezeigt. Man verschiebt die Münze Nr. 6 so, daß sie 4 und 5 berührt, danach verschiebt man 5 nach rechts so, daß sie 2 und 3 von unten berührt und zum Schluß 3, daß sie 5 und 6 berührt.

Abb. 13   Rhombus-Kreis-Aufgabe

Abb. 14   Dreiecksinversion

3. Ein Dreieck aus zehn Münzen kann, wie in Abbildung 14 gezeigt, durch Verschieben von drei Münzen umgedreht werden. Beim Arbeiten an einer allgemeinen Problemlösung für ähnliche Anordnungen jeder beliebigen Größe wird der Leser feststellen, daß es sich hier um das Problem des Aufzeichnens der Umrisse des Dreiecks handelt (ähnlich dem Holzrahmen, den man verwendet, um die fünfzehn Kugeln beim amerikanischen Billardspiel auf dem Tisch anzuordnen). Diese Grenze soll nun herumgedreht und so über die Münzanordnung gelegt werden, daß sie ein Maximum an Münzen enthält. Diese Münzen können ihre

30

Lage behalten. Die kleinste Anzahl von Münzen, die man verschieben muß, erhält man in jedem Fall, indem man die Anzahl der vorhandenen Münzen durch 3 teilt (ein Rest wird vernachlässigt).

4. Das Zehn-Münzen-Dreieck, das wie in Abbildung 7 numeriert ist, kann in fünf Zügen auf eine Münze reduziert werden, wenn man zuerst die Münze Nr. 3 wegnimmt und danach wie folgt springt: 10–3, 1–6, 8–10–3, 4–6, 1–4, 7–2. Die Lösung ist einmalig, wenn man die Tatsache außer acht läßt, daß der Dreifachsprung sowohl rechts- als auch linksherum durchgeführt werden kann. Der erste leere Platz kann natürlich irgendeiner der sechs Punkte sein, aber nicht ein Eckpunkt oder der Mittelpunkt.

Neun Züge sind mindestens für das Fünfzehn-Münzen-Dreieck erforderlich. Der erste leere Platz muß in der Mitte einer Seitenreihe sein. Die ersten Züge sind 1–4, 7–2 oder die äquivalenten für einen der anderen fünf Punkte. Nachdem diese ersten beiden Züge vorgegeben waren, ermittelte ein von Malcolm E. Gillis erstelltes Rechenprogramm 260 Lösungsmöglichkeiten.

Die folgende ist eine der vielen möglichen Lösungen. Sie endet mit einem spektakulären fünffachen Sprung. die Münzenpositionen sind von links nach rechts und oben nach unten numeriert: (1.) 11–4, (2.) 2–7, (3.) 13–4, (4.) 7–2, (5.) 15–13, (6.) 12–14, (7.) 10–8, (8.) 3–10, (9.) 1–4, 4–13, 13–15, 15–6, 6–4.

Mir ist noch keine Computeranalyse für ein Dreieck aus einundzwanzig Münzen oder mit noch mehr Münzen bekanntgeworden. John Harris aus Santa Barbara, Cal., wies nach, daß für ein Einundzwanzigerdreieck neun Züge erforderlich sind. Auch die von Edouard Marnier aus Zürich angegebene Lösung zeigt, daß neun Züge ausreichen: (1.) 1–4, (2.) 7–2, (3.) 16–7, (4.) 6–1, 1–4, 4–11, (5.) 13–6, 6–4, 4–13, (6.) 18–16, 16–7, 7–18, 18–9, (7.) 15–6, 6–13, (8.) 20–18, 18–9, 9–20, (9.) 21–19.

5. Die Leser sollten nachweisen, daß die Umdrehung einer Münze, die einmal um eine geschlossene Kette von Münzen herumgerollt wird und dabei jede Münze berührt, konstant und unabhängig von der Form der Kette ist. Wir wollen das zunächst an einer Kette, die aus neun Münzen besteht, beweisen. Zunächst verbinden wir die Mittelpunkte der Münzen mit geraden Linien, wie in Abbildung 15 links gezeigt, die ein neunseitiges Polygon bilden. Die Gesamtlänge der Umfangsbogen der Münzen, die außerhalb des Polygonzuges liegen (in Bogenmaß angegeben) ist die gleiche wie die Summe der konjungierten Polygonwinkel.

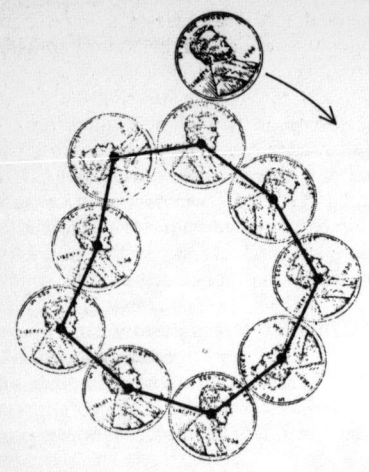

Abb. 15   Rollende Münze

(Der Konjungierte eines Winkels ist die Differenz zwischen dem Winkel und 360 Grad.) Die Summe der konjungierten Winkel eines Polygons von n Seiten ist immer $\frac{1}{2}n + 1$ Umfänge (ein Umfang ist ein Winkel von 360 Grad).

Wenn jedoch die Münze um die Kette rollt, läßt sie für jedes Paar von Münzen, das sie berührt, zwei Bogenstrecken von je $\frac{1}{6}$ Umfang unberührt, also jeweils zusammen $\frac{1}{3}$ Umfang (siehe die rechte Figur in Abbildung 15). Bei n Münzen wird sie $n/3$ Polygone nicht berühren. Wir subtrahieren dies von $\frac{1}{2}n + 1$ und erhalten $\frac{1}{6}n + 1$ als den gesamten Umkreis, über den die Münze rollt, indem sie sich einmal um die Kette herumbewegt. Die Münze dreht sich also, wie oben erklärt, um zwei Grad für jedes Grad, über das sie rollt. Daher muß sie im ganzen $\frac{1}{3}n + 2$ Umdrehungen ausführen. Dies ist augenscheinlich eine Konstante, die von der Anzahl der Münzen oder der Form der Kette unabhängig ist, da die Mittelpunkte von jeder Kette aus Münzen die Ecken eines n-förmigen Polygons darstellen. (Diese Formel gilt auch für eine degenerierte Kette, bestehend aus zwei Münzen, deren Mittelpunkte die Ecken eines degenerierten Polygonzuges, bestehend aus zwei Seiten, bilden.)

Mit ähnlichen Argumenten erhält man $(n/3) - 2$ als die Anzahl von Umdrehungen, die eine Münze beim Umlauf an der Innenseite einer

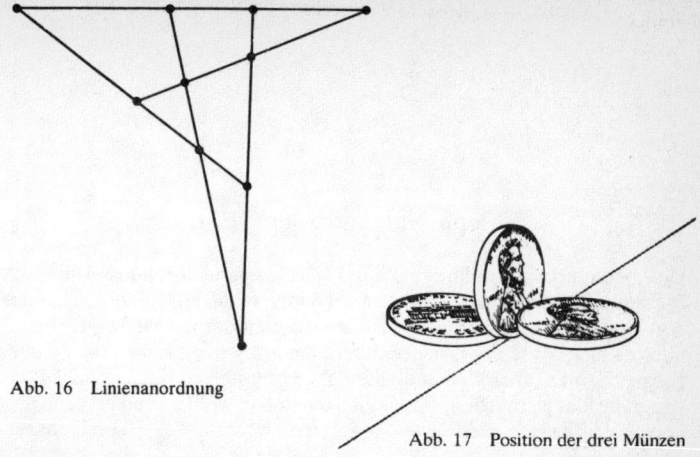

Abb. 16   Linienanordnung

Abb. 17   Position der drei Münzen

geschlossenen Kette aus sechs oder mehr Münzen durchführen muß. Diese Gleichung ergibt null Umdrehungen für eine Kette, die aus sechs Münzen besteht, in die die Münze gerade eingepaßt werden kann und dabei alle sechs Münzen berührt. Für eine offene Kette aus n Münzen läßt es sich leicht zeigen, daß die rollende Münze $\frac{1}{3}(2n + 4)$ Umdrehungen bei einer kompletten Umrundung durchführt.

6. Die sechste Anordnung von Münzen besteht, wie in Abbildung 16 gezeigt, aus fünf geraden Linien, auf denen jeweils vier Münzen liegen.

7. Um eine Münze C zwischen zwei sich berührenden Münzen A und B, ohne diese zu berühren oder zu bewegen, anordnen zu können, halte die Münze B mit einer Fingerspitze fest und bewege C gegen B. Man muß jedoch C loslassen bevor sie B berührt. Die rollende Münze wird A von B wegdrücken, so daß C zwischen die beiden sich vorher berührenden Münzen postiert werden kann.

8. Wie in Abbildung 17 gezeigt, können durchaus drei Münzen so angeordnet werden, daß sich zwei Kopfseiten auf der einen Seite der Linie und zwei Rückseiten auf der anderen Seite der Linie befinden.

Aleph-Null und Aleph-Eins

Der neunundzwanzigjährige Paul J. Cohen fand im Jahre 1963 als Mathematikstudent an der Stanford Universität eine überraschende Antwort auf eins der größten Probleme der modernen Mengentheorie: Gibt es eine Stufe der Unendlichkeit, die größer ist als die Anzahl der ganzen Zahlen, aber kleiner als die Zahl der Punkte auf einer Linie? Um sich ganz klar zu machen, was Cohen darstellen wollte, muß erst einiges über diese beiden niedrigsten bekannten Niveaus der Unendlichkeit gesagt werden.

Es war Georg Ferdinand Ludwig Philipp Cantor, der als erster entdeckte, daß hinter der Unendlichkeit der ganzen Zahlen – diese Unendlichkeit nannte er Aleph-Null – nicht nur Unendlichkeiten mit einem höheren Niveau existieren, sondern darüber hinaus noch eine unendliche Anzahl von diesen. Die Reaktionen der führenden Mathematiker waren völlig geteilt. Henri Poincaré bezeichnete den Cantorismus als eine Krankheit, von der die Mathematiker genesen sollten, und Hermann Wcyl bezeichnete Cantors Hierarchie der Alephs als »einen Dunst im Nebel«.

Auf der anderen Seite sagte David Hilbert: »Aus dem Paradies, das Cantor uns geschaffen hat, wird uns niemand mehr vertreiben«, und Bertrand Russell lobte einst Cantors Leistung als »wahrscheinlich das Größte, dessen sich dieses Zeitalter rühmen kann«. Heute sind nur noch die Mathematiker der intuitionistischen Schule und einige Philosophen über die Alephs beunruhigt. Die meisten Mathematiker legten schon vor langer Zeit die Furcht vor ihnen ab, und die Beweise, mit denen Cantor seine »fürchterlichen Dynastien« (wie sie von den weltbekannten argentinischen Schriftsteller Jorge Luis Borges genannt wurden) begründete, werden jetzt allgemein anerkannt und zählen zu den brillantesten und schönsten in der Geschichte der Mathematik.

Jede unendliche Reihe von Dingen, die man abzählen kann 1, 2, 3 ... usw. besitzt die Kardinalzahl $\aleph_0$ (Aleph-Null). Dies ist die unterste Stufe

34

der Cantorschen Aleph-Rangfolge. Selbstverständlich kann man in Wirklichkeit eine solche Menge nicht abzählen. Dies zeigt uns nur wie wir eine direkte Korrespondenz mit den Zahlen herstellen können. Als Beispiel betrachten wir die unendliche Menge der Primzahlen. Sie kann leicht in eine Eins-zu-eins-Korrespondenz mit den positiven ganzen Zahlen gebracht werden:

$$1 \quad 2 \quad 3 \quad 4 \quad 5 \quad 6 \ldots$$
$$\downarrow \quad \downarrow \quad \downarrow \quad \downarrow \quad \downarrow \quad \downarrow$$
$$2 \quad 3 \quad 5 \quad 7 \quad 11 \quad 13 \ldots$$

Die Menge der Primzahlen ist deshalb eine Aleph-Null-Menge. Man sagt auch, sie ist abzählbar oder numerierbar. Hier begegnen wir einem grundlegenden Paradoxon aller unendlichen Mengen. Anders als endliche Mengen können sie in eine Eins-zu-eins-Korrespondenz mit einem Teil ihrer selbst oder – etwas technischer ausgedrückt – mit einer ihrer entsprechenden Teilmengen gebracht werden. Obwohl die Primzahlen nur ein kleiner Teil der positiven ganzen Zahlen sind, besitzen sie als vollständige Reihe die gleiche Aleph-Nummer. Ähnlich verhält es sich mit den ganzen Zahlen, auch sie sind nur ein kleiner Teil der rationalen Zahlen (ganze Zahlen und ganzzahlige Brüche), aber die rationalen Zahlen bilden ebenfalls eine Aleph-Null-Menge.

Es existieren die verschiedensten Beweisführungen, mit denen die rationalen Zahlen in eine abzählbare Reihe geordnet werden können. Der übliche Weg ist, sie als Brüche darzustellen und diese in eine unendlich ausgedehnte quadratische Gitteranordnung einzuordnen. Zum Zählen aller Gitterpunkte, die nun jeweils eine rationale Zahl darstellen, kann man auf einem Zickzackweg vorgehen oder, wenn das Gitter die negativen rationalen Zahlen mit umfaßt, folgt man einem spiralförmigen Weg. Hier soll jedoch eine andere Methode der Zahlenanordnung und des Zählens der positiven Rationalzahlen vorgeschlagen werden, die von dem amerikanischen Logiker Charles Sanders Peirce empfohlen wurde.

Beginne mit den Brüchen $0/1$ und $1/0$. (Der zweite Bruch ist bedeutungslos, aber das kann hier ignoriert werden.) Addiere beide Zähler und danach beide Nenner, um den neuen Bruch $1/1$ zu erhalten, und stelle ihn zwischen die bereits vorhandenen Brüche: $0/1$, $1/1$, $1/0$. Wiederhole diesen Vorgang mit jedem Paar benachbarter Brüche, um so neue Brüche zu bilden, die zwischen die vorhandenen eingeordnet werden:

$$\frac{0}{1} \quad \frac{1}{2} \quad \frac{1}{1} \quad \frac{2}{1} \quad \frac{1}{0}.$$

Durch die gleiche Prozedur können aus den fünf Brüchen neun gebildet werden:

$$\frac{0}{1} \frac{1}{3} \frac{1}{2} \frac{2}{3} \frac{1}{1} \frac{3}{2} \frac{2}{1} \frac{3}{1} \frac{1}{0}.$$

In einer so beschaffenen Serie wird jede rationale Zahl einmal, und nur einmal, und dabei immer in ihrer einfachsten Form, auftreten. Es gibt auch keine Notwendigkeit, wie das bei anderen Methoden der Anordnung der rationalen Zahlen erforderlich ist, Brüche wie $^{10}/_{20}$ zu kürzen, da bei diesem Vorgehen niemals kürzbare Brüche auftreten. Füllt man die Zwischenräume zwischen den Brüchen, sagen wir von links nach rechts, aus, so kann man die Brüche einfach in der Reihenfolge ihres Auftretens zählen.

Wie Peirce bereits sagte, besitzt diese Reihe viele kuriose Eigenschaften. Bei jedem neuen Schritt, diese Reihe zu erweitern, beginnen die Zahlen oberhalb des Bruchstriches von links nach rechts so wie bei der vorhergehenden: 01, 011, 0112 usw. Für die Zahlen unterhalb des Bruchstriches gilt das gleiche bei einer Betrachtung in umgekehrter Reihenfolge, also von rechts nach links. Aus dieser Feststellung können wir folgende Konsequenz ableiten: Zwei Brüche, die vom zentralen Bruch $^1/_1$ gleich weit entfernt sind, sind reziprok zueinander. Für jedes benachbarte Paar, z. B. *a/b, c/d,* können wir folgende Beziehungen schreiben: $bc - ad = 1$, oder auch: $c/d - a/b = 1/bd$. Diese Reihen haben eine enge Verwandtschaft zu den sogenannten Fareyschen Zahlen (genannt nach dem englischen Geologen John Farey, der diese als erster analysierte), über die jetzt eine beträchtliche Literatur vorhanden ist.

Es ist leicht zu zeigen, daß es eine Menge gibt mit einer Anzahl von Elementen höherer Unendlichkeit als Aleph-Null. Um dies zu erklären, ist ein Kartenspiel sehr nützlich. Betrachten wir zuerst eine endliche Menge von drei Objekten, sagen wir einen Schlüssel, eine Uhr und einen Ring. Jede Teilmenge dieser Menge wird durch eine Reihe von drei Karten symbolisiert (Abbildung 18). Eine aufgedeckte Karte (weiß) zeigt an, daß sich das darüber dargestellte Objekt in der Teilmenge befindet, während eine nicht aufgedeckte Karte (grau) anzeigt, daß dies Objekt nicht vorhanden ist. Die erste Teilmenge besteht aus der Originalreihe der Objekte. Die nächsten drei Kartenreihen zeigen an, daß jeweils nur zwei Objekte in der Teilmenge vorhanden sind. Danach folgen Teilmengen, in denen sich nur ein einzelnes Objekt befindet, zum Schluß eine Teilmenge, in der sich kein Objekt befindet. Für jede Menge

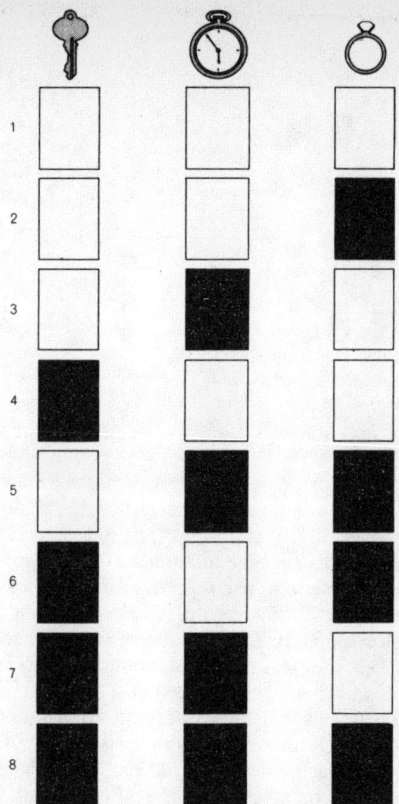

Abb. 18   Teilmenge einer Menge von drei Elementen

aus n Elementen ist die Zahl der Teilmengen 2^n. (Man sieht leicht ein, warum dies der Fall ist. Jedes Element kann entweder vorhanden sein oder nicht, und so gibt es für ein Element zwei Teilmengen, für zwei Elemente gibt es $2 \times 2 = 4$ Teilmengen, für drei Elemente sind dies $2 \times 2 \times 2 = 8$ Teilmengen usw.) Man sieht, daß diese Formel sogar für die leere Teilmenge gilt, da $2^0 = 1$ ist.

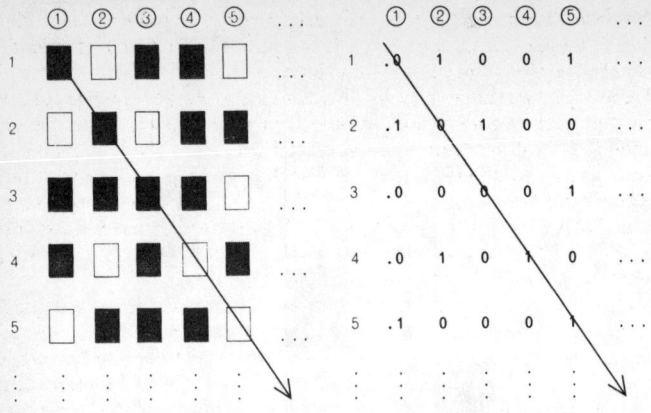

Abb. 19 Eine abzählbare Unendlichkeit besitzt eine unzählbare (überabzählbare) Unendlichkeit von Teilmengen (links), die mit den reellen Zahlen korrespondiert (rechts)

Dieses Vorgehen wird auf eine unendliche, aber abzählbare (Aleph-Null-)Menge von Elementen, wie links in Abbildung 19 gezeigt, angewendet. Kann man die Teilmengen dieser unendlichen Menge in eine Eins-zu-eins-Korrespondenz mit den abzählbaren ganzen Zahlen stellen? Nehmen wir an, dies sei der Fall. Symbolisieren wir jede Teilmenge mit einer Reihe von Karten genau wie vorher, nur daß jetzt jede dieser Reihen unendlich weit nach rechts weiterläuft. Man muß sich vorstellen, daß diese unendlichen Reihen in irgendeiner beliebigen Ordnung angeordnet und von oben nach unten mit 1, 2, 3 . . . numeriert sind.

Wenn wir fortfahren, solche Reihen aufzubauen, werden damit schließlich alle Teilmengen erfaßt sein? Nein, da es eine unendliche Anzahl von Möglichkeiten zum Aufbauen dieser Teilmengen gibt, und die kann sich nicht auf unserer Liste befinden. Betrachten wir dazu einfach einmal die Karten-Diagonal-Menge, die durch einen Pfeil gekennzeichnet ist und nehmen wir an, daß jede Karte entlang dieser Diagonalen umgedreht wird. (Das bedeutet: Jede verdeckte Karte wird aufgedeckt, und jede aufgedeckte Karte wird verdeckt.) Die neue Diagonalmenge kann nicht die erste Teilmenge sein, da sich ihre erste Karte von der ersten Karte der Teilmenge Nr. 1 unterscheidet. Es kann auch nicht die zweite Teilmenge sein, da ihre zweite Karte sich von der zweiten Karte der Teilmenge Nr. 2 unterscheidet. Allgemein gesagt, es kann nicht die nte Teilmenge sein, da ihre nte Karte sich von der nten Karte der Teilmenge Nr. n unterscheidet. Wir haben also eine Teilmenge gebildet, die sich nicht auf der Liste befindet, auch dann nicht, wenn die Liste unendlich groß wird, und daher müssen wir nun schließen, daß unsere anfängliche Annahme falsch ist. Die Menge aller Teilmengen, aller Aleph-Null Mengen, ist eine Menge mit der Kardinalzahl 2 hoch Aleph-Null. Dieser Beweis zeigt, daß eine solche Menge nicht mit den abzählbaren ganzen Zahlen korrespondiert. Es handelt sich um ein höheres Aleph und eine unzählbare (überabzählbare) Unendlichkeit.

Cantors berühmter Diagonalbeweis verbirgt in der Form, wie wir ihn gerade gesehen haben, eine weitere aufsehenerregende Schlußfolgerung. Er beweist, daß die Menge der reellen Zahlen (rational und irrational) ebenfalls überabzählbar ist. Betrachten wir dazu einen Streckenabschnitt, dessen Enden mit 0 und 1 gekennzeichnet sind. Jeder rationale Bruch von 0 bis 1 korrespondiert mit einem Punkt auf dieser Linie. Zwischen je zwei rationalen Punkten gibt es unendlich viele andere rationale Punkte, und auch selbst wenn alle rationalen Punkte identifiziert sind, bleibt eine Unendlichkeit undefinierter Punkte übrig. Diese korrespondieren mit den sich nicht wiederholenden Dezimalbrüchen, zu denen solche wie die algebraischen rationalen Zahlen, wie die Quadratwurzel aus 2 und die transzendenten Zahlen wie Pi und e gehören. Jeder Punkt auf diesem Liniensegment, kann durch einen nichtabbrechenden Dezimalbruch dargestellt werden. Aber diese Brüche müssen nicht dezimal sein, sie können auch in binärer Schreibweise notiert werden. Damit kann jeder Punkt auf dem Liniensegment durch ein endloses Muster von Einsen und Nullen repräsentiert werden, und damit korrespondiert jedes mögliche endlose Muster von Einsen und Nullen exakt mit einem Punkt dieser Strecke.

Nun nehmen wir an, jede aufgedeckte Karte links in der Abbildung 19 entspräche einer 1 und jede zugedeckte Karte einer 0, wie rechts in der Abbildung gezeigt. Wir brauchen nur noch einen Binärpunkt an den Anfang jeder Reihe zu stellen und haben damit eine unendliche Liste von unterschiedlichen Binärbrüchen zwischen 0 und 1. Die Diagonalreihe der Symbole wird geändert: aus jeder 1 wird eine 0, und jede 0 wird zu einer 1. Es handelt sich um einen Binärbruch, der noch nicht in unserer Liste vorhanden ist. Daraus erkennen wir , daß es eine Eins-zu-eins-Korrespondenz von drei Gruppen gibt: Die Teilmenge von Aleph-Null, die reellen Zahlen (hier dargestellt durch Binärbrüche) und die Gesamtzahl der Punkte auf einem Streckenabschnitt. Cantor gab dieser höheren Unendlichkeit die Kardinalzahl C die »Mächtigkeit unendlicher, wohlgeordneter Mengen«. Er glaubte, dies sei $\aleph_1$ (Aleph-Eins), die erste Stufe der Unendlichkeit, die größer ist als Aleph-Null.

Durch mehrere einfache, elegante Beweise zeigte Cantor: Das C ist die Zahl solcher unendlicher Mengen wie die der transzendenten Zahlen (er bewies, daß die algebraischen Zahlen eine abzählbare Menge darstellen), der Anzahl der Punkte auf einer Linie von unendlicher Länge, die Anzahl von Punkten auf irgendeiner ebenen Figur oder einer unendlichen Fläche und die Anzahl der Punkte in irgendeinem Raumkörper oder im gesamten dreidimensionalen Raum. Geht man zu höheren Dimensionen über, so steigt die Anzahl der Punkte nicht an. Die Punkte von einer Strecke von 1 cm Länge können direkt den Punkten irgendeines höherdimensionalen Körpers oder den Punkten des gesamten Raumes jeder beliebigen höheren Ordnung zugeordnet werden.

Die Unterscheidung zwischen Aleph-Null und Aleph-Eins (an dieser Stelle wollen wir Cantors Identifikation von Aleph-Eins mit C überneh-

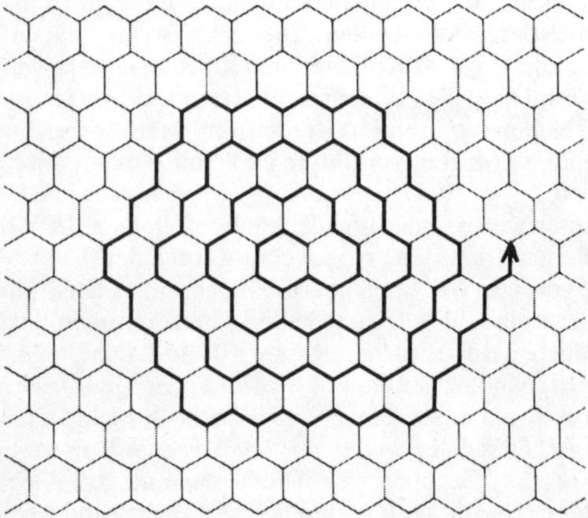

Abb. 20   Spiralweg zum Zählen der Ecken eines Hexagonalmusters

men) ist wichtig im Bereich der Geometrie, wenn immer unendliche Mengen von Figuren zusammengezählt werden sollen. Man stelle sich eine unendliche Fläche vor, die völlig aus sechseckigen Flächen zusammengesetzt ist. Bildet die Gesamtzahl der Ecken eine Aleph-Eins oder eine Aleph-Null? Die Antwort ist Aleph-Null. Sie kann entlang eines spiralförmigen Weges, wie in Abbildung 20 gezeigt wird, leicht gezählt werden. Auf der anderen Seite bilden Kreise von 1 cm Durchmesser, die mit jeweils unterschiedlicher Lage über einen Bogen Schreibmaschinenpapier gelegt werden können, eine Aleph-Eins, da innerhalb irgendeines kleinen Rechteckes in der Nähe der Mitte des Papieres Aleph-Eins-Punkte vorhanden sind, von denen jeder den Mittelpunkt eines Kreises mit einem Radius von 1 cm darstellen kann.

Nun schauen wir uns der Reihe nach jedes der fünf Symbole von Abbildung 21 an, die J. B. Rhine für seine ESP-Testkarten verwendet. Können diese Aleph-Eins-mal auf einem Stück Papier aufgezeichnet werden unter der Bedingung, daß ideale Linien, also unendlich dünne, verwendet werden, und die Figuren sich nicht überlappen oder schneiden? (Die gezeichneten Symbole brauchen nicht die gleiche Größe zu haben, müssen aber ähnlich sein.) Es stellt sich heraus, daß alle Symbole, außer einem, Aleph-Eins-mal auf ein Stück Schreibmaschinenpapier gezeichnet werden können. Erkennt der Leser das Symbol, das die Ausnahme bildet?

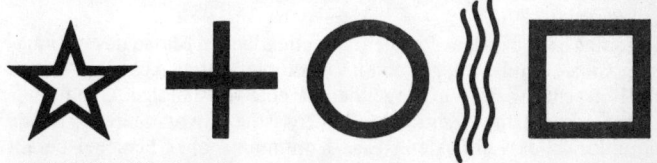

Abb. 21   Fünf ESP-Symbole

In jüngster Zeit sind wieder die beiden Alephs bei kosmologischen Spekulationen im Spiel. Der Physiker Richard Schlegel machte in einigen seiner Schriften auf einen befremdlichen Widerspruch im Zusammenhang mit der stationären Zustandstheorie aufmerksam. Im gegenwärtigen Zeitpunkt ist die Anzahl der Atome im Kosmos in Übereinstimmung mit der Theorie gleich Aleph-Null. (Dabei wird angenommen, daß der Kosmos unendlich sei, obgleich ein optischer

41

Horizont eine Grenze bildet für das, was wir sehen können.) Darüber hinaus steigt die Anzahl der Atome ständig an, wie sich das Universum ausdehnt. Der unendliche Raum kann leicht eine unendliche Anzahl von Verdopplungen der Atome beherbergen, wodurch jeweils die Aleph-Null mit zwei multipliziert wird. Das Ergebnis davon ist aber auch nur wieder Aleph-Null. (Wenn man eine Aleph-Null-Zahl von Eiern in Aleph-Null-Schachteln, ein Ei per Schachtel hat, dann kann man einfach eine weitere Aleph-Null-Menge durch Verschieben der Eier von Schachtel 1 nach Schachtel 2, von Schachtel 2 nach Schachtel 4, von Schachtel 4 nach Schachtel 8 usw. erhalten. Jedes Ei wird in eine andere Schachtel gelegt, deren Nummer jeweils doppelt so groß ist wie die Nummer der Schachtel, in der das Ei sich vorher befand. Durch diese Manipulation werden alle mit ungeraden Ziffern bezeichneten Schachteln geleert, die dann mit einer neuen Aleph-Null-Menge von Eiern gefüllt werden können.) Aber wenn die Verdopplung weitergeht, und zwar Aleph-Null-mal, kommen wir wieder zu der Formel von 2 hoch Aleph-Null, das ist $2 \times 2 \times 2 \ldots$ Aleph-Null-mal wiederholt. Wie wir gesehen haben, wird dadurch eine Aleph-Eins-Menge produziert. Nehmen wir nur zwei Atome für einen unendlich weit zurückliegenden Zeitpunkt an. Jetzt, nach einer Aleph-Null-Reihe von Verdopplungen, würden sie zu einer Aleph-Eins-Menge gewachsen sein, aber der Kosmos kann im Augenblick keine Aleph-Eins-Menge von Atomen enthalten. Jede Anzahl bestimmter physikalischer Objekte (im Gegensatz zu den idealen Objekten der Mathematik) ist abzählbar und deshalb allenfalls Aleph-Null.

In seiner Schrift: »Das Problem der unendlichen Masse des stationären Kosmos« fand Schlegel einen gut durchdachten Ausweg. Anstatt einer Betrachtung der Vergangenheit als eine vollständige Aleph-Null-Menge von endlichen Zeitintervallen (es ist selbstverständlich: Ideale Zeitpunkte bilden ein Aleph-Eins-Kontinuum, aber Schlegel befaßt sich mit endlichen Zeitintervallen, in denen sich die Anzahl der Atome jeweils verdoppelt), können wir sowohl die Vergangenheit als auch die Zukunft in dem untergeordneten Sinne des Werdens als unendlich betrachten und damit nicht als vollendet. Für welchen Zeitpunkt auch immer der Beginn des Universums angenommen wird (wir sollten uns erinnern, daß wir mit dem »Zustandsmodell« und nicht mit dem »Urknall« oder einer »Oszillationstheorie« arbeiten), wir können immer ein noch früheres Datum einsetzen. Bei einer bestimmten Betrachtungsweise gibt es einen »Anfang«, aber wir können ihn so weit zurückdatieren, wie es uns gefällt. Es gibt auch ein Ende, aber auch das können wir so weit hinausschieben, wie wir wollen. Wenn wir in der Zeit zurückgehen, dann halbieren wir kontinuierlich die Anzahl der Atome, und wir können sie niemals mehr als unendlichmal halbieren mit dem Ergebnis, daß ihre Anzahl niemals kleiner als Aleph-Null wird. Wie wir mit der Zeit vorangehen, verdoppeln wir die Anzahl der Atome, aber wir können sie nicht mehr als unendlichmal verdoppeln, daher wird die Menge der Atome niemals größer als Aleph-Null. In beiden Richtungen können wir keinen Sprung machen, der so groß ist, daß eine Aleph-Null-Menge von Zeitintervallen vollständig ist. Das hat das Ergebnis, daß die Menge der Atome niemals Aleph-Eins erreicht, und die störende Kontradiktion tritt nicht auf.

Cantor war davon überzeugt, daß seine endlose Hierarchie von Alephs, wobei das höhere Aleph das Quadrat des vorhergehenden ist, alle möglichen Alephs, die es gibt, repräsentiert. Es gibt keine dazwischen, noch gibt es ein ultimatives oder höchstes Aleph, das bestimmte Philosophen der Hegelschen Richtung seinerzeit als das Absolute bezeichneten. So argumentiert auch Cantor: Die endlose Hierarchie des Unendlichen selbst ist ein besseres Symbol des Absoluten. Sein ganzes Leben lang versuchte Cantor zu beweisen, daß es zwischen Aleph-Null und *C* kein anderes Aleph gibt, aber er fand niemals diesen Beweis. 1938 zeigte Kurt Gödel, daß Cantors Vorstellung, die als Kontinuumhypothese bekannt geworden war, als richtig angesehen werden konnte, und daß sie nicht im Widerspruch mit den Axiomen der Mengentheorie steht.

Was 1963 Cohen bewies, war, daß das Gegenteil ebenfalls angenommen werden konnte. Man kann postulieren, daß *C* nicht Aleph-Eins ist, und daß es mindestens ein Aleph zwischen Aleph-Null und *C* gibt, obwohl niemand auch nur die leiseste Vorstellung davon hat, wie eine solche Menge zu spezifizieren ist (wie z. B. eine bestimmte Teilmenge der transzendenten Zahlen), die solch eine Kardinalzahl besitzen würde. Dies stimmt ebenfalls mit der Mengentheorie überein. Über Cantors Hypothese läßt sich keine Entscheidung fällen. Es handelt sich um ein unabhängiges Axiom, ähnlich dem Parallelen-Postulat der euklidischen Geometrie, das man annehmen oder ablehnen kann. Genauso wie die beiden Annahmen über Euklids Parallelen-Axiom die Geometrie in eine euklidische und in eine nichteuklidische teilt, so teilen heute die beiden Annahmen über Cantors Hypothese die Theorie der unendlichen Mengen in eine Cantorianische und eine nicht Cantorianische. Es ist wirklich schlimm, daß dies so ist. Die nicht Cantorianische Seite öffnet die Möglichkeit für unendlich viele Systeme der Mengentheorie, all das, was heute bereits als Standardtheorie existiert, und all das, was aus Rücksicht auf Annahmen über die Mächtigkeit des Kontinuums davon abweicht.

Natürlich konnte Cohen nicht mehr als zeigen, daß die Kontinuum-Hypothese mit der Standard-Mengentheorie unvereinbar war, sogar wenn man diese Theorie um das Axiom der Auswahl erweitert. Viele Mathematiker hoffen und glauben, daß eines Tages ein selbsteinsichtiges Axiom gefunden wird, das nicht an eine Zustimmung oder Ablehnung der Kontinuum-Hypothese gebunden ist, das aber bei Anwendung auf die Mengentheorie zur Anerkennung der Kontinuum-Hypothese führt. (Unter selbsteinsichtig versteht man ein Axiom, welches von allen Mathematikern als wahr betrachtet wird.) Tatsächlich erwarten Göbel und Cohen, daß sich so etwas ereignen wird, und stimmen darüber überein, daß in Wirklichkeit die Kontinuum-Hypothese falsch ist. Im Gegensatz dazu glaubt und hofft Cantor, sie sei wahr. Es handelt sich aber nur um eine fromme platonische Hoffnung, unübersehbar ist jedoch, daß die Mengentheorie von einem gigantischen Schlag getroffen wurde, und heute kann noch niemand sagen, was genau aus ihren Bruchstücken herauskommen wird.

Anhang

Bei der Vorstellung von der Binärversion von Cantors berühmtem Diagonalbeweis, daß die reellen Zahlen überabzählbar sind, habe ich wohlüberlegt eine Komplikation vermieden durch Betrachtung der Tatsache, daß jeder Bruch zwischen 0 und 1 als ein nichtabbrechender Binärbruch auf zwei Wegen dargestellt werden kann. Zum Beispiel ¼ ist 0,01, gefolgt von einer Aleph-Null-Zahl von Nullen, und auch 0,001, gefolgt von Aleph-Null-Einsen. Damit steigt die Möglichkeit, daß die Liste der reellen Binärbrüche so angeordnet werden kann, daß beim Komplementieren der Diagonale eine Zahl entsteht, die in der Liste vorhanden ist. Die konstruierte Zahl würde natürlich ein Muster haben, das nicht in der Liste vorkommt, aber könnte dies nicht ein Muster sein, das auf eine andere Weise einen Bruch, der in der Liste vorhanden ist, ausdrückt? Die Antwort ist: Nein. Der Beweis nimmt an, daß alle möglichen unendlichen binären Muster aufgelistet sind, und damit muß jeder Bruch zweimal in der Liste erscheinen, je einmal in seinen möglichen binären Formen. Es folgt daraus, daß die konstruierte Diagonalzahl nicht mit einer Form eines Bruches auf der Liste übereinstimmt.

In jeder grundlegenden Schreibweise kann man einen Bruch auf zwei Wegen durch eine Aleph-Null-Reihe von Ziffern ausdrücken. So ist in dezimaler Schreibweise $\frac{1}{4}$ = 0,2500000 .... = 0,2499999 .... Obwohl die Gültigkeit des Diagonalbeweises in Dezimalschreibweise nicht erforderlich ist, ist es üblich, diese Zweideutigkeit der Spezifikation zu beseitigen, die mit einer endlosen Folge von Neunen endet; dann konstruiert man die Diagonalzahl durch Änderung jeder Zahl mit der Diagonale in eine andere Zahl, außer 9 oder 0.

Bevor ich Cantors Diagonalbeweis in *Scientific American* diskutierte, war mir nicht bewußt, wie stark die Opposition gegen diesen Beweis war, und zwar weniger von Mathematikern als von Ingenieuren und Wissenschaftlern. Ich erhielt viele Briefe, die diesen Beweis angriffen. William Dilworth, ein Elektroingenieur, sandte mir einen Zeitungsausschnitt aus dem *La Grange Citizen* von 1966, in dem er ausführlich in einem Interview seine Ablehnung der Cantorianischen »Numerologie« klarlegt. Dilworth griff zum ersten Mal den Diagonal-Beweis 1963 in New York auf der »Internationalen Konferenz über allgemeine Semantik« an. Einer der berühmtesten Gegner der Cantorianischen Theorie war der Physiker P. W. Bridgman. Er veröffentlichte darüber ein Paper im Jahre 1934; und in seinen: »Betrachtungen eines Physikers« attackierte er kompromißlos die transfiniten Zahlen und den Diagonal-Beweis. »Ich persönlich kann kein Jota Gefallen an diesem Beweis finden«, schrieb er, »aber er scheint mir eine perfekte unlogische Schlußfolgerung zu sein – mein Verstand will diese Dinge einfach nicht tun, die von ihm erwartet werden, wenn es sich tatsächlich um einen Beweis handeln soll.«

Das Kernstück von Bridgmans Angriff ist ein Standpunkt, der bei den Philosophen der pragmatischen und der operationalistischen Schule weit verbreitet ist. Unendliche Zahlen, so wird argumentiert, existieren nicht außerhalb der menschlichen Vorstellung; tatsächlich sind alle Zahlen nur Namen für irgend etwas, was eine Person tut, und weniger Namen für Dinge. Da man zwanzig Äpfel, aber nicht unendlich viele Äpfel zählen kann, sollte man nicht davon sprechen, daß unendliche Zahlen im platonischen Sinne existent sind, und noch weniger sollte man von unendlichen Zahlen unterschiedlicher Ordnung ›der Unendlichkeit‹, wie dies Cantor tut, sprechen.

»Eine unendliche Zahl«, erklärte Bridgman, »ist ein bestimmter Aspekt von dem, was einer tut, wenn er sich darauf einläßt, einen Prozeß auszuführen . . . eine unendliche Zahl ist ein Aspekt für ein *Programm* einer Aktion.«

Die Antwort darauf ist – was Cantor genau zergliederte – das, was man tun muß, um eine transfinite Zahl zu definieren. Die Tatsache, daß man eine unendliche Prozedur nicht ausführen kann, stört auch nicht mehr die Nützlichkeit von Cantors Aleph als die Tatsache, daß man den Wert der Zahl *Pi* nicht vollständig ausrechnen kann, die Anwendbarkeit oder Nützlichkeit der Zahl *Pi* vermindert. Es ist nicht, wie Bridgman behauptete, die Frage, ob man der platonischen Schreibweise von Zahlen als »Dingen« zustimmt oder dies ablehnt. Für einen aufgeklärten Pragmatiker, der allen Abstraktionen des menschlichen Verhaltens auf den Grund gehen will, sollte Cantors Mengentheorie nicht weniger bedeutungsvoll und anwendbar sein als irgendein anderes präzis definiertes abstraktes System, wie die Gruppentheorie oder eine nichteuklidische Geometrie.

Antworten

Welches der fünf ESP-Symbole kann nun nicht Aleph-Null-mal auf ein Blatt Papier gezeichnet werden, wenn man dabei ideale Linien voraussetzt, keine Überlappungen oder Überschneidungen zuläßt, wobei die Symbole unterschiedlich groß sein können, aber im strengen geometrischen Sinn ähnlich sein müssen? Nur das Plussymbol kann nicht Aleph-Eins-mal dargestellt werden. Die Abbildung 22 zeigt, wie jedes der anderen vier Symbole Aleph-Eins-mal dargestellt werden kann. In jedem Fall bilden die Punkte auf dem Liniensegment ein Aleph-Eins-Kontinuum. Es ist einleuchtend, daß eine Menge von ineinandergeschachtelten oder ineinandergestellten Figuren gezeichnet werden, und zwar so, daß unterschiedliche Nachbildungen durch jeden dieser Punkte gehen. Dadurch wird das Kontinuum der Punkte in eine Eins-zu-eins-Korrespondenz mit einem Satz von sich nicht überschneidenden Nachbildungen gestellt. Es gibt keine vergleichbare Möglichkeit, die Nachbildung der Plussymbole so anzuordnen, daß sie genau aneinanderpassen. Die Mittelpunkte jedes Kreuzes müssen endlich voneinander entfernt sein, obwohl diese Entfernung beliebig klein gemacht werden kann; dabei bilden sie eine abzählbare (Aleph-Null) Menge von Punkten. Der Leser kann sich den Spaß machen, auf einem Blatt Papier den formalen Nachweis zu führen, daß Aleph-Eins-Plus-

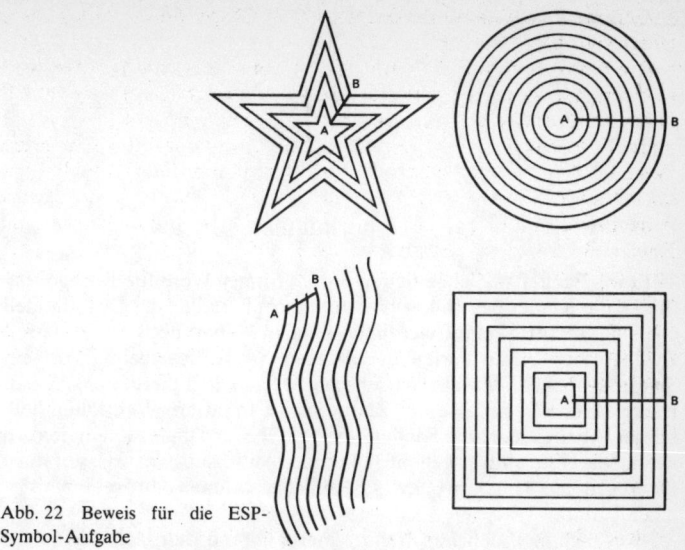

Abb. 22 Beweis für die ESP-Symbol-Aufgabe

symbole nicht gezeichnet werden können. Das Problem ist ähnlich dem der Anwendung der Buchstaben des Alphabets, über das Leo Zippin in seinem Artikel »Anwendung der Unendlichkeit« geschrieben hat. Soweit mir bekannt ist, hat noch niemand genau die Bedingungen festgelegt, nach denen eine lineare Figur Aleph-Eins-mal nachgebildet werden kann. Einige Figuren werden Aleph-Eins-Nachbildungen durch Verschiebung oder Rotation, einige durch Schrumpfung, einige durch Translation und Schrumpfung und einige durch Rotation und Schrumpfung. Etwas vorschnell habe ich in meinem Bericht behauptet, daß alle Figuren, die topologisch äquivalent zu einem Liniensegment oder zu einer einfachen geschlossenen Kurve sind, Aleph-Eins-mal nachgebildet werden können, aber Robert Mack, der damals Student an der Highschool in Concord in Massachusetts war, fand ein einfaches Gegenbeispiel. Er betrachtete zwei Einheitsquadrate, die miteinander wie ein Dominostein verbunden waren, entfernte zwei Einheitssegmente, so daß die verbleibenden Segmente die Zahl 5 darstellten. Diese ist nicht Aleph-Eins-mal nachbildbar.

47

Hyperkubus

In Lewis Padgetts Science fiction Story »Mimsy Were the Borogoves«
finden die Kinder des Philosophieprofessors Paradine das Drahtmodell
eines Tesserakts – eines vierdimensionalen Hyperkubus –, auf dessen
Drähten sich bunte Perlen in seltsamer Weise bewegen. Es ist ein
Spielzeugabakus, den ein Wissenschaftler aus dem vierdimensionalen
Raum beim Basteln an einer Zeitmaschine in unsere Welt fallen ließ.
Dieser Abakus lehrt die Kinder, wie man in vier Dimensionen denken
kann. Mit Hilfe einiger geheimgehaltener Anweisungen verlassen sie in
Lewis Carrolls »Jabberwocky« schließlich zusammen den dreidimensio-
nalen Raum.

Ist es dem menschlichen Gehirn überhaupt möglich, sich vierdimensionale Strukturen vorzustellen? Hermann von Helmholtz, der deutsche
Physiker des 19. Jahrhunderts, vermutete es, vorausgesetzt, daß man
dem Gehirn die richtigen Werte eingeben könne. Unglücklicherweise
bezieht sich all unsere Erfahrung auf den dreidimensionalen Raum, und
es gibt noch nicht die leiseste wissenschaftliche Erkenntnis, daß ein
vierdimensionaler Raum überhaupt existiert. (Der euklidische vierdimensionale Raum darf nicht mit der nichteuklidischen vierdimensionalen Raum-Zeit-Beziehung der Relativitätstheorie verwechseln werden,
in der die Zeit als vierte Koordinate behandelt wird.) Trotzdem ist es
vorstellbar, daß mit der richtigen Art von mathematischem Training
eine Person die Fähigkeit entwickelt, sich den Tesserakt bildlich
vorzustellen. Henri Poincaré schrieb dazu: »Ein Mensch, der sich sein
Leben lang darum bemüht, könnte vielleicht Erfolg haben, sich selbst
eine vierte Dimension bildhaft vorzustellen.«

Charles Howard Hinton, ein exzentrischer amerikanischer Mathema-
tiker, der einst an der Princeton Universität lehrte und ein viel gelesenes
Buch: »Die vierte Dimension« schrieb, entwickelte ein System farbiger
Bauklötze zum Aufbau eines dreidimensionalen Modells einzelner
Bestandteile eines Tesserakts. Hinton glaubte, daß er durch jahrelanges

Spiel mit diesem Spielzeug (das Wort Spielzeug kann aus Padgetts Geschichte übernommen sein) ein wenn auch noch verschwommenes intuitives Verständnis für den vierdimensionalen Raum erworben habe.« Ich möchte nicht im positiven Sinn sprechen«, schrieb er, »denn das wäre für andere ein Zeitverlust, da ich mich sehr leicht geirrt haben kann. Aber für mich selbst gibt es, wie ich glaube, Anzeichen für solch eine Intuition . . .« Hiltons bunte Bausteine sind zu kompliziert, um hier erklärt werden zu können (der umfassendste Bericht darüber befindet sich in seinem Buch aus dem Jahre 1910: »A New Era of Thought«). Vielleicht kann man jedoch durch Untersuchung einiger der einfacheren Verhältnisse des Tesserakts einen wenn auch unsicheren Schritt in die Richtung tun, sich eine Fähigkeit der Vorstellung zu erwerben, von der Hinton glaubte, sie bereits erworben zu haben.

Wir wollen mit einem Punkt beginnen und bewegen ihn entlang einer geraden Linie um eine Einheitslänge, wie in Abbildung 23a gezeigt. Alle Punkte auf dieser Einheitslinie können wir von 0 am Anfang bis zu 1 am anderen Ende numerieren. Nun bewegen wir die Einheitslinie, die eine Längeneinheit lang ist, um eine Längeneinheit in eine Richtung senkrecht zur Linie selbst (b). Damit haben wir ein Einheitsquadrat hergestellt. Eine Ecke wird mit 0 bezeichnet und dann werden die Punkte 0 bis 1 entlang jeder der beiden Linien, die sich in der 0-Ecke treffen, numeriert. Mit diesen x- und y-Koordinaten können wir jeden Punkt des Quadrats mit einem zugeordneten Zahlenpaar bezeichnen. Genauso leicht ist nun der nächste Schritt. Dazu bewegen wir das Quadrat um eine Einheitslänge in die Richtung, die senkrecht auf der x- und y-Achse steht (c). Das Ergebnis ist ein Einheitswürfel. Mit den x-, y-, und z-Koordinaten entlang der drei Kanten, die sich an einer Ecke treffen, können wir jeden Punkt innerhalb des Würfels mit drei Zahlen kennzeichnen.

Obwohl sich unser Vorstellungsvermögen beim nächsten Schritt sträubt, gibt es doch keinen logischen Grund, warum wir nicht annehmen können, daß der Würfel um eine Einheitslänge in einer Richtung verschoben wird, die senkrecht zu allen drei seiner Achsen steht (d). Der Raum, der durch eine solche Verschiebung erzeugt wird, ist ein vierdimensionaler Einheits-Hyperkubus – ein Tesserakt – bei dem an jeder Ecke vier senkrecht aufeinander stehende Kanten aufeinandertreffen. Bezeichnen wir einen Satz solcher Kanten als w-, x-, y- und z-Achsen, dann können wir jeden Punkt innerhalb des Hyperkubus durch vier Zahlen kennzeichnen. Spezialisten der analytischen Geometrie können mit dieser geordneten Vierergruppe von

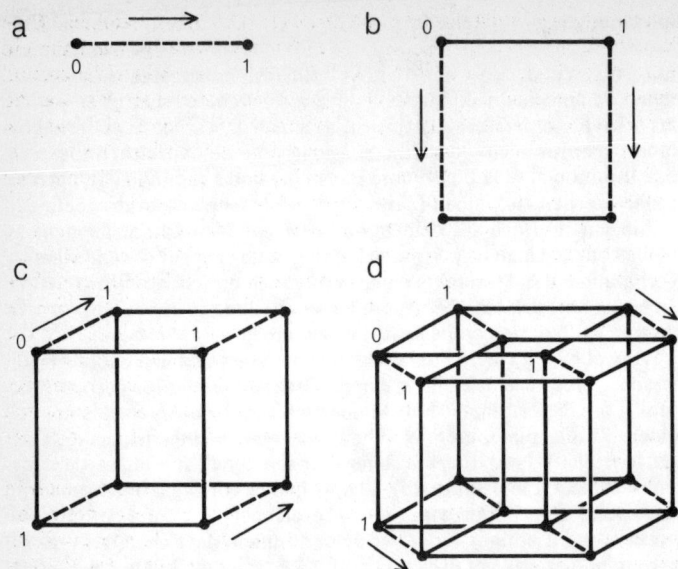

Abb. 23   Schrittweise Konstruktion eines Hyperkubus

Zahlen genauso arbeiten wie sie mit Paaren oder Dreiergruppen arbeiten, wenn sie Probleme der Ebene und des Raumes behandeln. Auf diese Art und Weise kann die euklidische Geometrie zu höheren Räumen ausgedehnt werden mit Dimensionen, die durch irgendeine positive ganze Zahl repräsentiert wird. Jeder Raum ist euklidisch, aber jeder ist topologisch unterschiedlich. Ein Quadrat kann nicht stetig zu einer geraden Linie deformiert werden, ein Kubus deformiert zu einem Quadrat und ein Hyperkubus zu einem Kubus usw.

Genaue Untersuchungen von Körpern im vierdimensionalen Raum können nur auf der Basis eines axiomatischen Systems für den vierdimensionalen Raum durchgeführt werden, oder man arbeitet analytisch mit Gleichungssystemen der Koordinaten w, x, y und z, also mit einem Vier-Koordinaten-System. Aber der Tesserakt ist eine so einfache vierdimensionale Struktur, daß wir viele seiner Eigenschaften durch intuitive analoge Schlußfolgerungen abschätzen können. Eine Einheitslinie besitzt zwei Endpunkte. Wenn sie bewegt wird, um ein Quadrat zu bilden, haben ihre Enden Anfangs- und Endpositionen, und daher ist die Zahl der Ecken des Quadrates zweimal so groß wie die Anzahl dieser Linienpunkte oder gleich vier. Die zwei bewegten Eckpunkte erzeugen zwei Linien, aber die Einheitslinie besitzt eine Startposition, und so müssen wir noch zwei Linien zuaddieren und erhalten damit die vier Begrenzungslinien des Quadrates.

Ähnliches gilt, wenn ein Quadrat bewegt wird, um einen Kubus zu bilden. Seine vier Ecken haben Start- und Stoppositionen und daher multiplizieren wir vier mit zwei und erhalten die acht Ecken des Kubus. Durch die Bewegung erzeugt jeder der vier Punkte eine Linie, aber zu diesen vier müssen wir noch die vier Linien eines Quadrates für die Startstellung und die vier Linien für die Stopstellung zu addieren und das ergibt $4 + 4 + 4 = 12$ Kanten für den Kubus. Bei der Bewegung des Quadrates erzeugen die vier Linien vier neue Oberflächen, zu denen Start- und Stopflächen zuaddiert werden, das ergibt $4 + 1 + 1 = 6$ Flächen auf der Oberfläche des Würfels.

Nun nehme man an, der Würfel werde um eine Längeneinheit in Richtung der vierten Achse, die rechtwinklig auf den anderen drei steht, verschoben, also in eine Richtung, die wir nicht zeigen können, weil wir im dreidimensionalen Raum gefangen sind. Jede Ecke des Würfels besitzt ihre Start- und ihre Endposition, so daß der Tesserakt $2 \times 8 = 16$ Ecken besitzt. Jeder Punkt erzeugt eine Linie, aber zu diesen acht Linien müssen wir für Anfangs- und Endposition des Kubus 12 Kanten zuaddieren, das ergibt $8 + 12 + 12 = 32$ Einheitslinien des Hyperkubus. Jede der zwölf Kanten des Würfels erzeugt ein Quadrat, aber zu diesen zwölf Quadraten müssen wir je sechs Quadrate des Würfels vor seiner Verschiebung und die sechs Quadrate für seine Endstellung zuaddieren und erhalten damit $12 + 6 + 6 = 24$ Quadrate für die Hyperoberfläche des Tesserakts.

Es ist ein Fehler anzunehmen, daß der Tesserakt durch seine vierundzwanzig Quadrate begrenzt ist. Sie bilden nur das Skelett des Hyperkubus, genauso wie die Kanten das Skelett für einen Würfel bilden. Ein Würfel wird durch quadratische Flächen begrenzt und ein Hyperkubus durch kubische Flächen. Wenn ein Würfel verschoben wird, dann bewegt sich jedes seiner Quadrate um eine Einheitsentfernung in eine nicht vorstellbare Richtung im rechten Winkel zu seiner Oberfläche, und dabei erzeugt er einen anderen Würfel. Zu den sechs Würfel, die durch die sechs bewegten Quadrate erzeugt werden, müssen wir noch den Würfel vor seiner Verschiebung und den gleichen, nachdem er verschoben wurde, zuaddieren; das ergibt insgesamt acht. Diese acht Würfel bilden die Hyperoberfläche des Hyperkubus.

n-Raum	Punkte	Linien	Quadrate	Würfel	Tesserakte
0	1	0	0	0	0
1	2	1	0	0	0
2	4	4	1	0	0
3	8	12	6	1	0
4	16	32	24	8	1

Abb. 24 Strukturelemente analog zum Würfel in verschiedenen Dimensionen

Die Tabelle in Abbildung 24 enthält die Anzahl der Elemente in Kuben für ein- bis vierdimensionale Räume. Es gibt einen einfachen, doch überraschenden Trick, mit dem diese Tabelle auch auf Kuben $n$ter-Ordnung angewendet werden kann. Man stelle sich die $n$te-Linie als Lösung für den Binominalausdruck $(2x + 1)^n$ vor. Zum Beispiel besitzt das Liniensegment eines eindimensionalen Raumes zwei Punkte und eine Linie. Man schreibe dies als $2x + 1$ und multipliziere es mit sich selbst:

$$\begin{array}{r} 2x + 1 \\ 2x + 1 \\ \hline 4x^2 + 2x \\ 2x + 1 \\ \hline 4x^2 + 4x + 1 \end{array}$$

Man beachte, daß die Koeffizienten des Ergebnisses mit der dritten Zeile der Tabelle korrespondieren. In der Tat kann jede Zeile der Tabelle als ein Polynom geschrieben werden, und multipliziert mit $2x + 1$ erhält man die nächste Zeile. Was sind nun die Elemente eines Kubus im fünfdimensionalen Raum? Man schreibe die Zeile des Tesserakts als ein Polynom vierter Ordnung und multipliziere es mit $2x + 1$:

52

$$16x^4 + 32x^3 + 24x^2 + 8x + 1$$
$$2x + 1$$

$$32x^5 + 64x^4 + 48x^3 + 16x^2 + 2x$$
$$16x^4 + 32x^3 + 24x^2 + 8x + 1$$

$$32x^5 + 80x^4 + 80x^3 + 40x^2 + 10x + 1$$

Die Koeffizienten ergeben die fünfte Zeile der Tabelle. Ein Kubus im fünfdimensionalen Raum besitzt 32 Punkte, 80 Linien, 80 Quadrate, 40 Würfel, 10 Tesserakte und einen fünfdimensionalen Würfel. Man beachte weiter, daß jede Zahl der Tabelle immer zweimal so groß ist wie die Zahl, die darüber steht plus der Zahl, die diagonal zu ihr links oberhalb steht.

Wenn man ein Drahtmodell eines Würfels so vor ein Licht hält, daß es einen Schatten auf eine Fläche wirft, kann man durch Drehen des Würfels unterschiedliche Schattenmuster erzeugen. Kommt das Licht von einem Punkt in der Nähe des Würfels, der entsprechend gehalten wird, dann erhält man eine Projektion wie in Abbildung 25. Die Linien dieses flachen Schattenbildes geben alle topologischen Verhältnisse des Drahtwürfels wieder. Zum Beispiel kann eine Fliege nicht fortlaufend auf allen Kanten des Würfels entlanggehen, ohne über eine Kante

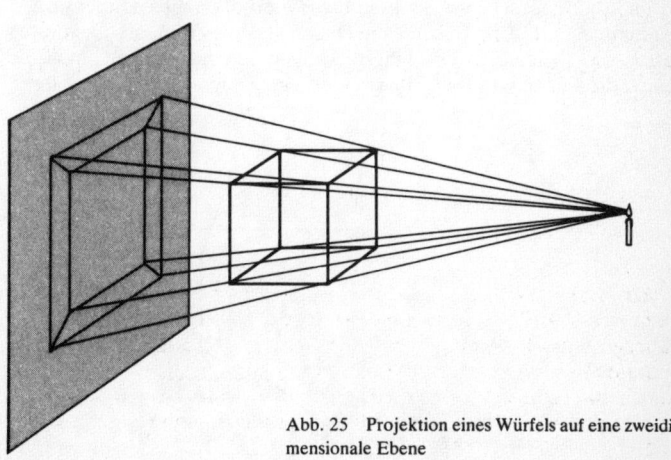

Abb. 25 Projektion eines Würfels auf eine zweidimensionale Ebene

53

zweimal zu gehen. Sie kann dies auch nicht auf der Projektion, dem flachen Schattenbild.

Abbildung 26 zeigt die analoge Projektion der Kanten des Tesserakts in einen dreidimensionalen Raum. Genauer gesagt, es ist die ebene Projektion eines dreidimensionalen Modells, das wiederum die Projektion des Hyperkubus darstellt. Alle Elemente des Tesserakts, die oben in der Liste aufgeführt werden, obwohl sechs der acht Kuben perspektivisch verzerrt wurden, genauso wie die vier quadratischen Flächen des Würfels bei der Projektion auf eine Ebene verzerrt dargestellt sind. Die acht Würfel sind der große Würfel, der kleine innere Würfel und die sechs Sechsflächner, die den kleinen Würfel umgeben. (Der Leser kann auch einmal versuchen, die acht Würfel in der Abbildung 23 d zu finden. Dabei handelt es sich um eine Projektion des Tesserakts aus einem anderen Winkel, also um ein anderes dreidimensionales Modell.) Hier sind wieder die topologischen Verhältnisse von beiden Modellen die gleichen wie die der Kanten des Tesserakts. In diesem Fall kann eine Fliege entlang aller Kanten gehen ohne eine Kante zweimal durchlaufen zu müssen. (Allgemein ausgedrückt: Eine Fliege kann dies nur auf einem Hyperkubus in einem geradzahligen Raum vollbringen, weil nur in geradzahligen Räumen sich eine geradzahlige Anzahl von Kanten an jeder Ecke treffen.)

Viele Eigenschaften des Einheits-Hyperkubus können durch einfache Formeln ausgedrückt werden, die für Hyperkuben aller Dimensionen anwendbar sind. Zum Beispiel die Diagonale eines Einheits-Quadrates besitzt die Länge $\sqrt{2}$. Die längste Diagonale eines Einheits-Würfels besitzt die Länge von $\sqrt{3}$. Allgemeiner, eine Diagonale von einer Ecke

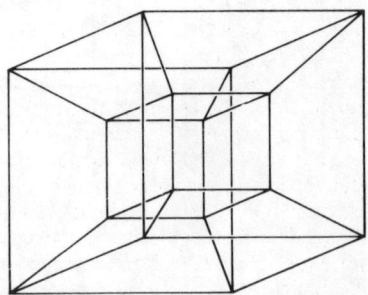

Abb. 26 Projektion eines Tesserakts in den dreidimensionalen Raum

bis zur gegenüberliegenden Ecke eines Einheitswürfels im n-dimensionalen Raum besitzt die Länge $\sqrt{n}$.

Ein Quadrat der Seitenlänge x besitzt eine Fläche von x^2 und einen Umfang von $4x$. Welche Größe besitzt ein Quadrat, dessen Fläche gleich seinem Umfang ist? Die Gleichung $x^2 = 4x$ gibt für x einen Wert von 4. Die einzig mögliche Antwort ist daher: Ein Quadrat der Seitenlänge 4. Welche Größe hat ein Würfel, dessen Volumen gleich seiner Oberfläche ist? Nachdem der Leser diese leichte Frage beantwortet hat, kann er nun noch schwierigere Fragen behandeln: 1. Welche Größe hat ein Hyperkubus, dessen Hypervolumen (gemessen in Einheits-Hyperkuben) gleich dem Volumen (gemessen in Einheits-Würfeln) seiner Hyperoberflächen ist? 2. Wie lautet die Gleichung für die Kanten eines n-dimensionalen Würfels, dessen n-Volumen gleich dem $(n$-1$)$-Volumen seiner »Oberfläche« ist?

In Rätselbüchern werden oft Fragen über Würfel gestellt, die sehr leicht sind. Die gleichen Fragen über den Tesserakt lassen sich aber nicht so leicht beantworten. Betrachten wir einmal die längste Strecke, die in einem Einheitsquadrat untergebracht werden kann. Es ist augenscheinlich die Diagonale mit einer Länge von $\sqrt{2}$. Was ist das größte Quadrat, das in einem Einheitswürfel untergebracht werden kann? Wenn der Leser versucht, diese trickreiche Frage zu beantworten, und sich noch weiter mit dem vierdimensionalen Raum befassen will, dann könnte er sich auch mit dem noch schwierigeren Problem, dem Auffinden des größten Würfels, der in einem Einheits-Tesserakt untergebracht werden kann, beschäftigen.

Ein interessierendes Kombinationsproblem, das sich mit dem Tesserakt beschäftigt, behandelt man wie üblich am besten, indem man zunächst die Analogie für Quadrate und Würfel betrachtet. Man schneide eine Ecke eines Quadrates, wie es in der oberen Zeichnung in der Abbildung 27 ist, auf und entfalte die vier Linien; sie bilden danach eine eindimensionale Figur. Jede Linie dreht sich um einen Punkt, bis sich alle in einem eindimensionalen Raum befinden. Um einen Würfel aufzufalten, denken wir daran, daß er aus Flächen besteht, die an ihren Kanten miteinander verbunden sind. Man schneide sieben Kanten auf, und der Würfel kann wie in der unteren Zeichnung entfaltet werden, bis alle Flächen in einem zweidimensionalen Raum liegen. Sie bilden ein Hexomino, d. h. sechs Einheitsquadrate, die mit ihren Kanten verbunden sind. In diesem Fall dreht sich jedes Quadrat um eine Kante. Indem wir unterschiedliche Kanten aufschneiden, können wir verschiedene Hexominoformen herstellen. Gehen wir davon aus, daß ein asymmetri-

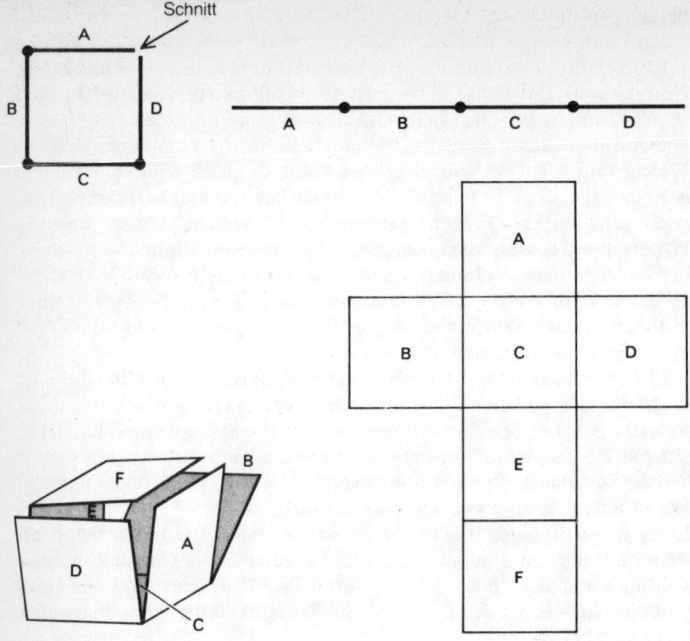

Abb. 27   Entfaltung eines Quadrates (oben) und eines Würfels

sches Hexomino und sein Spiegelbild gleichwertig sind. Wie viele unterschiedliche Hexominos können wir nun durch Entfalten eines Würfels herstellen?

Die acht Würfel, die die Oberfläche eines Tesserakts bilden, können in ähnlicher Art und Weise geschnitten und entfaltet werden. Es ist unmöglich, sich vorzustellen, wie eine Person des vierdimensionalen Raumes den hohlen Tesserakt sehen könnte (mit dreidimensionaler Netzhaut?) Trotz alledem könnte eine Hyperperson mit ihren Hyperfingern jeden Punkt innerhalb eines solchen Würfels, der die Oberfläche des Tesserakts bildet, berühren, ohne dabei andere Punkte des Würfels durchdringen zu müssen. Nur für uns befinden sich diese Punkte innerhalb des Würfels. Es ist für die Hyperperson ähnlich wie für uns, wenn wir mit unseren Fingern jeden beliebigen Punkt der Oberfläche eines Würfels berühren können, ohne irgendeinen anderen Punkt der Oberfläche zu berühren. Für die Hyperperson ist jeder Punkt in jedem Würfel die Oberfläche eines Tesserakts und für sie direkt sichtbar, wenn sie diesen Tesserakt in ihren Hyperfingern dreht.

Noch schwieriger kann man sich die Tatsache vorstellen, daß ein Würfel im vierdimensionalen Raum um irgendeine seiner Flächen rotiert. Tatsächlich ist jedes der vierundzwanzig Quadrate im Tesserakt ein Verbindungspunkt für zwei Würfel, was man leicht feststellen kann, wenn man die dreidimensionalen Modelle betrachtet. Wenn siebzehn dieser vierundzwanzig Quadrate aufgeschnitten und damit jeweils ein Paar von Würfeln an diesen Stellen getrennt werden, und man führt diese Schnitte an den richtigen Ort durch, dann können sich die acht Würfel frei um ihre sieben aufgeschnittenen Quadrate drehen; dabei bleiben sie verbunden, bis sich alle acht im gleichen dreidimensionalen Raum befinden. Sie bilden dann einen Polykubus achter Ordnung. (Die acht Würfel, die den Tesserakt begrenzen, sind mit ihren Oberflächen verbunden.) Salvador Dalis Gemälde: *Corpus Hypercubus* (Abbildung 28) im Besitz des Metropolitan Museum of Art, zeigt einen entfalteten Hyperkubus, der einen kreuzförmigen Hyperkubus analog dem kreuzförmigen Hexomino bildet. Man achte, wie Dali den Kontrast zwischen dem zweidimensionalen und dem dreidimensionalen Raum dadurch betont, daß er den Hyperkubus über einem Schachbrett schweben läßt und eine weitentfernte Lichtquelle Schatten der Arme Christi erzeugt. Dali symbolisiert mit dem zum Kreuz entfalteten Tesserakt den orthodoxen christlichen Glauben, nach dem der Tod Christi ein übergeschichtliches Ereignis war, das in einer Region stattgefunden hat, die transzendent ist zu unserer Zeit und unserer dreidimensionalen Welt, und das wir sozusagen mit unserer begrenzten Vorstellungskraft nur in einer entfalteten Form undeutlich sehen können. Die Verwendung des euklidischen vierdimensionalen Raumes als Symbol für eine ganz andere Welt war lange ein Lieblingsthema der Okkultisten, z. B. von P. D. Ouspensky, ebenso wie von einigen führenden protestantischen Theologen, besonders des Deutschen Karl Heim. Auf einem weltlichen Niveau spielt der Trickmechanismus eines entfalteten Hyperkubus in Robert A. Heinleins wilder Geschichte: »- und er baute ein krummes Haus«. Sie befindet sich in Clifton Fasimans Sammlung: »Fantasia Mathematica«. Ein kalifornischer Architekt baut sich ein Haus in Form eines entfalteten Hyperkubus, eine umgekehrte Version von Dalis Hyperkubus. Als ein Erdbeben das Haus erzittern läßt, faltet es sich selbst zu einem hohlen Tesserakt auf. Er erscheint dem Betrachter wie ein einfacher Würfel, weil er in unserem Raum auf seiner Würfelfläche liegt, ähnlich einem gefalteten Pappwürfel, der auf einer Ebene steht, einem Beobachter als Quadrat erscheinen kann. Innerhalb des Tesserakts spielen sich einige seltsame Ereignisse ab, und man hat einen unirdischen Ausblick durch seine Fenster, ehe das Haus, von einem anderen Erdbeben geschüttelt, völlig aus unserem Raum hinausfällt. Die Vorstellung, daß Teile unseres Universums aus dem dreidimensionalen Raum hinausfallen könnten, ist gar nicht so verrückt, wie sie klingt. Der bekannte amerikanische Physiker J. A. Wheeler hat eine völlig seriöse »dropout«-Theorie entwickelt, um die enormen Energiemengen, die von quasistellaren Radioquellen, auch Quasare genannt, abgestrahlt werden, erklären zu können. Wenn ein Riesenstern einen Gravitationskollaps erleidet, wird vielleicht eine zentrale Masse von solch unglaublicher Dichte gebildet, daß durch sie das Raum-Zeit-System zu einer Blase zusammengezogen wird. Ist ihre Krümmung genügend groß, könnte sich die Blase einschnüren, und die Masse würde aus unserem Raum-Zeit-System verschwinden, wobei sie Energie zurückließe.

Nun zum Hyperkubus und zur letzten Frage: Wie viele unterschiedliche Polykuben achter Ordnung kann man durch Entfalten eines hohlen Hyperkubus in den dreidimensionalen Raum hinein bilden?

Anhang

Hiram Barton, ein technischer Berater aus Etchingham, Sussex, England, hat mir folgenden fast zornigen Kommentar über die farbigen Würfel von Hinton geschrieben:

»Lieber Herr Gardner,

als ich Ihren Hinweis auf die Würfel von Hinton las, rann mir ein Schauer den Rücken herunter. Ich selbst konnte mich in den zwanziger Jahren kaum von diesen lösen. Bitte glauben Sie mir, wenn ich sage, daß diese Würfel einem den Verstand fast völlig zerstören können. Der einzige Mensch, den ich damals traf, der mit ihnen ernsthaft gearbeitet hatte, war Francis Sedlak, ein tschechischer Philosoph und Neohegelianer. (Er schrieb ein Buch mit dem Titel *Die Erschaffung von Himmel und Erde.*) Er lebte in der Nähe von Stroud in Gloucestershire in einer Gemeinschaft von Traumdeutern.

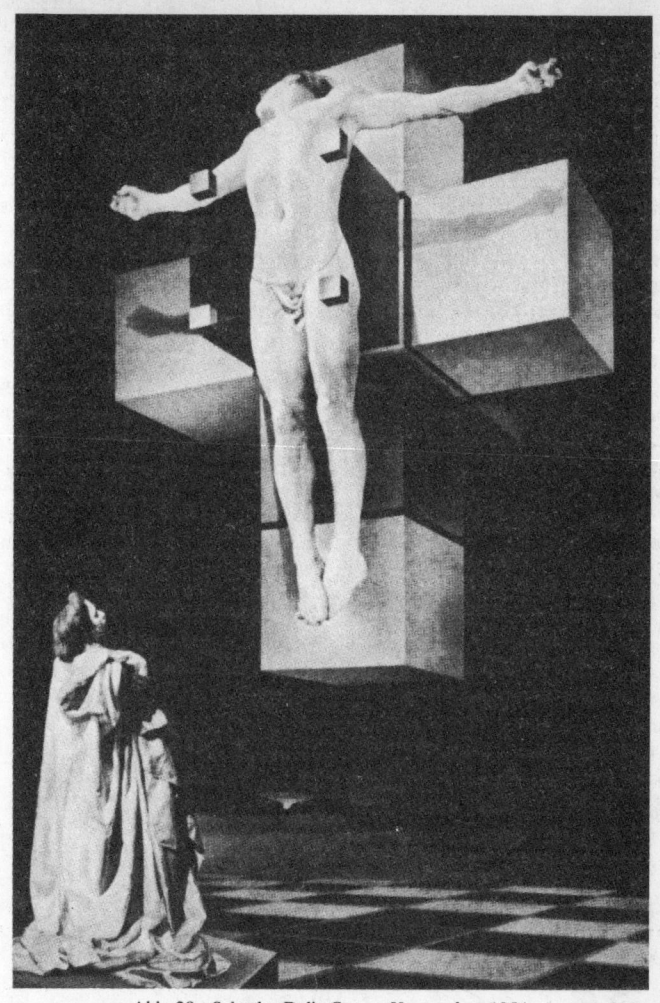

Abb. 28   Salvador Dali: *Corpus Hypercubus*, 1954.
Metropolitan Museum of Art, Geschenk von Chester Dale, 1955

Wie Sie selbst wissen, besteht die Technik im wesentlichen in einer sequentiellen Visualisierung aneinanderstoßender innerer Oberflächen der mehrfarbigen Einheitswürfel, die den großen Würfel bilden. Es ist nicht schwierig, eine hinreichende Fähigkeit dafür zu erwerben, aber der Vorgang ist eine Art Selbsthypnose. Nach einiger Zeit hat das zufolge, daß diese im Bewußtsein selbst abläuft. In einer Art ist es angenehm, und erst als ich um 1929 Sedlak traf, wurde mir die Gefahr bewußt, der ich ausgesetzt bin, wenn sich in meinem eigenen Gehirn ein solcher selbständiger Prozeß in Gang setzt. Um von diesen Zwangsvorstellungen wieder wegzukommen, mußte ich mir ein Gegensystem festlegen, das sich vom ersten dadurch unterschied, daß der mittlere Würfel anders gefärbte Oberflächen besaß. Diese Entziehung war langsam, und ich würde niemandem raten, sich überhaupt mit diesen Würfeln zu beschäftigen.«

Ein attraktives Modell eines Hyperkubus wurde von Eytan Kaufman aus New York City erdacht und hergestellt. Es besteht aus schwarzen und weißen Aluminiumstreifen, die zu einem Mobile aufgehängt sind. Unter dem Namen Tesserakt wurde das Werk vom Museum of Modern Art angekauft.

Soweit mir bekannt ist, wurden noch keine Lösungen zu den beiden von mir aufgeworfenen Fragestellungen gefunden: 1. Welches ist der größte Würfel, der in ein Tesserakt eingepaßt werden kann? 2. In wie viele Polywürfel achter Ordnung kann ein hohler Tesserakt aufgeschnitten und in den dreidimensionalen Raum entfaltet werden? Ich erhielt nach der Veröffentlichung meiner Fragen in »Scientific American« einige Antworten auf die zweite Frage und sieben zur ersten. Unglücklicherweise stimmen auch nicht zwei Antworten auf eine Frage überein, und ich sehe mich auch nicht in der Lage, irgendeine von ihnen zu beurteilen. Solange keine Antwort auf diese Fragen veröffentlicht und als richtig anerkannt werden, gelten beide Probleme als unbeantwortet.

Antworten

Ein Tesserakt der Seite x besitzt ein Hypervolumen von x^4. Das Volumen seiner Hyperoberfläche ist $8x^3$. Wenn die beiden Größen gleich sind, ergibt die Gleichung für x einen Wert von 8. Allgemein gesagt: Ein Kubus im n-dimensionalen Raum mit einem n-Volumen gleich dem $(n-1)$-Volumen seiner Oberfläche ist ein n-Kubus mit der Seite $2n$.

Das größte Quadrat, das in einen Einheitskubus eingepaßt werden kann, ist das in Abbildung 29 gezeigte. Jede Ecke des Quadrates befindet sich in einer Entfernung von einem Viertel der Kante von der Ecke des Würfels. Das Quadrat besitzt eine Fläche von genau neun Achtel, und eine Seite besitzt die Länge von drei Viertel der Quadratwurzel aus 2. Leser, die das alte Problem kennen, wie der größtmögliche Würfel durch ein quadratisches Loch in einen kleineren Würfel geschoben werden kann, sehen, daß dieses Quadrat der Größe

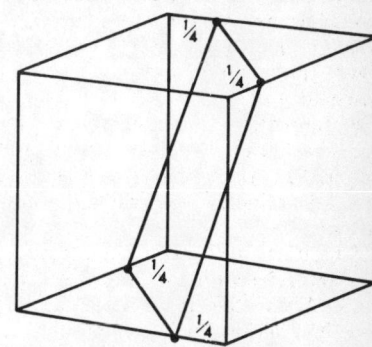

Abb. 29 Das größte Quadrat in einem Würfel

Abb. 30 Die elf Hexominos, die zu einem Würfel gefaltet werden können

61

des gesuchten quadratischen Loches entspricht. Mit anderen Worten: ein Würfel, dessen Seiten nicht ganz drei Viertel der Quadratwurzel aus 2 ist, kann durch ein quadratisches Loch in einen Einheitswürfel geschoben werden.

Abbildung 30 zeigt die elf unterschiedlichen Hexominos, die zu einem Würfel gefaltet werden können. Sie bilden einen frustrierenden Satz von fünfunddreißig unterschiedlichen Formen, da sie nicht zusammengepaßt werden können, um aus ihnen ein Quadrat mit sechsundsechzig Einheitsflächen herzustellen. Aber' vielleicht gibt es doch einige interessante Muster, die man aus ihnen bilden könnte.

Magische Sterne und Polyeder

In den vergangenen Jahrzehnten wendeten Mathematiker vermehrt dem Gebiet der Kombinations-Arithmetik ihre Aufmerksamkeit zu, und damit entstand ein neues Interesse an Kombinationsaufgaben, die man früher mehr als Rätsel betrachtete. Herbert J. Ryser beginnt sein kleines, ausgezeichnetes Buch: »Combinatorial Mathematics« (erschienen 1963 bei der Mathematical Association of America) mit der Darstellung eines magischen Quadrates, das in China schon Jahrhunderte vor Christi Geburt bekannt war. Er schreibt darüber: »Viele der Probleme, mit denen man sich in der Vergangenheit zum Vergnügen oder aus ästhetischen Gründen befaßte, sind heute für die reine und angewandte Wissenschaft sehr wertvoll. Vor nicht allzulanger Zeit wurde noch Teile der projektiven Geometrie als Kuriositäten der Kombinatorik betrachtet, heute gehören sie zu den Grundlagen der Geometrie, der Analyse und des Entwurfs von Experimenten. Unsere neue Technologie mit ihren vitalen Beziehungen zum Diskretisieren hat auch uns Unterhaltungsmathematiker der Vergangenheit eine neue Wichtigkeit und Notwendigkeit gegeben.«

Magische Quadrate sind gut bekannt. In diesem Kapitel wollen wir die uns weniger vertraute Familie der magischen Sterne, die thematisch mit den magischen Quadraten verwandt ist, behandeln. Es ist auch ein Zweig der Kombinatorik für Freizeitmathematiker, aber er führt faszinierenderweise hin zur Graphentheorie und zur Struktur von Polyeder. Das einfachste Stern-Polygon ist der bekannte fünfstrahlige Weihnachtsstern, den wir als Kinder aus fünf geraden Linien, ohne den Bleistift abzusetzen, zeichnen lernten. Er diente den alten griechischen Pythagoräern als Erkennungszeichen und war zugleich das griechische Symbol für Gesundheit. Alte griechische Münzen tragen oft diesen Stern. Für die Zauberei des Mittelalters und der Renaissance war er das mystische »Pentagramm« oder »Pentalpha«. (Der zweite Name kommt daher, daß er aus fünf großen A gebildet werden kann.) Man kann ihn

Abb. 31   Pentagramm

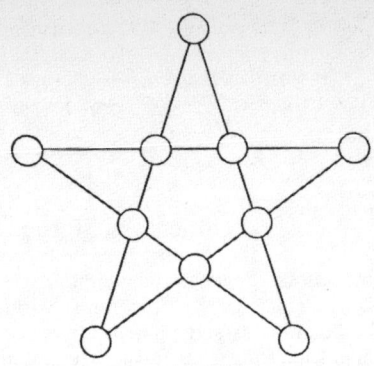

auch aus drei übereinandergelegten Dreiecken gebildet denken, und insofern galt dieser Stern auch als Symbol der Dreifaltigkeit, wobei die fünf Spitzen des Sterns mit J-E-S-U-S beschriftet wurden. Als Goethes Faust ein Pentagramm auf die Schwelle seiner Studierstube zeichnete, ließ er eine Lücke in dem Umriß der Figur. Dieses geringfügige Loch an einer der Spitzen erlaubte es Mephisto, den Raum zu betreten, doch wurde er im Inneren des Sterns durch die geschlossene Kurve des Fünfecks gefangen. Später, als Faust schlief, konnte der Teufel entfliehen, da er einer Ratte befahl, eine Öffnung in dieses Fünfeck zu nagen.

Man zeichne einen Kreis auf jeden Schnittpunkt eines Pentagramms, wie in Abbildung 31. Ist es möglich, die Zahlen von 1 bis 10 in die zehn Kreise so einzutragen, daß die vier Zahlen auf jeder Geraden die gleiche Summe ergeben? Es ist leicht festzustellen, welche Summe – die magische Konstante – es sein muß. Die Zahlen 1 bis 10 summieren sich zu 55. Jede Zahl erscheint auf zwei Linien, daher muß die Summe aller fünf Liniensummen zweimal 55 oder 110 sein. Da die Summen der fünf Linien gleich sind, muß jede Linie die Summe von 110/5 oder 22 ergeben. Wenn nun ein magisches Pentagramm existierte, dann müßte seine magische Konstante gleich 22 sein.

Die Tatsache, daß in der Literatur der Zauberei kein solches magisches Pentagramm erscheint, ist ein Zeichen für seine Unmöglichkeit, und mit etwas Findigkeit kann man in der Tat beweisen, daß es nicht aufgestellt werden kann. (Siehe auch Harry Langmans »Play Mathematics«, 1962.) Das beste, was wir tun können – ohne eine Zahl

mehrfach anzuwenden oder Nullen oder negative Zahlen einzusetzen
– ist, die Zahlen 1,2,3,4,5,6,8,9,10,12, wie links in Abbildung 32
gezeigt, einzusetzen. Dieses bildet ein »fehlerhaftes« magisches Pentagramm, mit der kleinsten möglichen Konstante 24 und der größten Zahl
12.

Betrachten wir nun die folgende Frage, die anscheinend keine
Beziehung zum Pentagramm hat. Ist es möglich, die zehn Kanten eines
Fünfflächners oder eines Tetraeders so zu bezeichnen, daß an jeder
Ecke die Summe der dort zusammentreffenden Kanten die gleiche ist?
Erstaunlicherweise wurde die Frage schon beantwortet; der kombinato-
rische Aspekt ist identisch mit der Frage über das Pentagramm! Man
zeichne zuerst die Figur, die in der Mitte von Abbildung 32 dargestellt
ist. Sie wird »kompletter Graph« für fünf Punkte genannt, weil jeder
Punkt mit allen anderen Punkten verbunden ist. Wenn man die Zahlen
an den Schnittpunkten des Pentagramms mit denen der Seiten des
Graphs vergleicht, erkennt man, daß eine Identität ihrer Strukturen
vorhanden ist. Jeder Linie des Sterns mit ihren vier Zahlen entspricht
einer Gruppe von Zahlen an Seiten, die sich in einem gemeinsamen
Punkt treffen. Ebensowenig wie man einen magischen Stern bilden
kann, lassen sich für den kompletten Graph mit fünf Punkten magische
Ecken bilden.

Nun ist der vollständige Graph für fünf Punkte topologisch dem
Gittermodell des Tetraeders gleich, wie man feststellen kann, wenn man
die Zahlen des Graphs mit denen der Gitterprojektion des Fünfflächners im dreidimensionalen Raum (rechts in Abbildung 32) vergleicht.

Abb. 32   Pentagramm (links), äquivalente Zeichnung (Mitte) und Fünfflächner (rechts)

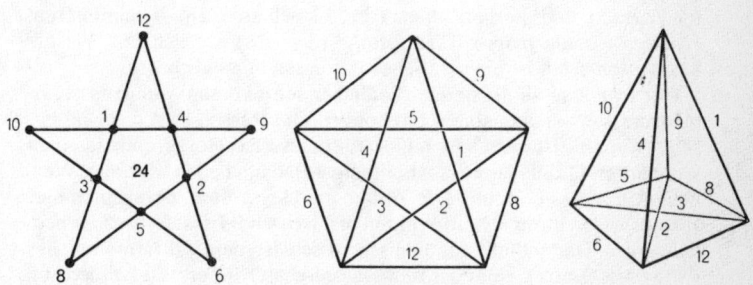

Abb. 33 Magisches Hexagramm

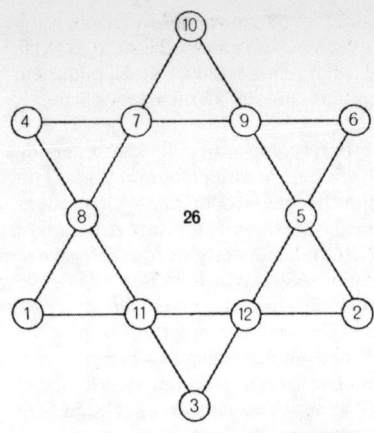

Ein Fünfflächner mit magischen Ecken ist daher nicht realisierbar. Wenn wir die Zahlen, die wir an dem Gittermodell des Fünfflächners sehen, auf das Pentagramm übertragen, erkennen wir, daß wir für den Fünfflächner eine Lösung fanden, die zwar keine fortlaufende Numerierung aufweist, aber die niedrigste Konstante und die 12 als höchste Zahl besitzt.

Die Situation wird interessant, wenn wir uns dem Hexagramm zuwenden, das auch unter dem Namen Hexalpha, Salomonssiegel und Davidstern bekannt ist (siehe Abbildung 33). Es ist in der Geschichte des Okkultismus und des Aberglaubens ebenso bekannt wie das Pentagramm. Es gibt bei ihm sechs Linien, jeder Schnittpunkt gehört zu zwei Linien, und da die Zahlen 1 bis 12 sich zur Zahl 78 summieren, erhalten wir die magische Konstante (2 × 78)/6 gleich 26. Wie die Illustration zeigt, ist ein magisches Hexagramm möglich.

Das Problem, all die unterschiedlichen Hexagrammlösungen zusammenzufassen – dabei sollen Drehungen und Reflexionen nicht mitgezählt werden – ist nicht leicht. Überführen wir das Hexagramm in einen kompletten Graph (links in Abbildung 34), dann haben wir einen Weg, neue Muster zu erhalten. Die Zahlen am Hexagramm bezeichnen hier Linien, die an ihren Schnittpunkten magisch sind. Es ist leicht zu sehen, daß diese Darstellung topologisch gleich ist dem Gittermodell des Oktaeders (Mitte), eines der fünf platonischen Körper. Wir können nun in jeder beliebigen Art, wie wir wollen, den Oktaeder drehen und spiegeln, danach die Zahlen auf das Hexagramm (dabei die Seitenzahlen gemäß der ursprünglichen Numerierung den Schnittpunkten zugeordnet) übertragen und erhalten so für das Hexagramm neue Zahlenmuster.

Auch noch andere Transformationen des Hexagramms sind möglich, die nicht mit den Drehungen und Spiegelungen des Oktaeders verwandt sind, womit wir mehr Lösungen erhalten. Darüber hinaus besitzt jeder magische Stern das, was man seine komplementäre Form nennt, die wir erhalten, indem wir jede Zahl durch die Differenz zwischen ihr und der Zahl $n+1$ ersetzen, wobei n die höchste im Stern auftretende Zahl ist. Es gibt achtzig verschiedene Lösungen, zwölf mit Punkten, die außerhalb des Sterns liegen, die, wie in den Lösungen gezeigt wird, ebenfalls zu den Konstanten zählen.

Dazu muß noch mehr gesagt werden: Das Oktaeder besitzt ein Polyeder-Dual, bei dem jede Fläche durch einen Schnittpunkt und jeder Schnittpunkt durch eine Fläche ersetzt wird, wobei die Kanten die gleichen bleiben. Das Dual des Oktaeders ist ein Würfel. Daher können wir die zwölf Kanten eines Würfels mit den Zahlen 1 bis 12 numerieren (rechts in Abbildung 34), wodurch der Würfel magisch mit seinen Flächen wird, d. h. die Summe der vier Kanten, die jede Fläche begrenzen, ist 26.

Kann man nun das Septagramm oder den siebenstrahligen Stern (Abbildung 35) durch Bezeichnung seiner Schnittpunkte mit den Zahlen 1 bis 14 magisch machen? Ja, und ich überlasse es hier dem Leser zu sehen, wie schnell er eine der zweiundsiebzig Lösungen findet. Die

Abb. 34   Zeichnung des Hexagramms (links) mit äquivalentem Achtflächner (Mitte) und Würfel (rechts)

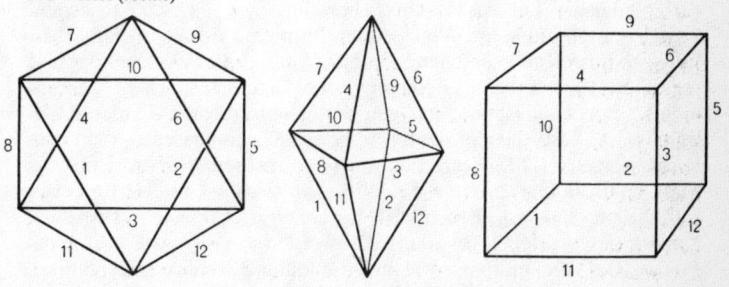

Abb. 35 Septagramm

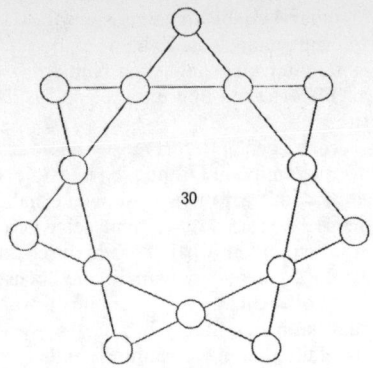

Konstante ist $(2 \times 105)/7$ oder gleich 30. Der beste Weg zur Lösung ist zunächst die Herstellung einer großen Zeichnung. Danach überträgt man die Zahlen auf kleine Spielmarken und legt diese auf den Stern. Warnung: Wenn man einmal mit dieser Aufgabe angefangen hat, hört man kaum wieder damit auf, bevor man eine Lösung gefunden hat!

Die Lösung für das Oktagramm oder den achtstrahligen Stern zeigt die linke Figur in Abbildung 36. Man beachte, daß die magische Konstante 34 ebenfalls die Summe der vier Ecken an jeden der beiden großen Quadrate ist. Die Zeichnung oben rechts zeigt einen korrespondierenden Graph, der an seinen Kreuzungspunkten magisch ist, und die Zeichnung rechts unten stellt einen Körper mit gleichartigem Gitteraufbau dar. Das Oktagramm besitzt 112 Lösungen.

Man erkennt klar, daß für derartige Kombinationsprobleme, die mit den Bezeichnungen von Kanten, Kreuzungspunkten oder Flächen der verschiedensten Polyeder zu tun haben, um diese magisch zu machen, kein Ende absehbar ist. Viele dieser Probleme führen zu ähnlichen Fragestellungen an magischen Sternen. Zum Beispiel: Welcher der fünf regulären Körper kann an seinen Ecken magisch gemacht werden, indem man seine Ränder mit ganzen Zahlen in fortlaufender Reihe bezeichnet? Daß dies an dem Tetraeder nicht möglich ist, kann man leicht zeigen. (Die Begründung ist in meinem »Sixth Book of Mathematical Games from Scientific American«, W. H. Freeman, 1971, Seite 194, angegeben.) Ist das am Würfel möglich? Die zwölf Kanten des Würfels (Abbildung 37) werden auf die zwölf schwarzen Punkte des Oktagramms, wie in Abbildung 37 rechts gezeigt wird,

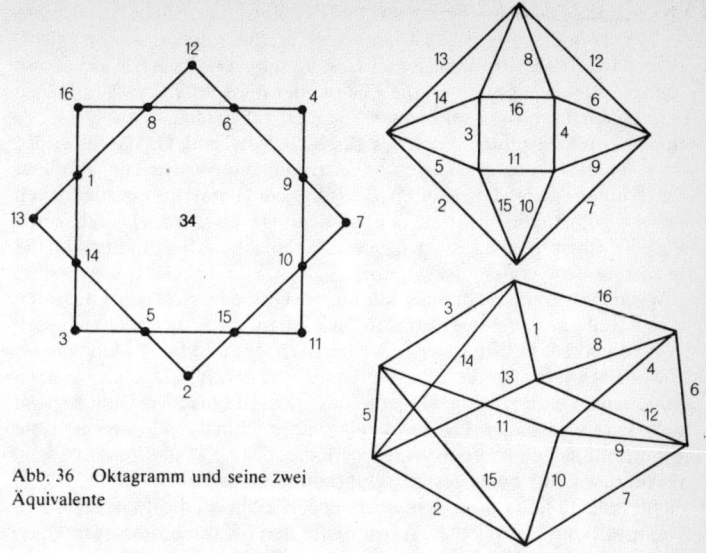

Abb. 36 Oktagramm und seine zwei
Äquivalente

Abb. 37 Magisches Würfelskelett und Oktagramm (rechts)

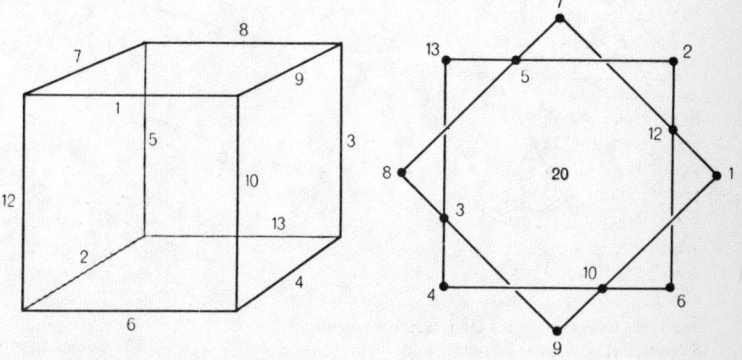

übertragen. Da jeder Punkt auf zwei Linien liegt, ist die Konstante $(2\times78)/8$ oder $19\frac{1}{2}$. Das ist keine ganze Zahl, und wir wissen sofort, daß es für dieses Problem keine Lösung gibt. Das beste, was wir tun können, ist – wie gezeigt –, die Ecken oder die Kanten des Würfels zu bezeichnen, und wir erhalten damit eine unvollständige Lösung, mit der niedrigsten Konstante 20 und der 12 als höchste Zahl. Da das Oktaeder das Polyeder–Dual des Würfels ist, wird damit automatisch das Problem der Numerierung der Kanten des Oktaeders mit unterschiedlichen Zahlen gelöst, die nicht in der Reihenfolge angeordnet sind, keine Nullen enthalten, aber positive ganze Zahlen sind. Man erhält damit die niedrigste Konstante der Flächen.

Wir haben gesehen, daß die Kanten des Oktaeders mit ganzen Zahlen in der Reihenfolge numeriert werden können, um seine Ecken magisch zu machen. Beim Ikosaeder (Zwanzigflächner) und beim Dodekaeder (Zwölfflächner) sind die Konstanten nicht ganzzahlig, und sie besitzen daher auch keine Lösung. Da jedes des anderen Polyeder-Dual ist, sind auch keine Lösungen für das damit zusammenhängende Problem, sie mit ihren Flächen magisch zu machen, möglich.

Wenn wir nur neun der Kreuzungspunkte des Hexagramms, wie in Abbildung 38 links gezeigt, bezeichnen, erhalten wir die dem magischen Sternproblem äquivalente Aufgabe, die neun Kanten des dreieckigen Prismas (in der Abbildung rechts) mit den Zahlen 1 bis 9 an seinen sechs Ecken magisch zu machen. Die Konstante muß hier sein $(2\times45)/6$ oder 15. Ist dies durchführbar? Das ist keine schwierige Frage.

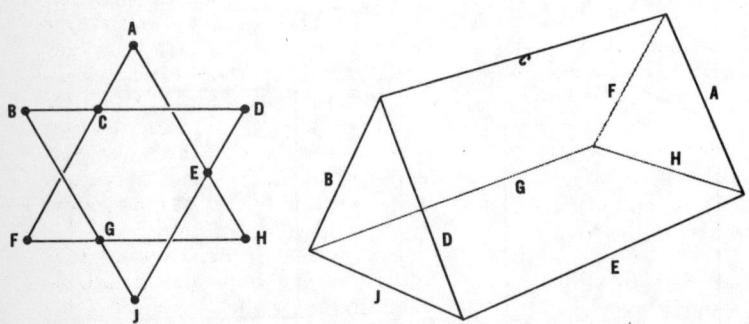

Abb. 38   Ist ein magisches Dreiecksprisma möglich?
Seine äquivalente Sternenform (links)

Anhang

Einige Leser sandten mir scharfsinnige Beweise für die Unmöglichkeit eines magischen Pentagramms. Ian Richards von der Universität von Minnesota führte den Beweis nach folgender Art:

1. Die Zahlen 1 bis 10 müssen sich auf der gleichen Linie befinden. Jede der zwei Linien, die durch die 1 geht, muß drei andere Zahlen enthalten, die zusammenaddiert 21 ergeben, daher muß die Summe der sechs Zahlen 42 sein. Wenn die 10 nicht eine der sechs Zahlen ist, dann ist die größte erreichbare Summe $9+8+7+6+5+4 = 39$.

2. L soll die Linie sein, auf der sich die 1 und 10 befinden; L_1 die andere Linie, die durch 1 geht, und L_2 die zweite Linie, die durch 10 geht. L muß eine von vier möglichen Kombinationen enthalten. Die Viererzahlengruppe 1, 10, 4, 7 erlaubt keine Viererzahlengruppe für L_1 und L_2. Die drei möglichen Kombinationen für L erfordern folgende Viererergruppen für die beiden anderen Linien:

L	L_1	L_2
1,10,2,9	1,6,7,8	10,5,4,3
1,10,3,8	1,5,7,9	10,6,4,2
1,10,5,6	1,4,8,9	10,7,3,2

3. Die Linien L_1 und L_2 müssen eine Zahl gemeinsam besitzen. In jedem der drei möglichen Fälle gibt es keine solche gemeinsame Zahl. Daher kann ein magischer fünfstrahliger Stern nicht aufgebaut werden.

H. E. Dudeney hat in seinem Buch: »Modern Puzzles« den ersten Versuch unternommen, die Lösungen sechs- und siebenstrahliger Sterne zusammenzustellen. In beiden Fällen irrte er sich. E. I. Ulrich aus Enid, Oklahoma, und A. Domergue aus Paris fanden für das Hexagramm achtzig Lösungen und damit sechs mehr als Dudeney. Mrs. Peter W. Montgomery aus North Saint Paul, Minnesota, berichtete als erste, daß es für den siebenstrahligen Stern zweiundsiebzig Lösungen gibt, nach Dudeney sollten es nur sechsundfünfzig sein. Das gleiche bestätigten Ulrich und Domergue und später ein Computerprogramm von Alan Moldon an der Universität von Waterloo, Kanada.

Domergue berichtete von hundertzwölf Lösungen für den achtstrahligen Stern und eine Abschätzung, daß der neunstrahlige Stern mehr als zweitausend Lösungen besitze. Die Ergebnisse von Sternen mit sechs, sieben und acht Spitzen wurden 1972 von Juan J. Roubicek aus Buenos Aires bestätigt. Bei diesen Figuren wurden Drehungen und Spiegelungen nicht berücksichtigt, aber die Komplemente sind enthalten.

Die erste Aufgabe – die ganzen Zahlen von 1 bis 14 so an die Schnittpunkte eines Sterns mit sieben Spitzen zu setzen, daß jede Reihe von vier Zahlen eine Summe von 30 ergibt – hat zweiundsiebzig unterschiedliche Lösungen. Eine davon, mit den ersten sieben ganzen Zahlen an den Spitzen des Sternes, zeigt die Abbildung 39.

Die zweite Aufgabe war festzustellen, ob es möglich ist, neun Kanten eines dreieckigen Prismas mit den ganzen Zahlen 1 bis 9 so zu bezeichnen, daß die Summe von drei Kanten, die sich an jedem Schnittpunkt treffen, gleich 15 ist. Es wurde gezeigt, daß diese Aufgabe die gleiche ist wie das Setzen von neun Zahlen auf die Schnittpunkte des Hexagrammes in Abbildung 40, und zwar so, daß hier die Summe von jeder Reihe, bestehend aus drei Zahlen, gleich 15 ist.

Nehmen wir an, daß es eine Lösung gibt. Dann folgt:

(1)
$$A + C + F = A + E + H$$
$$C + F = E + H$$

(2)
$$A + C + D = D + E + J$$
$$B + C = E + J$$

(3)
$$F + G + H = J + G + B$$
$$F + H = J + B$$

Durch Zusammenfassen von (1) und (2) können wir schreiben:

(4)
$$(C + F) - (B + C) = (E + H) - (E + J)$$
$$F - B = H - J$$

und aus (3) und (4) können wir schreiben:

$$(F - B) + (F + H) = (H - J) + (J + B)$$
$$2F - B + H = H + B$$
$$2F = 2B$$
$$F = B$$

Aber F kann nicht gleich B sein, da bei der Lösung des Problems gefordert wurde, daß neun unterschiedliche ganze Zahlen zu verwenden sind. Man muß daher schließen, daß die ursprüngliche Annahme falsch ist, und daß es für dieses Problem keine Lösung gibt. Wir sollten aber bemerken, daß das ein viel aussagekräftigeres Ergebnis ist als das, wonach gefragt wurde. Wir müssen damit die Unmöglichkeit, diese

Figur magisch zu machen, anerkennen, welche Art von Zahlen wir auch immer anwenden, ob in einer Reihenfolge oder nicht, ob rational oder irrational.

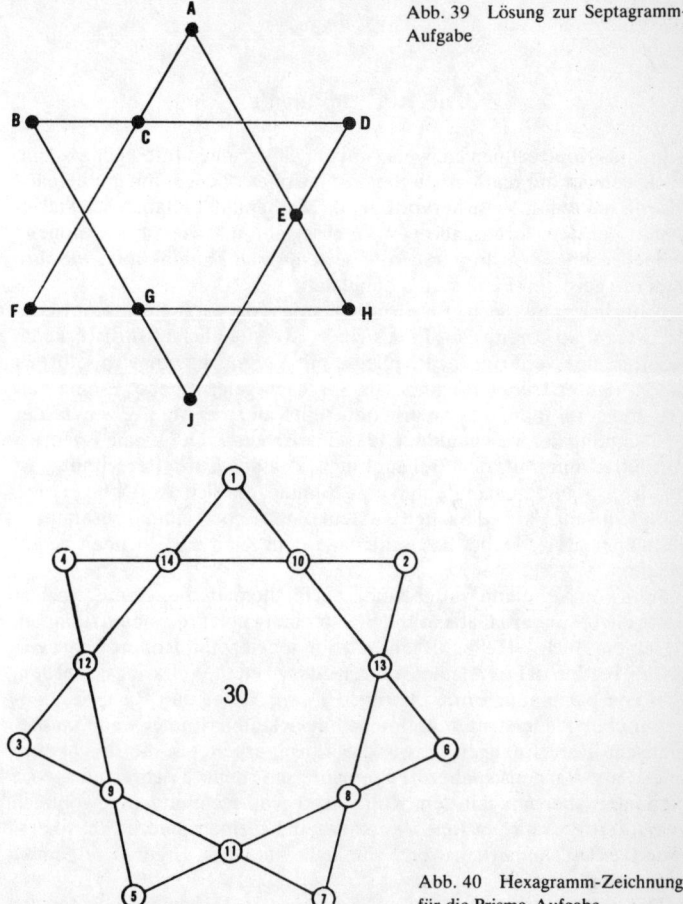

Abb. 39   Lösung zur Septagramm-Aufgabe

Abb. 40   Hexagramm-Zeichnung für die Prisma-Aufgabe

Die Rechenkünstler

Schnelles Kopfrechnen hat wenig mit der allgemeinen Intelligenz zu tun, noch weniger mit mathematischem Scharfblick oder gar mit mathematischer Kreativität. Viele hervorragende Mathematiker haben Schwierigkeiten bei der Herausgabe von Wechselgeld, und viele professionelle Schnellrechner – nicht gerade die besten – sind Dummköpfe, was ihre anderen geistigen Fähigkeiten anbelangt.

Natürlich gab es auch große Mathematiker, die vorzügliche Kopfrechner waren. So konnte Carl Friedrich Gauß erstaunliche Kunststücke im Kopfrechnen vollbringen. Er pflegte mit Vergnügen von sich selbst zu sagen, daß er früher Rechnen als Sprechen gelernt habe. Einmal, als Friedrich drei Jahre alt war, arbeitete sein Vater, der Maurer war, an der Abrechnung der Wochenlöhne für seine Arbeiter. Der kleine Friedrich verblüffte ihn mit der Behauptung: »Vater, Eure Berechnung ist falsch ....« und er nannte ihm eine Summe, die sich als richtig erwies, nachdem sein Vater die lange Zahlenkolonne noch einmal zusammengerechnet hatte. Dabei hatte niemand dem Kind das Rechnen beigebracht.

John von Neumann war ebenfalls ein mathematisches Genie. Auch er hatte die besondere Gabe, ohne Bleistift und Papier rechnen zu können. In seinem Buch: »Heller als tausend Sonnen« erzählt Robert Jungk von einem Treffen in Los Alamos während des zweiten Weltkrieges, bei dem sich von Neumann, Enrico Fermi, Edward Teller und Richard Feynmann über Pläne stritten und neue entwickelten. Immer wenn mathematische Berechnungen notwendig waren, arbeiteten die drei: Fermi mit dem Rechenschieber, Feynmann mit dem Tischrechner, von Neumann aber nur mit dem Kopf. »Der Kopfrechner war gewöhnlich zuerst fertig«, schreibt Jungk – er zitiert dabei einen anderen Physiker – »und es ist bemerkenswert, wie nahe die drei Ergebnisse immer zusammenlagen.«

Die Kopfrechenkünste von Gauß, die von Neumann und die der

anderen mathematischen Koryphäen wie Leonhard Euler und John Wallis mögen erstaunlich erscheinen, sie verblassen jedoch gegenüber den Kunststücken der professionellen, auf Bühnen auftretenden Kopfrechner. Diese seltsame Gesellschaft von Geistesakrobaten hatte ihre Blütezeit im neunzehnten Jahrhundert vor allem in England, aber auch im übrigen Europa und in Amerika. Viele von ihnen begannen ihre Karriere bereits als kleine Jungen. Über ihre Methoden haben einige von ihnen selbst geschrieben, andere wurden von Psychologen befragt, und es ist wahrscheinlich, daß die meisten ihre Geheimnisse für sich behielten oder selbst gar nicht richtig verstanden, was sie taten und auch wie sie es taten.

Der erste Rechner, der auf einer Bühne auftrat, war Zerah Colburn, geboren 1804 in Cabot im Staate Vermont. Ebenso wie sein Vater, seine Großmutter und einer seiner Brüder hatte er einen sechsten Finger an jeder Hand und eine sechste Zehe an jedem Fuß. Im Alter von zehn Jahren wurden ihm diese zusätzlichen Finger amputiert. (Ob es wohl diese zusätzlichen Gliedmaßen waren, die ihn zum Zählen und Rechnen angeregt haben?) Bevor er Schreiben oder Lesen konnte, erlernte er bereits das große Einmaleins. Sein Vater, der ein armer Bauer war, erkannte die kommerziellen Möglichkeiten, die in der Begabung seines nun sechsjährigen Sohnes steckten und begann, mit ihm umherzureisen. Über seine ersten Auftritte in England im Alter von acht Jahren gibt es ausführliche Berichte. Er konnte praktisch sofort jede beliebige Kombination zweier vierstelliger Zahlen multiplizieren, und nur bei fünfstelligen Zahlen zögerte er bei der Antwort einen kurzen Augenblick. Bei der Aufgabe, 21 734 mit 543 zu multiplizieren, war seine sofortige Antwort: 11 801 562. Auf die Frage, wie er dies mache, erklärte er, daß 543 gleich 181 mal 3 ist und, da es leichter war eine Zahl mit 181 als mit 543 zu multiplizieren, multiplizierte er zuerst 21 734 mit 3 und dann das Ergebnis mit 181.

Washington Irving und andere Bewunderer des Jungen brachten genügend Geld zusammen, um ihn zuerst in Paris und dann in London zur Schule zu schicken. Entweder ließen seine Fähigkeiten im Kopfrechnen später nach, oder sein Interesse an solchen Kunststücken verschwand. Im Alter von zwanzig Jahren kehrte er nach Amerika zurück und wirkte ungefähr zehn Jahre lang als Wanderprediger der Methodistengemeinde. Seine originelle Autobiographie »Die Memoiren von Zerah Colburn, geschrieben von ihm selbst ... einschließlich seiner besonderen Rechenmethoden« wurde im Jahre 1833 in Springfield, Mass., veröffentlicht. Bis zu seinem Tod, im Alter von fünfundzwanzig

Jahren, unterrichtete er Fremdsprachen an der Universität Norwich in Northfield, Vt. (Zerah Colburn darf nicht mit seinem Neffen gleichen Namens verwechselt werden, der einige Bücher über Mechanik schrieb, darunter eines unter dem Titel »Die Lokomotive«.)

Die Bühnenkarriere Colburns hat viele Parallelen mit den Auftritten George Parker Bidders, der 1806 in Devonshire geboren wurde. Man sagt, sein Vater, der Steinmetz war, habe ihm nur das Zählen beigebracht; seine Fähigkeiten für Arithmetik erwarb sich der Junge beim Spielen mit Murmeln und Knöpfen. Im Alter von neun Jahren begann er, mit seinem Vater umherzureisen. Eine typische Frage, die damals an ihn gerichtet wurde, war: Wenn der Mond 123 256 Meilen von der Erde entfernt ist und der Schall vier Meilen in der Minute zurücklegt, wie lange würde es dauern für den Schall (angenommen dies wäre möglich), um von der Erde zum Mond zu gelangen? In weniger als einer Minute antwortete der Junge: »21 Tage 9 Stunden und 34 Minuten.« Im Alter von zehn Jahren fragte man ihn nach der Quadratwurzel aus 119 550 669 121, was er in dreißig Sekunden mit 345 761 beantwortete. 1818 war er zwölf Jahre und Colburn vierzehn Jahre alt, als sich der Weg der beiden jungen Rechenkünstler in Derbyshire kreuzte und sie einander gegenübergestellt wurden. Colburn deutete in seinen Erinnerungen an, er habe den Wettstreit gewonnen, aber zeitgenössische Londoner Zeitungen erklärten damals Bitter zum Sieger.

Die Lehrer der Universität Edinburgh überredeten den Vater Bitter, seinen Sohn ihnen zur Erziehung zu überlassen. Er entwickelte sich zu einem guten Schüler und wurde später einer von Englands erfolgreichsten Ingenieuren. Dabei beschäftigte er sich speziell mit den Eisenbahnen, aber heutzutage ist er noch als Konstrukteur und Erbauer der Viktoria Docks in London in bester Erinnerung. Auch im Alter war Bitter noch ein sehr guter Kopfrechner. Kurz vor seinem Tod im Jahre 1878 erwähnte jemand, daß bei Rotlicht 36 918 Wellen auf ein Inch kommen. Bei der Annahme, daß die Lichtgeschwindigkeit 190 000 Meilen pro Sekunde ist, stellte man die Frage, wie viele Wellen des roten Lichtes in einer Sekunde auf das Auge treffen. »Sie brauchen sich nicht anzustrengen«, sagte Bitter, »dies wird 444 433 651 200 000 mal der Fall sein.«

Sowohl Colburn als auch Bitter teilten zunächst große Zahlen, bevor sie diese multiplizierten, und verwendeten dabei eine Technik, die heute als »Neue Mathematik« in Grundschulen verwendet wird. Die Aufgabe, 236×47 zu multiplizieren, wird so gelöst, daß $(200 + 30 + 6)$ mit $(40$

+ 7) nach dem Schema, wie es Abbildung 41 zeigt, multipliziert wird. Der Leser sollte seine Augen schließen und dies einmal versuchen; dabei wird er überrascht sein, daß diese Methode viel leichter ist als die übliche Methode, die beiden Zahlen von rechts nach links zu multiplizieren. Colburn schreibt in seinen Erinnerungen: »Es stimmt zwar, daß diese Methode mit einer viel größeren Anzahl von Ziffern arbeitet als die herkömmliche Methode, aber man sollte sich daran erinnern, daß Zerah für Feder, Tinte und Papier kaum Geld ausgeben mußte.« (Colburn schrieb über sich in seinem Buch in der dritten Person!) Warum kann man nun mit dieser Methode im Kopf so viel leichter rechnen? Bitter gab darauf die Antwort in einer Vorlesung über seine Rechenmethoden am Institut der Bauingenieure in London, die im Jahre 1856 in Band 15 der Institutsberichte veröffentlicht wurde. Nach jedem Rechenschritt gibt es nur eine Zahl, die man sich merken muß, bis der nachfolgende Rechenvorgang abgeschlossen ist.

AUFGABE: 236×47

$$236 = 200 + 30 + 6$$

$$47 = 40 + 7$$

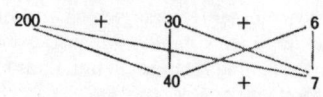

1. $40 \times 200 = 8\ 000$

2. $8\ 000 + (40 \times 30) = 9\ 200$

3. $9\ 200 + (40 \times 6) = 9\ 440$

4. $9\ 440 + (7 \times 200) = 10\ 840$

5. $10\ 840 + (7 \times 30) = 11\ 050$

6. $11\ 050 + (7 \times 6) = 11\ 092$

Abb. 41

Ein anderer Grund, warum alle Bühnenrechner diese Methode bevorzugen, obwohl sie dies selten zugeben, ist, daß sie schon beginnen können, das Ergebnis auszusprechen, während sie es noch berechnen.

Noch andere Kniffe kommen hinzu, um den Eindruck zu erwecken, die Rechenzeit sei noch viel kürzer als sie in Wirklichkeit ist. Zum Beispiel kann der Rechner die Frage wiederholen, während er schon mit dem Rechnen beschäftigt ist, und danach das Resultat blitzartig verkünden. Manchmal gewinnt er noch mehr Zeit, wenn er vorgibt, die Frage nicht richtig verstanden zu haben, so daß der Fragesteller sie wiederholen muß. An diese Kunstgriffe sollte man denken, wenn in irgendwelchen Berichten von Blitzrechnern gesprochen wird, die auf Fragen unverzüglich die richtigen Antworten parat haben.

Nur kurz will ich noch die sogenannten gelehrten Idioten unter den Blitzrechnern erwähnen. Sie waren gar nicht so idiotisch, wie man sie macht, aber ihre Rechengeschwindigkeit war beträchtlich langsamer als die der Rechner mit höherer Intelligenz. Der im achtzehnten Jahrhundert in England lebende Bauer Jedediah Buxton war einer der ersten dieser Gattung. Er blieb sein ganzes Leben lang ein Bauer und trat niemals öffentlich auf. Aber sein in seiner Heimat gewonnener Ruhm brachte ihn nach London zu einer Überprüfung durch die Royal Society. Jemand nahm ihn zu einem Besuch des Drury Lane Theaters mit, um David Garrick als Richard III. zu sehen. Als er gefragt wurde, wie es ihm gefallen habe, erwiderte Buxton, die Schauspieler hätten 14 445 Worte gesprochen und 5 202 Schritte gemacht. Buxton stand unter dem Zwang, alle Dinge zählen oder messen zu müssen. Man sagte von ihm, er könne über ein Feld laufen und danach ungewöhnlich genau dessen Größe abschätzen. Niemals lernte er Lesen oder Schreiben und konnte auch mit geschriebenen Zahlen nicht umgehen.

Alexander Craig Aitken war vielleicht der beste vielseitig begabte Kopfrechner der Vergangenheit. Er war Professor der Mathematik an der Universität von Edinburgh. Er wurde 1895 in Neuseeland geboren und ist Mitautor eines klassischen Lehrbuches aus dem Jahre 1932 über die Theorie der kanonischen Matrizen. Anders als die meisten Rechenkünstler, begann er erst in seinem dreizehnten Lebensjahr mit dem Kopfrechnen, und zwar beschäftigte ihn nicht die Arithmetik, sondern viel mehr die Algebra. 1954, fast hundert Jahre nach Bitters historischer Vorlesung in London, sprach Aitken vor der »Society of Engineers« in London über das Thema: »Die Kunst des Kopfrechnens. Mit praktischen Beispielen.« Sein Vortrag wurde im Dezember 1954 als Bericht dieser Gesellschaft veröffentlicht, und er ist noch heute der wichtigste Bericht eines Sachkenners über die Denkvorgänge beim Schnellrechnen.

Die angeborene Fähigkeit, sich Zahlen schnell merken zu können, ist

eine absolut unabdingbare Voraussetzung. Alle berühmten Rechenkünstler demonstrierten die große Leistungsfähigkeit ihres Gedächtnis-
ses. Als Bitter zehn Jahre alt war, bat er jemanden, eine Zahl mit vierzig
Ziffern aufzuschreiben und sie ihm von rückwärts vorzulesen. Er konnte
sie sofort von vorwärts wiederholen. Viele der Bühnenrechner konnten
am Ende einer Vorstellung jede Zahl genau wiederholen, die während
ihres Auftrittes vorgekommen war. Es gibt Tricks, um sich Zahlen zu
merken, indem man dabei Worte verwendet, die man besser behalten
kann, aber diese Hilfsmittel sind viel zu langsam für die Kopfrechner bei
ihrer Arbeit auf der Bühne, und die besten von ihnen vermeiden ganz
fraglos solche Hilfsmittel. Dazu sagt Aitken: »Solche mnemotechnische
Hilfsmittel habe ich niemals verwendet, ich bin da mißtrauisch; durch
die fremde und unnütze Assoziation wird nur die mathematische
Geschicklichkeit gestört.« Aitken erwähnt in seiner Vorlesung, daß er
kürzlich darüber gelesen habe, wie der zeitgenössische französische
Rechenkünstler Maurice Dagbert sich mit entsetzlichem Aufwand von
Zeit und Energie bemüht habe, die Zahl Pi bis zur 707. Stelle, die einmal
1873 William Shanks ausgerechnet hatte, auswendig zu lernen. Aitkens
sagte: »Es amüsiert mich, wenn ich daran denke, daß ich das gleiche
Jahre vorher ohne jede Schwierigkeit getan habe. Dazu war notwendig,
die Zahlenfolge in Reihen zu fünf zu ordnen und immer fünfzig Zahlen
in zehn Gruppen zu je fünf in einem besonderen Rhythmus aufzuzählen.
Dies wäre wirklich ein nutzloses Kunststück gewesen, wenn es nicht so
leicht gewesen wäre.«

Nachdem zwanzig Jahre später die modernen Computer die Zahl Pi
bis zu Tausenden von Stellen ausgerechnet hatten, entdeckte Aitken,
daß sich der arme Shanks bei seinen letzten Zahlen verrechnet hatte.
Aitken fuhr fort: »Erneut machte es mir Spaß, die neuen korrekten
Werte bis zur tausendsten Stelle auswendig zu lernen, und ich hatte
dabei wiederum keine Schwierigkeiten, mit Ausnahme der Stellen, bei
denen sich Shanks geirrt hatte. Nach meiner Meinung ist eine derartige
Übung eine Entspannung, also die vollständige Antithese der Konzentration, wie man gewöhnlich meint. Nur ein persönliches Interesse ist
erforderlich. Eine Zufallsreihe von Zahlen ohne arithmetischen oder
mathematischen Nutzen würde mich nicht interessieren. Wäre es
notwendig, sich eine solche Zahl zu merken, so würde ich dies nur
widerwillig tun.« An dieser Stelle unterbrach Aitken seinen Vortrag und
sagte die ersten zweihundertfünfzig Ziffern der Zahl Pi in einem deutlich
erkennbaren Rhythmus auf. Jemand verlangte von ihm, die Reihe bei
der 301. Stelle zu beginnen. Nachdem er fünfzig Zahlen wiedergegeben

hatte, sollte er zur 551. springen und noch weitere hundertfünfzig Zahlen nennen. Man verglich die Zahlen anhand einer Tabelle von Pi und stellte fest, daß alle fehlerlos aufgesagt waren.

Sehen die Kopfrechner beim Rechnen die Zahlen vor ihrem geistigen Auge? Wahrscheinlich tun das einige, aber andere wiederum nicht. Mehrere von ihnen können nicht sagen, ob sie bei dem geistigen Prozeß des Rechnens Zahlen vor sich sehen wie die beiden berühmten Bühnenrechner des ausgehenden neunzehnten Jahrhunderts, der Grieche Perikles Diamandi und der italienische Wunderrechner Jacques Inaudi. Sie wurden darüber von einem Komitee der Académie des Sciences befragt, dem auch der französische Psychologe Alfred Binet angehörte. Binet berichtet darüber in seinem 1894 erschienenen Buch: »Psychologie des grands calculateurs et joueurs d'échecs«, daß Diamandi die Zahlen beim Rechnen vor sich sah, Inaudi aber, der sechsmal so schnell rechnete, mit Gehör und Rhythmus arbeitete. Die Sehtypen waren fast immer langsamer. Viele berufsmäßig auftretende Rechner wie Dagbert, der polnische Rechner Salo Finkelstein und eine bemerkenswerte Französin, die unter dem Künstlernamen Mademoiselle Osaka auftrat, gehörten zu dieser Gattung. Die Gehörtypen, zu denen z. B. Bitter gerechnet werden muß, scheinen schneller zu sein. Der holländische Computerexperte William Klein, der unter dem Namen Pascal auftritt (*Life* berichtete über ihn am 18. Februar 1952), ist wahrscheinlich der schnellste lebende Multiplizierer. Er kann das Produkt aus zwei zehnstelligen Zahlen in weniger als zwei Minuten errechnen. Er arbeitet nach dem Gehör. Hinzu kommt, daß er überhaupt nicht ohne schnell auf Holländisch vor sich hin zu murmeln arbeiten kann. Wenn er schon einmal einen Fehler macht, dann hat er gewöhnlich zwei Zahlen durcheinandergebracht, die ähnlich klingen. Sein Bruder Leo, der ein fast ebenso guter Kopfrechner ist, sieht die Zahlen vor sich. Verrechnet sich dieser, dann hat er Zahlen verwechselt, die ähnlich aussehen.

Aitken sagte bei seinem Vortrag, daß er, wenn er wolle, die Zahlen während der Berechnung sehen könne; als Zwischenergebnis und als Endergebnis sah er sie aber immer vor seinem geistigen Auge. »Meist ist es aber so, daß sie irgendwie vernebelt sind, obwohl sie mit ausgeprägter Ordnung und Reihenfolge vorbeiziehen. Überflüssige Nullen am Anfang oder am Ende von Zahlen treten dabei niemals auf. Ich glaube aber, daß all dies nichts mit Sehen oder Hören zu tun hat, sondern, daß es irgendeine zusammengesetzte Fähigkeit ist, über die ich noch nirgends eine angemessene Erklärung gefunden habe. Es ist genauso wie mit der Beschreibung der Gedankenvorgänge beim Komponieren oder Vorgängen beim Auswendiglernen und Behalten von Musikmelodien. Oftmals fiel mir auch auf, daß mein Geist schon Aktionen durchgeführt hatte, die ich noch gar nicht wollte, also meinem eigenen Willen vorausgeeilt war. Oft war ein Rechenergebnis vorhanden bevor ich mit dem Rechnen anfangen wollte. Die Überprüfung dieser Ergebnisse war immer wieder überraschend: Sie waren richtig.«

In Aitkens Kopf war eine enorme Datenbank eingespeichert. Das ist für Blitzrechner typisch. Ich glaube, jeder dieser Rechenkünstler beherrschte das Einmaleins bis zur Zahl Hundert, und einige Experten vermuten, daß Bitter, und auch andere noch, das Einmaleins bis Tausend beherrschten, obwohl sie das niemals zugegeben haben. (Größere Zahlen werden dann zerlegt und stückweise behandelt.) Zu diesen Daten kommen noch umfangreiche Tabellen von Quadratzahlen, Kubikzahlen, Logarithmen usw. Auch andere Zahlen, wie die Anzahl der Sekunden eines Jahres, oder die Anzahl von Unzen einer Tonne, sind gespeichert, um beliebte Fragen des Publikums schnell beantworten zu können. 97 ist die größte Primzahl, die kleiner als 100 ist, und Aitken wurde oft gefragt nach dem Wert von 1/97. Hier treten 96 Ziffern periodisch auf. Jedesmal wenn diese Frage kam, konnte Aitken die Antwort herunterrasseln, ohne dabei zu zögern.

Die Rechner hatten für sich Hunderte von Methoden, die Rechenvorgänge abzukürzen, ausgearbeitet. So betont Aitken, daß es der erste

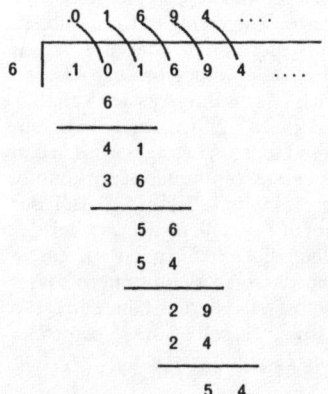

Abb. 42 Aitkens Berechnung von 1/59

Schritt bei jeder komplizierten Rechnung sei, blitzartig die schnellste Rechenstrategie festzulegen. Um dies zu illustrieren, stellte er eine solche Kurzrechenmethode vor. Nehmen Sie an, man würde Sie nach dem Wert eines Dezimalbruches fragen: 1 geteilt durch eine Zahl, die mit der Ziffer 9 endet, sagen wir 59. Anstatt die 1 durch 59 zu teilen, kann man eine 1 zu 59 addieren, das ergibt 60, und danach 0,1 durch 6 teilen wie in Abbildung 42 gezeigt. Beachten Sie, daß bei dieser Division die Zahl, die man bei jedem Rechenschritt im Quotienten erhält, im Dividend auftritt, nur um einen Platz verschoben. Das Ergebnis ist der Wert des Bruches von 1 durch 59.

Wenn z. B. der Wert von 5/23 gerechnet werden soll, so führt Aitken weiter aus, dann erkenne er sofort, daß man diesen Bruch mit 3 erweitern muß, d. h., Zähler und Nenner mit 3 multiplizieren, und man erhält damit den Bruch 15/69. Im Nenner steht nun als geforderte letzte Ziffer die 9, danach ändert er 69 in 70, teilt 1,5 durch 7 in der oben angegebenen Art und Weise und erhält so sein Ergebnis. Ebenso berechnet er den Bruch 65/299, indem er 0,65 durch 3 dividiert. Das Ergebnis erhält er mit einer Verschiebung um zwei Stellen im Dividenden.

Welche Rechenstrategie ist nun die beste? Eine Entscheidung muß sofort getroffen werden und kann nicht rückgängig gemacht werden, auch wenn man mitten im Rechnen erkennt, daß ein anderes Vorgehen besser gewesen wäre. »Diese Einsicht ist unter allen Umständen zu ignorieren, auf dem falschen Pferd ist weiterzureiten.«

Aitken quadriert Zahlen nach einer Methode, die in Abbildung 43 dargestellt ist. Der Wert für b in der ersten Gleichung ist so zu wählen, daß er ziemlich klein ist, und so, daß entweder $(a + b)$ oder $(a - b)$ eine Zahl ergibt, die mit einer oder mehreren Nullen endet. Im angegebenen Beispiel hat Aitken den Wert für b gleich 23 gewählt. Aus der Kenntnis seiner Quadratzahlen weiß er, daß 23^2 gleich 529 ist, ohne überhaupt darüber nachdenken zu müssen. Während seines Vortrages wurden ihm sieben dreistellige Zahlen genannt, die er alle sofort quadrieren konnte. Zwei vierstellige Zahlen quadrierte er in fünf Sekunden. Bei der Betrachtung dieser Gleichung kann man feststellen, daß sie bei der Verwendung von zweistelligen Zahlen, die mit 5 enden, zu einem erstaunlich einfachen Gesetz führt, an das man sich erinnern sollte: Multipliziere die erste Ziffer mit sich selbst plus eins und hänge an die so gewonnene Zahl eine 25 an. Zum Beispiel: Es soll 85×85 gerechnet werden. $8 \times 9 = 72$ und angehängt die 25 ergibt das richtige Ergebnis von 7 225.

Abb. 43   Wie Aitken die Zahl 777
quadriert

$$a^2 = [(a + b) \times (a - b)] + b^2$$

$$777^2 = [(777 + 23) \times (777 - 23)] + 23^2$$

$$777^2 = [800 \times 754] + 529$$

$$777^2 = 603\,200 + 529$$

$$777^2 = 603\,729$$

Thomas H. O'Beirne, ein Mathematiker aus Glasgow, erwähnte in einem Brief, er hätte zusammen mit Aitken eine Ausstellung, in der Tischrechner angeboten wurden, besucht. Er schrieb: »Ein wie ein Kaufmann wirkender Verkäufer sagte etwa folgendes: ›Wir wollen nun 23 586 mit 71 283 multiplizieren.‹ Und Aitken sagte darauf sofort: ›Und erhalten …‹ (jedenfalls das richtige Resultat). Der Verkäufer war mit seinem Gespräch so sehr beschäftigt, daß er gar keine Notiz nahm, aber sein Chef, der alles beobachtet hatte, merkte doch auf, als er feststellte, daß Aitken recht hatte, und war über das richtige Ergebnis genau wie ich außerordentlich verblüfft.«

Natürlich werden junge Leute, die wie Aitken Naturtalente für das Kopfrechnen sind, durch die Verbreitung der immer billiger werdenden Taschenrechner entmutigt, ihre Fähigkeiten weiter zu entwickeln. Und auch Aitken bekannte am Schluß seines Vortrages, daß auch seine eigenen Fähigkeiten zum Kopfrechnen sich verschlechterten, als er seine erste Tischrechenmaschine erworben hatte und feststellen mußte, wie seine Fähigkeiten praktisch immer wertloser wurden. »Kopfrechner wie Tasmanian oder Moriori werden zum Aussterben verurteilt sein«, und er schloß seinen Vortrag: »Sie werden nun das Gefühl haben, daß sie mit fast anthropologischem Interesse bei der Besichtigung eines so sonderbaren Exemplares dabei sind, und einige meiner Hörer werden im Jahre 2 000 sagen können: ›Ja, ich kenne einen von diesen.‹«

Im nächsten Kapitel werde ich einige Tricks der Bühnenrechner vorstellen und sie so abhandeln, daß selbst ein Anfänger mit diesen eindrucksvolle Ergebnisse erzielen kann. Sogar die Meister ihres Faches sind sich nicht zu erhaben, bei ihren Bühnenauftritten Scheinrechnungen vorzuführen, so wie ein Akrobat effektvolle Kunststücke vorstellt, die in Wirklichkeit überhaupt nicht schwierig sind, für die er aber großen Beifall erhält.

Solomon W. Golomb erstaunte oft seine Freunde, wenn er in seinem Kopf komplizierte Ausdrücke der Kombinatorik entwickelte. »Man muß nur eine Anzahl von Konstanten im Kopf haben«, so schreibt er, »aber die Zahl der einfachen Gesetze ist doch viel kleiner als es aussieht.« Seinen größten Coup landete er, als er noch Anfänger im College war. Ein Biologielehrer hatte gerade der Klasse erklärt, daß es (wie man damals glaubte) 24 menschliche Chromosomenpaare gäbe, demzufolge 2^{24} Möglichkeiten, einen Menschen aus Ei- und Spermazelle wachsen zu lassen! »Daher sind von einem Elternpaar«, sagte er, »die Anzahl möglicher unterschiedlicher Keimzellen 2^{24}, und Sie alle wissen, was dies bedeutet.«

Auf diese rhetorische Frage rief Golomb sofort: »Ja, es bedeutet 16 777 216«. Der Lehrer lachte, sah auf seine Notizen und sagte: »Nun, die wirkliche Summe ist . . .«, atmete schwer und wollte dann wissen, wie Golomb auf diese Zahl gekommen sei. Golomb antwortete, daß das »auf der Hand gelegen hätte«. Nun hatte er seinen Spitznamen »Einstein« weg, und für den Rest seines Lebens glaubten verschiedene Leute, darunter auch der Dozent eines Labors, dies sei sein richtiger Name.

Wie konnte Golomb das wissen? Er hatte, so erzählte er mir kürzlich, die Werte von n^n bis zum Wert $n = 10$ auswendig gelernt. Während der Lehrer seine Frage aussprach, sah Golomb, daß $2^{24} = 8^8$ war, also eine Zahl, die auf seiner kurzen Liste stand.

Die heutigen Blitzrechner machen nicht mehr die Schlagzeilen wie ihre Kollegen des neunzehnten Jahrhunderts, und doch sind noch einige von ihnen im Showgeschäft tätig. Unter seinem Bühnennamen »Willie the Wizard« (Willy der Hexer) ist in den USA der in Georgia geborene Willis Nelson Dysart bestens bekannt. In Europa kennt man die indische Schnellrechnerin Shakuntala Devi und den französischen Rechenkünstler Maurice Dagbert wahrscheinlich am besten, aber meine Informationen über diese Bühnenkünstler sind nicht vollständig.

Tricks der Schnellrechner

Auch die berühmtesten Schnellrechner, über die wir im letzten Kapitel gesprochen haben, beenden regelmäßig ihre Bühnenauftritte mit Kunststücken wie dem Ziehen von Quadratwurzeln oder mit dem Kalendertrick, die beide besonders schwierig erscheinen, aber in Wirklichkeit gar nicht sind. Es werden dabei auch solche Kunststücke vorgeführt, die nur auf ganz einfachen Überlegungen beruhen. Einige davon sind so leicht zu erlernen, daß der Leser, wenn er seine Freunde unterhalten und verblüffen will, sie mit den elementarsten Kenntnissen im Rechnen und einem Minimum an Übung vorführen kann.

Betrachten wir dazu den folgenden Trick für eine Multiplikation, der überraschenderweise wenig bekannt ist, obwohl er bereits in einem italienischen Buch von 1747 nachgelesen werden kann. (I giochi numerici: fatti arcani von G. A. Alberte. Zahlenspiele: Geheime Tatsachen.) Der Trick kann für Zahlen beliebiger Länge angewendet werden, aber man sollte ihn zunächst auf dreistellige ganze Zahlen anwenden, wenn nicht ein Taschenrechner zur Hand ist, um die Ergebnisse zu kontrollieren.

Bitten Sie irgend jemanden um eine dreistellige Zahl. Wir nehmen an, daß 567 gesagt wird. Schreiben Sie diese Zahl zweimal nebeneinanderstehend auf eine Tafel oder ein Stück Papier:

$$567 \qquad 567$$

Bitten Sie nun um eine andere dreistellige Zahl, und schreiben diese unter die 567 auf der linken Seite. Nun brauchen Sie noch eine weitere dreistellige Zahl. Sie soll als Multiplikator unter die rechte geschrieben werden. Diese muß die Neuner-Komplimentärzahl zur linken unteren Zahl sein, d. h., daß die Summe der Zahl links unten und der gesuchten Zahl rechts unten 999 sein muß. War die linke Zahl 382, so wird die rechte Zahl 617:

$$\begin{array}{cc} 567 & 567 \\ \underline{382} & \underline{617} \end{array}$$

Soll der Trick vor einer Gruppe von Leuten aufgeführt werden, so kann man sich vorher mit einem Freund als geheimen Verbündeten arrangieren, der die korrekte Komplimentärzahl vorschlägt. Wenn dies nicht der Fall ist, schreiben Sie sie einfach selbst hin, als ob sie Ihnen gerade eingefallen wäre. Nun verkünden Sie, daß Sie die beiden Multiplikationen, also das Produkt aus den übereinander stehenden Zahlen, im Kopf ausführen, die beiden Produkte addieren und dann sogar noch das Ergebnis verdoppeln werden. Das Ergebnis erhält man sehr schnell, indem man zunächst von dem Multiplikanten eine 1 abzieht und die Neuner-Komplimentärzahl anhängt. In diesem Fall also: 567 minus 1 ist 566. Das Neuner-Kompliment von 566 ist 433, und so erhalten wir als Endergebnis 566 433. Wenn man das hinschreiben würde so könnte jemand schnell merken, daß diese Ziffern mit den ersten Ziffern genau wie der Multiplikant aussieht, und das könnte Verdacht erwecken, aber durch die Verdopplung der Zahlen, die man leicht im Kopf durchführen kann, wird dieser Verdacht vermieden. Zur Verdopplung merkt man sich im Kopf die Zahlen von rechts nach links, man kann aber auch eine Null dazuzählen und dann die Zahl durch 5 teilen (Multiplikation mit 10 und anschließende Division durch 5 ist das gleiche wie die Multiplikation mit 2). In diesem Fall schreibt man das Endergebnis von links nach rechts an die Tafel.

Wie funktioniert dieser Trick? Die Summe der beiden Produkte ist die gleiche wie das Produkt von 567 und 999, was wiederum das gleiche ist wie eine Multiplikation von 567 mit 1 000 und der Subtraktion von 567. Rechnet man auf dem Papier nach, sieht man sofort, warum das Ergebnis 566 mit nachfolgendem Neuner-Kompliment sein muß.

Andere Multiplikationstips sind subtilerer Natur. Hierzu gehören merkwürdige Zahlen, die unverdächtig wirken, aber sehr schnell mit jeder anderen Zahl, ob sie größer oder kleiner ist, multipliziert werden können. Der Rechner bittet bei seiner Vorstellung um eine neunstellige Zahl, und ein Vertrauter unter den Zuschauern ruft ihm die Zahl 142 857 143 zu. Danach verlangt er nach einer weiteren neunstelligen Zahl, die dann ein wirklicher Zuschauer vorgibt. Der Rechner multipliziert die beiden Zahlen im Kopf und schreibt dabei das riesige Produkt langsam von links nach rechts auf. Das Geheimnis ist außerordentlich einfach. Die zweite Zahl wird zweimal verwendet; man setzt sie einfach nacheinander und erhält so eine achtzehnstellige Zahl, die durch 7 geteilt werden muß. Verbleibt nach der ersten Division ein Rest, so stellt man ihn an den Anfang vor die erste Ziffer und teilt ein zweites Mal. Nehmen wir an, die zweite Zahl sei 123 456 789. Tatsächlich muß man nun die Zahl 123 456 789 123 456 789 durch 7 teilen und erhält dann als Resultat 17 636 684 160 493 827, was das richtige Ergebnis ist. Die Division muß glatt aufgehen, wenn nicht, wurde ein Rechenfehler gemacht.

Die magische Zahl 142 857 143 kann ebenso leicht mit kürzeren Zahlen multipliziert werden. Dazu sind genügend Nullen hinzu zu addieren, um eine neunstellige Zahl daraus bei der ersten Division durch 7 zu machen. Wenn der Multiplikant 123 456 ist, müßten Sie im Kopf 123 456 000 123 456 durch 7 teilen. Beim Aufschreiben des richtigen Ergebnisses schaut man natürlich unauffällig immer auf den Multiplikanten und rechnet dabei im Kopf die Division aus.

Die Zahl 142 857 143 war den großen Rechnern wohlbekannt. Einer der letzten von ihnen, der in den USA öffentliche Vorstellungen gab, war der Indianer Arthur F. Griffith. 1911 starb er im Alter von einunddreißig Jahren. Er kündigte sich selbst als »Der wunderbare Griffith« an und stand in dem Ruf, zwei neunstellige Zahlen in weniger als einer halben Minute miteinander multiplizieren zu können. Als ich dies zum ersten Male las, wurde ich mißtrauisch. Nach einigem Suchen in der Bibliothek fand ich einen Augenzeugenbericht von seiner Vorstellung im Jahre 1904 vor einer Gruppe von Studenten und Dozenten der Universität von Indiana. Griffith schrieb, so hieß es in dem Bericht, die Zahl 142 857 143 an die Tafel. Ein Professor wurde gebeten, eine neunstellige Zahl als Multiplikant darunter zu schreiben. Sobald dieser begann, die Zahl anzuschreiben, schrieb »Der wunderbare Griffith« das Produkt der beiden Zahlen von links nach rechts auf. »Die zuschauenden Studenten«, so steht weiter im Protokoll, »erhoben sich mit lautem Geschrei.«

Griffith schrieb ein schmales Büchlein über seine Rechenmethoden (»The Easy and Speedy Reckoner«, veröffentlicht in Goshen, Ind., im Jahre 1901 [Leichte und schnelle Rechnungen]), aber darin steht nichts über die Zahl 142 857 143.

Es gibt aber eine Gefahr, wenn man 142 857 143 benutzt. Und zwar dann, wenn sich die Zahl glatt durch 7 teilen läßt. Dann nämlich stottert das Produkt, wie man sagt, das heißt, eine Folge von Zahlen des Ergebnisses wiederholt sich, und die Antwort wird einiges Mißtrauen bei den Zuschauern hervorrufen. Der Rechenkünstler weiß aber, daß die ungeraden Zahlen angenehmer sind, da die Ergebnisse meist nicht stottern, und wenn sie es trotzdem tun, ist die Wiederholung von Zahlengruppen im Ergebnis so, daß die Zuhörer es nicht bemerken. Um solche Ergebnisse, die stottern, zu vermeiden, kann der Rechner die

Zahl zunächst einmal durch 7 teilen. Wenn kein Rest bleibt, kann er zur Vermeidung eines stotternden Ergebnisses einiges tun. Er kann ankündigen, er wolle das Rechenkunststück noch schwieriger machen, und den Multiplikator umdrehen; dabei hofft er, daß diese Zahl nicht ohne Rest durch 7 teilbar ist. Besser ist es, die Zuschauer zu bitten, die Zahl noch zufälliger zu gestalten und einige der Zahlen zu ändern. Der Zauberer Wallace Lee, der sich viele exzellente mathematische Tricks erdachte, verwendete, um Stotterer zu vermeiden, die Zahl 2 857 143. (Sie entspricht der oben angegebenen Zahl ohne die ersten beiden Ziffern.) Er bat seine Zuschauer, eine siebenstellige Zahl zu nennen, von der jede einzelne Ziffer nicht niedriger als 5 ist. Hier kann man erklären, man würde die Aufgabe dadurch noch schwieriger gestalten, in Wirklichkeit aber vereinfacht sich das Rechenverfahren. Die Rechenmethode ist die gleiche wie vorher, mit dem Unterschied, daß vor der ersten Division durch 7 der Multiplikator verdoppelt werden muß. Wenn alle Ziffern größer als 4 sind, kann diese Verdopplung, wie gezeigt wird, leicht im Kopf durchgeführt werden.

Nehmen wir an, der Multiplikator sei 8 965 797. Verdoppeln Sie die erste Ziffer, die 8, und zählen Sie 1 dazu, das macht 17. Die 17 läßt sich durch 7 zweimal teilen, so schreiben Sie die 2 als erste Ziffer der Antwort, der Rest ist 3. Im Kopf verdoppeln Sie die nächste Ziffer, 9, und addieren 1 dazu, ergibt 19. Streichen Sie die erste Ziffer, also die 1 und ersetzen Sie sie durch die 3, die in der vorangehenden Rechnung der Rest war, und Sie erhalten 39. Die 7 geht in 39 fünfmal, so schreiben Sie die 5 als zweite Ziffer des Ergebnisses an; der Rest ist 4. Verdoppeln Sie die nächste Ziffer, die 6, addieren Sie 1 dazu, das ergibt 13, ersetzen Sie die 1 durch 4, ergibt 43, 43 läßt sich sechsmal durch die 7 teilen. Schreiben Sie 6 als dritte Ziffer des Ergebnisses und merken Sie sich den Rest 1 im Kopf. Verdoppeln Sie die nächste Ziffer, die 5, und addieren Sie 1 hinzu, ergibt 11. Hier streichen wir die erste Zahl wieder, die 1, und ersetzen sie durch den Rest, ebenfalls 1 und erhalten wieder die gleiche Zahl 11, die durch 7 geteilt wird. Wir erhalten 1 als vierte Ziffer des Ergebnisses, und der Rest von 4 muß gemerkt werden. So fährt man fort, bis man das Ende der Zahl 8 965 797 erreicht hat. Wenn man die letzte Ziffer, die 7, verdoppelt, dann wird die 1 nicht zuaddiert. Die 2, das war der letzte Rest, wird vor die erste 8 gestellt. Nun teilt man 8 965 797 durch die 7 in gewöhnlicher Weise ohne zu verdoppeln. Das Endresultat 25 616 564 137 971 ist das gesuchte Produkt.

Das Verdopplungsverfahren, das für die erste Division benutzt wird, ist nicht schwer zu beherrschen. Das Produkt stottert garantiert nicht, und der Rechenvorgang bei diesem Trick ist für einen Uneingeweihten schwerer zu entdecken. Ebenso wie die erste Zahl, kann auch diese mit kleineren Zahlen multipliziert werden, wenn man im Kopf Nullen an den Multiplikator anhängt. Wenn nicht gefordert ist, daß die Ziffern des Multiplikanten größer als 4 sein müssen, dann ist es ein guter Weg, die vollständige Zahl durch Anhängen einer Null an das Ende mit 10 zu multiplizieren und danach durch 35 zu teilen. 35 ist das Produkt von 5 mal 7 und damit die Hälfte von 10 mal 7. Natürlich muß man im Gedächtnis die ganzzahligen Vielfachen von 35 gespeichert haben.

Beide Tricks haben so riesige Produkte, daß, wenn nicht Tischrechner oder Taschenrechner mit ausreichender Stellenzahl zur Verfügung stehen, es schwierig ist, die Bestätigung der Ergebnisse zu bekommen. Man kennt noch viele magische Zahlen, die prinzipiell in der gleichen Weise funktionieren. Zum Beispiel das Produkt von 143 mit der Unbekannten *abc* erhält man durch Division von *abc abc* durch 7 und muß natürlich hoffen, daß der Quotient nicht stottert.

1. Beispiel:

$$abc$$
$$143 \cdot 123 = ?$$

$abcabc$

123123 : 7 = 17589		142 · 123
53		143
41		286
62		429
63		17589

Das Produkt von 1667 und *abc* erhält man, indem man an *abc* eine Null anhängt und durch 6 dividiert, den Rest, der entweder 0,2 oder 4 ist, wenn einer vorhanden ist, halbiert, das Ergebnis an den Anfang setzt und *abc* durch 3 teilt. Das kann man leicht im Kopf tun, und das Ergebnis wird nicht stottern.

2. Beispiel:

1667 · 123 = ?	1667 · 123
1230 : 6 = 205	1667
Rest = 0	3334
123 : 3 = 041	5001
	205041

Die Zuschauer können die Antwort ohne Rechenmaschine überprüfen. Hier haben wir ein Verfahren für einen Rechentrick, den man vor Freunden vorführen kann.

Den einzigen Hinweis, den ich für magische Zahlen dieser Art geben kann, ist ein Privatdruck von Wallace Lee (er starb 1969) mit dem Titel: »Math Miracles« (Mathematische Wunder). In ihm sind viele unterhaltsame Kunststücke der Rechenkünstler beschrieben. Zur Übung in der Zahlentheorie darf ich den Leser bitten, einmal zu untersuchen, wie diese vier magischen Zahlen funktionieren, und wie man sie erhält.

Für ein anderes eindrucksvolles Rechenkunststück bitten Sie jemanden, die dritte Potenz irgendeiner Zahl zwischen 1 und 100 zu errechnen und Ihnen zu sagen, worauf Sie schnell die dritte Wurzel nennen können. Um diesen Trick zu beherrschen, muß man nur die dritten Potenzen der Zahlen 1 bis 10 auswendig lernen. Die Zahlen sind in Abbildung 44 angegeben. Wie man sieht, endet jede Potenzzahl mit einer anderen Ziffer. (Bei Quadratzahlen ist dies nicht der Fall, deshalb kann man die dritte Wurzel viel leichter als die Quadratwurzel ziehen.) Bis auf die Zahlen 2, 3, 7 und 8 gleichen die Endziffern der dritten Wurzel denen der Kubikzahlen. Diese vier Ausnahmen kann man sich im Gedächtnis gut merken, weil in allen Fällen die Endziffern der Wurzeln und der Kubikzahl zusammen die Zahl 10 ergeben.

Nehmen Sie an, es wünscht von Ihnen jemand die dritte Wurzel aus 658 503. Lassen Sie in Ihrem Kopf die letzten drei Ziffern weg und betrachten Sie nur was übrigbleibt, hier 658. Diese Zahl liegt zwischen der dritten Potenz von 8 und 9. Nehmen Sie von diesen beiden Zahlen die kleinere, also die 8, und sagen Sie 8 als erste Ziffer der Antwort. Die letzte Ziffer der angegebenen Zahl 658 503 ist die 3, und damit wissen Sie im gleichen Moment, daß die zweite Zahl der dritten Wurzel die 7 ist. Sagen Sie als Antwort nun 7, und damit ist das Ergebnis schon vorhanden, nämlich 87.

Den gleichen Trick benützen die Rechenkünstler, wenn nach der fünften Potenz gefragt wird. Das scheint viel schwieriger zu sein als die Frage nach der dritten Wurzel. Tatsächlich aber ist es leichter und viel schneller durchzuführen. Der Grund dafür ist, daß die letzte Ziffer jeder fünften Potenz einer ganzen Zahl immer gleich der letzten Ziffer der zu potenzierenden Zahl ist. Auch dafür ist es notwendig, eine Tabelle auswendig zu lernen (siehe Abbildung 44). Nehmen wir an, es ruft jemand die Zahl 8 587 340 257. Sobald Sie 8 Milliarden hören, wissen Sie, daß dies, wie die Tabelle zeigt, zwischen 9 und 10 liegt. Auch hier sagt man zunächst die kleinere Zahl, die 9. Nun kann man alles

x	x^3	Schlüsselzahl für x^5
1	1	100 Tausend
2	8	3 Millionen
3	27	24 Millionen
4	64	100 Millionen
5	125	300 Millionen
6	216	777 Millionen
7	343	1 Milliarde 500 Millionen
8	512	3 Milliarden
9	729	6 Milliarden
10	1 000	10 Milliarden

Abb. 44 Schlüsselzahlen zum Wurzelziehen

ignorieren, was er an Zahlen spricht, bis zur letzten Ziffer, 7, bei der man sofort das Ergebnis 97 angeben kann. Es ist sehr zu empfehlen, diesen Trick nicht öfters als zwei- oder dreimal hintereinander vorzuführen, weil sich bald herausstellt, daß sich die letzten beiden Ziffern immer gleichen. Die berufsmäßigen Rechenkünstler arbeiten mit dritter und fünfter Potenz viel größerer Zahlen, indem sie das hier angegebene System weiter ausbauen, während ich mich auf die Erklärung von Potenzen zweistelliger Zahlen beschränkt habe.

Ein beliebter Trick der meisten bekannten Bühnenrechner war der Kalendertrick. Dabei nannte der Rechner den Wochentag für jedes Datum, das ihm zugerufen wurde. Um ihn zu beherrschen, muß man zunächst die Tabelle in Abbildung 45 auswendig lernen, in der für jeden Monat eine Ziffer angegeben wird.

Um den Wochentag für ein Datum im Kopf ausrechnen zu können, geht man in vier Schritten vor. Es gibt andere Verfahren und sogar umfangreiche Formeln, aber dieses Verfahren wurde speziell für schnelles Kopfrechnen ausgearbeitet.

1. Schritt: Die beiden letzten Ziffern der Jahreszahl betrachtet man als eine Zahl, teilt sie im Kopf durch 12 und merkt sich den Rest. Nun sind drei kleine Zahlen zu addieren, und zwar die Anzahl der Dutzende, die in dieser Zahl enthalten sind, der Rest und die Zahl, die man erhält, wenn man den Rest durch 4 teilt. Beispiel: 1910. Die 12 geht in 10 keinmal, der Rest ist 10. Der Rest läßt sich durch 4 zweimal teilen. So erhält man $0 + 10 + 2 = 12$. Ist dieses Ergebnis größer oder gleich 7, so wird es durch 7 geteilt, und man merkt sich nur den Rest. Für unser Beispiel erhielten wir 12, geteilt durch 7 ergibt 1 mit einem Rest von 5. Die 5 müssen wir nun im Gedächtnis behalten. Man nennt diesen Vorgang auch das Hinauswerfen der 7.

Schritt 2: Zu dem Ergebnis von Schritt 1 addieren wir nun die Schlüsselnummer des Monats, wie in Abbildung 45 angegeben. Wenn möglich, wird auch hier wieder die 7 eliminiert.

JANUAR	1	JULI	0
FEBRUAR	4	AUGUST	3
MÄRZ	4	SEPTEMBER	6
APRIL	0	OKTOBER	1
MAI	2	NOVEMBER	4
JUNI	5	DEZEMBER	6

Abb. 45   Schlüsselzahlen für den Kalendertrick

Schritt 3: Zu dem vorher erhaltenen Resultat addieren wir den Tag des Monats, und wenn möglich, eliminieren wir wieder die 7. Die resultierende Zahl gibt den Wochentag an, dabei beginnt man mit dem Sonnabend als 0, Sonntag als 1, Montag als 2 usw. bis Freitag als 6.

Schritt 4: Ist das Jahr ein Schaltjahr und der Monat Januar oder Februar, dann geht man von dem Endresultat einen Tag zurück.

Bei der Berechnung des ersten Schrittes wird man automatisch vor Schaltjahren gewarnt. Schaltjahre sind Vielfache von 4, und alle Zahlen, deren letzten zwei Ziffern Vielfache von 4 sind, sind auch als

Gesamtzahlen Vielfache von 4. Wenn man, wie oben gezeigt, durch 12 teilt, kein Rest bleibt, oder auch wenn man durch 4 teilt, kein Rest bleibt, dann erkennt man, daß es sich um ein Schaltjahr handelt. (Man sollte sich erinnern, daß im gegenwärtigen gregorianischen Kalendersystem die Jahre 1800 und 1900, obwohl sie Vielfache von 4 sind, keine Schaltjahre sind, wogegen das Jahr 2000 eins sein wird. Der Grund dafür ist, daß im gregorianischen Kalender festgelegt wurde: Ein Jahr, das mit zwei Nullen endet, ist nur dann ein Schaltjahr, wenn es ohne Rest durch 400 teilbar ist.)

Dieses gerade erklärte Verfahren beschränkt sich auf Daten des zwanzigsten Jahrhunderts, aber durch sehr einfache Korrekturen können auch die Wochentage anderer Jahrhunderte berechnet werden. Für das neunzehnte gehe man zwei Wochentage weiter in der Woche, und für das einundzwanzigste einen Tag zurück. Man sollte aber möglichst nicht weiter als zum Jahr 1800 zurückgehen, da durch den Wechsel vom julianischen zum gregorianischen Kalender am 14. September 1752 in England und in den amerikanischen Kolonien einige Verwirrung auftrat. Julius Cäsar hatte für ein Jahr 365,25 Tage angesetzt, dazu noch einen Tag, der alle vier Jahre im Februar angehängt wurde, um den Rest von einem Vierteltag auszugleichen. Unglücklicherweise hat aber das Jahr 365,2422 . . . Tage. Im Laufe der Jahrhunderte ergab sich eine Überkompensation von Schaltjahren, und der Fehler wuchs auf einige Tage an. Um zu verhindern, daß Ostern noch vor den Februar fällt (Ostern ist abhängig von der Tag- und Nachtgleiche im Frühling), genehmigte Papst Gregor XIII. einen neuen Kalender. Zehn Tage wurden gestrichen – in den meisten europäischen Ländern 1582 – und für die Zukunft weniger Schaltjahre vorgesehen. Diesen Wechsel von einem Kalender auf den anderen vollzog England und die Englisch sprechende Welt erst nach 1752. Dazu ließ man auf den 2. Septemper den 14. September folgen. Das erklärt auch, warum der Geburtstag von George Washington heute am 22. Februar anstatt am 11. Februar gefeiert wird, der sein wirklicher Geburtstag nach dem alten Kalender war. Für die Zeit des achtzehnten Jahrhunderts, nach dem Kalenderwechsel 1752, kann man nach unserem Rechenverfahren die Wochentage bestimmen, indem man vom berechneten Ergebnis vier Tage nach vorwärts geht.

Wir wollen uns das ganze Rechenverfahren noch einmal klarmachen. Nehmen Sie an, Ihnen wird von einem Zuschauer gesagt, daß er am 28. Juli 1929 geboren sei. Welcher Wochentag war das? Die Kopfrechnung muß nun wie folgt ablaufen:

1. Die 29 von 1929 enthält zwei Zwölfen mit einem Rest von 5. Die 4 geht einmal·in 5. Also $2 + 5 + 1 = 8$. Durch Eliminieren von 7 erhalten wir die 1.

2. Die Schlüsselnummer für Juli ist 0 und deshalb wird nichts hinzugezählt. Die 1 wird weiter im Gedächtnis behalten.

3. Der Tag des Monats, 28, wird durch Hinzuzählen der gemerkten 1 auf 29 erhöht. Nun subtrahieren wir ein Vielfaches von 7 von der 29, der Rest ist 1. Ihr Zuschauer wurde an einem Sonntag geboren. (In der Praxis kann man diesen letzten Schritt dadurch vereinfachen, daß man merkt, daß die 7 ohne Rest in der 28 aufgeht, und man nichts mehr zu der vorher gemerkten 1 hinzuzählen muß.)

Der vierte Schritt wird weggelassen, weil 1929 kein Schaltjahr war. Wäre es ein Schaltjahr gewesen, dann kann man den Schritt doch weglassen, weil der Monat weder Januar noch Februar ist, denn nur bei diesen beiden Monaten müssen die Korrekturen angewendet werden.

Von Zeit zu Zeit liest man in Zeitungen über Vorstellungen wenig intelligenter Rechenkünstler, die diesen Kalendertrick vorführen. Vor nicht allzu langer Zeit traten Zwillinge, deren Intelligenzquotient zwischen 60 und 80 lag, als Kalenderrechner auf. Psychiater studierten deren Verhalten und berichteten darüber im Augustheft 1965 von »Scientific American«. Es erscheint unwahrscheinlich, daß bei den Zwillingen irgendeine mysteriöse Fähigkeit mitwirkte. Wenn diese »dümmlichen Gelehrten« lange Zeit brauchten, um einen Tag eines Jahres zu finden, so hatten sie wahrscheinlich für einen großen Zeitraum den Wochentag des ersten Tages eines jeden Jahres auswendig gelernt und zählten einfach von diesem Schlüsseltag an weiter, um den Wochentag für das genannte Datum anzugeben. Kann ein Kopfrechner dagegen sehr schnell den Tag eines Jahres bestimmen, so arbeitet er wahrscheinlich nach der hier beschriebenen oder einer ähnlichen Methode, die er in einem Buch oder einer Zeitschrift gefunden hat.

Gegen Ende des neunzehnten Jahrhunderts wurden viele Methoden zur Berechnung eines Wochentages veröffentlicht. Die erste Veröffentlichung ist wahrscheinlich die von Lewis Carroll in der Zeitschrift »Nature« (Band 35, vom 31. März 1887, Seite 517). Sie ist grundsätzlich von gleicher Art wie die hier beschriebene. »Ich selbst bin kein Schnellrechner«, schreibt Carroll, »und durchschnittlich brauche ich cirka zwanzig Sekunden, um eine gestellte Frage zu beantworten; ich zweifle aber nicht daran, daß ein wirklicher Schnellrechner zur Antwort noch nicht einmal fünfzehn Sekunden benötigen würde.«

Anhang

Der Trick, Multiplikationen durch Divisionen, die schneller im Kopf durchgeführt werden können, zu ersetzen, besitzt endlose Variationen. Eins der beliebtesten Kunststücke des »Wunderbaren Griffith« waren Multiplikationen langer Zahlen mit 125, was leicht durchzuführen ist; da $1/8 = 0,125$ ist, hängt man einfach an die zu multiplizierende Zahl drei Nullen an und teilt sie dann durch 8.

Die Zahl 1443 kann schnell mit einer zweiziffrigen Zahl, *ab*, multipliziert werden, indem man die Zahl *ababab* durch 7 dividiert. Ebenso kann die Zahl 3367 mit einer zweistelligen Zahl *ab* multipliziert werden, indem man *ababab* durch 3 dividiert. (Die Begründung dafür ist: $1443 = 10101/7$ und $3367 = 10101/3$.)

Die nichtstotternde magische Zahl 1667 ist meine eigene Entdeckung; das gilt auch für die Zahl 8335. Zur Multiplikation von 8335 mit einer dreistelligen Zahl, *abc*, hänge man eine Null an *abc* an und teile die so erhaltene Zahl durch 12. Tritt dabei ein Rest auf, halbiere man ihn, schreibe ihn an den Anfang der Zahl und teile diese durch 6. Dies ist möglich, da die Hälfte von 1667 gleich 833,5 ist. Es ist mir keine andere vierstellige Zahl eingefallen, die so bequem nach dieser Methode zu benutzen wäre. Wie man diese beiden Zahlen bei einem Kartentrick verwenden kann, wird in meinem Artikel: »Clairvoyant Multiplication« (Die Multiplikation der Hellseher) im Märzheft 1972 der indischen Zauberzeitschrift »Swami« gezeigt. Edgar A. Blair, Major W. H. Carter und Kurt Eisemann haben jeder für sich eine Methode entwickelt, um die Schlüsselzahlen der Abbildung 45 für lange Zeit im Gedächtnis zu speichern. Eine Methode, die für den Mathematiker wahrscheinlich leichter ist als die Anwendung von Schlüsselwörtern: Teilt man diese in jeweils drei Ziffern auf, so sind sie:

144 (Januar, Februar, März)
025 (April, Mai, Juni)
036 (Juli, August, September)
146 (Oktober, November, Dezember).

Die ersten drei Zahlen sind die Quadrate von 12, 5 und 6. Die letzte Zahl 146 entspricht der ersten Zahl plus 2.

Antworten

Die magischen Zahlen, die als Hilfe für Tricks bei Blitzrechnungen verwendet werden, funktionieren nach einem Prinzip, das am besten durch Beispiele erklärt werden kann. Die Zahl 142 857 143 erhält man durch Division von 1 000 000 001 durch 7. Bei der Multiplikation der Zahl 1 000 000 001 mit irgendeiner neunstelligen Zahl, *abc def ghi*, ist das Produkt offensichtlich *abc def ghi abc def ghi*. Wenn wir 142 857 143 *abc def ghi* multiplizieren wollen, dann können wir auch die Zahl *abc def ghi abc def ghi* durch 7 dividieren.

Die zweite magische Zahl, 2 857 143, ist gleich 20 000 001 geteilt durch 7.

Es ist leicht zu sehen, daß in diesem Fall verdoppelt werden muß, bevor die Division durch 7 durchgeführt werden kann. Wenn man nun darauf achtet, daß jede Ziffer des Multiplikators größer als 4 ist (bei der Verdopplung jeder Stelle erscheint dann immer ein Übertrag), kann das im vorangehenden Kapitel beschriebene Rechnungsverfahren angewendet werden. Auch ohne diese Einschränkung ist es möglich, die Rechnung der Verdopplung und Division im Kopf durchzuführen, die anzuwendenden Regeln sind aber komplizierter.

Die kleineren magischen Zahlen 143 und 1667 funktionieren in ähnlicher Weise. Die erste ist gleich 1001/7 und die zweite gleich 5001/3. Im zweiten Fall muß der Multiplikator, *abc*, zunächst mit 5 multipliziert werden, bevor die erste Division durch 3 erfolgen kann. Die Multiplikation mit 5 entspricht einer Multiplikation mit 10 und einer nachfolgenden Division durch 2; wir hängen also eine Null an *abc* an und teilen dann, wie im Kapitel erklärt, durch 6. Der Rest muß halbiert werden, um ein Sechstel in ein Drittel zu verwandeln, das an den Anfang der Zahl zur zweiten Division gestellt wird. Die Tatsache der zweiten Division durch eine andere Zahl verhindert, daß der Quotient stottert, was sonst immer wieder auftritt, wenn die magische Zahl 143 benutzt wird und der Multiplikator *abc* zufällig ein Vielfaches von 7 ist.

Was ich im Tageslicht gestaltete,
ist nur ein Prozent dessen,
was ich in der Dunkelheit sah.

M. C. Escher

Die Kunst des M. C. Escher

Bestimmte Kunstrichtungen können gefühlsmäßig, aber doch unverkennbar, mathematische Künste genannt werden. Die Op-Art ist z. B. mathematisch orientiert, aber in einer Art, die gewiß nicht neu ist. Kräftig gerandete, rhythmische und dekorative Muster sind so alt wie die Kunst selbst, und auch die moderne Richtung zum Abstrakten hin in der Malerei begann mit geometrischen Formen der Kubisten. Als der gebürtige Straßburger Maler und Dadaist Hans Arp farbige Papierquadrate in die Luft schleuderte und sie dort festklebte, wohin sie gerade gefallen waren, verband er die Kunst der rechten Winkel des Kubismus mit der Kunst der späteren »Action«-Maler, die Farbkleckse auf die Leinwand werfen. In einem weiteren Sinne ist sogar die abstrakte expressionistische Kunst mathematisch, da der Zufall einem mathematischen Konzept entspricht.

Eine solche Betrachtungsweise verwässert den Begriff »mathematische Kunst«, bis er praktisch bedeutungslos wird. Ein anderer und nützlicher Sinn dieses Begriffes, der sich nicht auf Technik und Muster bezieht, gilt für Vorlagen von Bildern. Ein Künstler mit mathematischen Kenntnissen kann eine Komposition um ein mathematisches Thema herum in der gleichen Weise schaffen, wie es Maler der Renaissance mit religiösen Themen oder russische Maler heutzutage mit politischen Themen tun. Kein lebender Künstler hat erfolgreicher diese »mathematische Kunst« behandelt als der Holländer Maurits C. Escher. »Ich fühle mich den Mathematikern näher als meinen Malerkollegen«, schrieb Escher, und nach einem Zitat soll er gesagt haben: »Alle meine Werke sind Spiele – ernsthafte Spiele.« Seine Lithographien, Holzschnitte und Kupferstiche, in Schabetechnik hergestellt, hängen an den Wänden der Zimmer von Mathematikern und Wissenschaftlern in aller Welt. In manchen seiner Arbeiten tritt ein fremdartiger, surrealistischer Aspekt zutage. Dabei sind seine Bilder weniger von der Art der traumhaften Phantasie eines Salvador Dali oder eines René Magritte, sondern es sind

97

Abb. 46 *Reptilien,* Lithographie, 1943

feinsinnige philosophische und mathematische Beobachtungen, die der Schriftsteller Howard Nemerov, als er über Escher schrieb, »Mysterium, Absurdität und manchmal auch Terror dieser Welt« nannte. Zahlreiche seiner Bilder behandeln mathematische Strukturen, die oftmals in allgemeinverständlichen Mathematikbüchern behandelt werden. Aber bevor wir auf diese Bilder näher eingehen, noch ein Wort über Escher selbst.

Im Jahre 1898 wurde er in Leeuwarden in Holland geboren, und als junger Mann studierte er an der Schule für Architektur und ornamentalen Entwurf in Haarlem. Zehn Jahre lebte er in Rom. Nachdem er Italien 1934 verlassen hatte, hielt er sich zwei Jahre in der Schweiz und fünf Jahre in Brüssel auf. Danach ging er wieder nach Holland zurück und lebte dort in der Stadt Baarn mit seiner Frau. Obwohl er im Jahre 1954 in der »Whyte Gallery« in Washington eine viel beachtete Ausstellung hatte, ist er – verglichen mit Europa – in den USA nur wenig bekannt. Eine umfangreiche Sammlung seiner Bilder besitzt Cornelius van Schaak Roosevelt in Washington, D. C., ein Ingenieur und Enkel von Präsident Theodore Roosevelt. Durch Roosevelts großzügige Zusammenarbeit und mit Eschers Zustimmung erhielten wir die Bilder zur Veröffentlichung in diesem Buch.

Unter Kristallographen ist Escher für seine Vielzahl großartiger Arbeiten über die Darstellung räumlicher Objekte bekannt. Die Ornamentik in der Alhambra verrät uns, wie vollendet die spanischen Araber Flächen durch periodisch wiederkehrende Muster beleben konnten; ihre Religion verbot ihnen die Darstellung von Lebewesen. Escher war in der Lage, Flächen so zu unterteilen, daß in diesen Mustern die Umrisse von Vögeln, Fischen, Reptilien, Säugetieren und menschlichen Figuren sichtbar werden. So entstanden viele Bilder, die wegen ihrer Originalität Aufsehen erregten.

In Abbildung 46 wird die Lithographie »Reptilien« gezeigt. Ein kleines Monstrum kriecht aus dem sechseckigen Fließenmuster heraus, also aus der Ebene in den dreidimensionalen Raum. Auf einem Zwölfflächner hat das Reptil seinen Höhepunkt erreicht und bewegt sich von da wieder hinab zu der leblosen Fläche. In »Tag und Nacht«, einem Holzschnitt (Abbildung 47), haben wir es nicht nur mit einer

Abb. 47   *Tag und Nacht,* Holzschnitt, 1938, Mickelson Gallery, Washington

Abb. 48   *Himmel und Hölle,* Holzschnitt, 1960

spiegelsymmetrischen Abbildung zu tun, sondern wir erkennen, wenn wir die Mitte des Bildes von unten nach oben betrachten, daß aus rechteckigen Flächen sich langsam Vögel bilden, von denen die weißen nach rechts in die Nacht hinein und die schwarzen nach links dem Tag zufliegen. In dem runden Holzschnitt »Himmel und Hölle« (Abbildung 48) sind die Figuren der Engel und Teufel so gestaltet, daß sie genau zusammenpassen. Vom Mittelpunkt aus werden die Figuren immer kleiner und laufen nach dem Rand zu, an dem sie so winzig sind, daß man sie kaum noch erkennen kann, in die Unendlichkeit. Escher mag uns damit erzählen, daß Gott ein wichtiger Gegensatz zum Teufel ist und umgekehrt. Diese bemerkenswerte Einteilung basiert auf einem gut

Abb. 49   *Belvedere*, Lithographie, 1958

bekannten Modell von Euklid, entwickelt von Henri Poincaré zur nicht-euklidschen hyperbolischen Ebene. Der interessierte Leser findet es erklärt in H. S. M. Coxeter: »Introduction to Geometry« (Einführung in die Geometrie), Wiley, 1961, auf den Seiten 282–290.

Wenn der Leser glaubt, Muster dieser Art seien leicht zu erfinden, dann sollte er es versuchen! »Beim Zeichnen fühle ich mich manchmal wie ein spiritistisches Medium«, sagte Escher, »ich fühle mich von einer Kreatur gesteuert, die ich heraufbeschworen habe. Es ist, als ob diese selbst entscheidet, in welcher Gestalt sie erscheinen will ... Die Konturen zwischen den angrenzenden Mustern besitzen eine Doppelfunktion, und eine solche Linie zu zeichnen ist durchaus eine komplizierte Angelegenheit. Jede Seite von ihr nimmt gleichzeitig Gestalt an. Aber unser menschliches Bewußtsein kann sich zur gleichen Zeit nicht mit zwei Dingen beschäftigen, und deshalb muß man fortwährend seine Gedanken schnell von einer Seite zur anderen Seite der Linie lenken. Diese Schwierigkeit ist vielleicht der Ursprung meiner Beharrlichkeit.«

Man brauchte ein Buch, um all das zu diskutieren, was Escher mit seinen fantastischen Raumaufteilungen, seiner Darstellung symmetrischer Aspekte, der Gruppentheorie und der kristallographischen Gesetze geschaffen hat. Tatsächlich hat Caroline H. MacGillavry von der Universität Amsterdam ein solches Buch mit dem Titel: »Symmetrische Aspekte von M. C. Eschers periodischen Zeichnungen« geschrieben. Dieses Buch, veröffentlicht in Utrecht für die »International Union of Crystallography«, zeigt einundvierzig von Eschers Darstellungen, viele davon in ihrer ganzen Farbenpracht.

Die Abbildungen 49 und 50 sind Beispiele einer anderen Kategorie des Werkes von Escher, ein Spiel mit den Gesetzen der Perspektive, bei denen Bilder entstanden sind, die man »unmögliche Figuren« nennt. In der Lithographie »Belvedere« beachte man den Einfall Eschers, ein Blatt mit einem Würfel auf dem Schachbrett-Fußboden zu zeichnen. Die kleinen Kreise auf diesem Blatt bezeichnen zwei Punkte, an denen sich zwei Kanten kreuzen. Beim Kanten-Modell des Würfels, das der sitzende Junge in der Hand hält, jedoch kreuzen sich die Kanten so, wie man sie in einer dreidimensionalen Darstellung nicht verwirklichen kann. Das »Belvedere« selbst ist von unmöglicher Konstruktion. Der junge Mann am oberen Ende der Leiter befindet sich außerhalb des Gebäudes, doch das untere Ende der Leiter ist innerhalb. Vielleicht hat auch der eingesperrte Mann im Kerker seinen Verstand bei dem Versuch verloren, hinter den Sinn der sich widersprechenden Strukturen seiner Welt zu kommen.

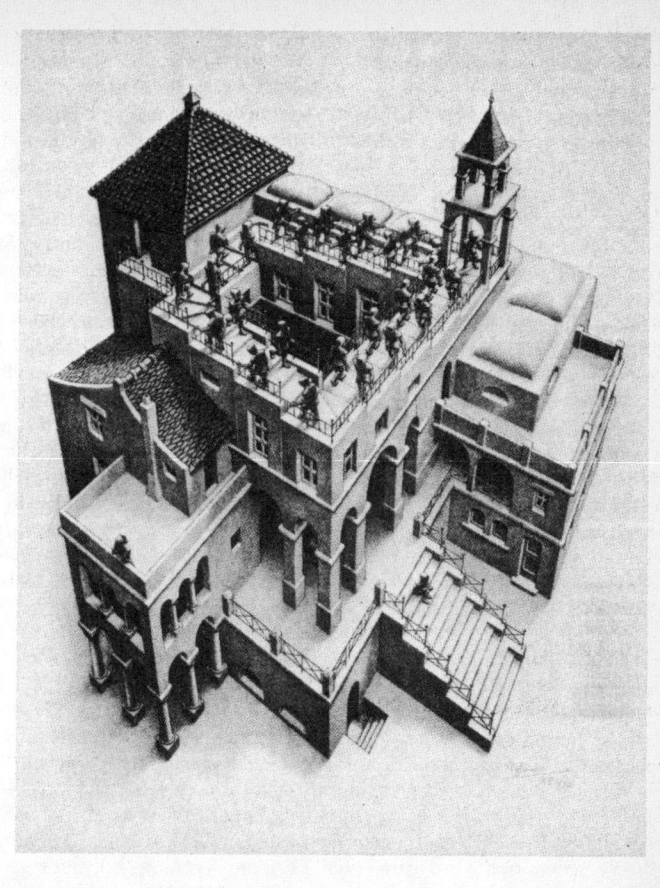

Abb. 50   *Aufstieg und Abstieg*, Lithographie, 1960

Die Lithographie »Aufstieg und Abstieg« leitet sich von einer verblüffenden unmöglichen Figur ab, die zuerst in dem Artikel »Unmögliche Objekte, ein spezieller Typ visueller Illusion« von L. S. Penrose, einem britischen Genetiker und seinem Sohn, dem Mathematiker Roger Penrose, im »British Journal of Psychology« im Februar 1958 beschrieben wurde. Die Mönche einer unbekannten Sekte müssen in einem täglichen Ritual ununterbrochen auf einer Treppe auf dem Dach ihres Klosters gehen. Die Mönche auf der Außenseite steigen hinauf, die auf der Innenseite steigen hinab. Eine solche Treppe ist natürlich unmöglich. »Beide Richtungen«, so der Kommentar Eschers, »obwohl nicht ohne graphische Aussage, sind gleichermaßen nutzlos. Zwei Mönche lehnen es ab, an dieser geistigen Übung teilzunehmen, sie glauben, sie wüßten es besser als die anderen Mönche, aber früher oder später werden auch sie den Irrtum ihres nicht konformen Verhaltens einsehen müssen.«

Viele Bilder Eschers reflektieren eine emotionale Antwort der Bewunderung von regelmäßigen oder halbregelmäßigen räumlichen Gebilden. Escher schrieb: »Inmitten unserer oft chaotischen Gesellschaft symbolisieren diese in unübertroffener Art die Sehnsucht der Menschheit nach Harmonie und Ordnung, aber gleichzeitig weckt ihre Perfektion in uns Furcht vor unserer eigenen Hilflosigkeit. Die regelmäßigen Vielflächner haben einen absolut unmenschlichen Charakter. Sie sind keine Erfindung des menschlichen Geistes, da sie lange vor Entstehen der Menschheit in der Erdkruste als Kristalle erschienen. Und wie steht es mit der Kugel – ist das Universum nicht aus Kugeln aufgebaut?« Die Lithographie »Ordnung und Chaos« bildet einen kleinen zum Stern erweiterten Zwölfflächner mit aufgesetzten Pyramiden ab, einen der vier »Kepler-Poinsot-Polyhedrone«, der zusammen mit den fünf platonischen Körpern einen der neun regulären Polyhedrone darstellt. Johannes Kepler, der als erster diesen Körper entdeckte, nannte ihn »Igel« und zeichnete diese Form mit in sein Bild »Die Harmonie der Welt«, ein fantastisches Zahlen-Werk, das die Beziehungen zwischen der Musik und den Formen regulärer Polygone und Polyhedrone sowie ihre Anwendung auf Astrologie und Kosmologie darstellt. Ähnlich den platonischen Raumkörpern besitzt der Keplersche Igel Flächen aus jeweils gleich großen regelmäßigen Vielecken; die Flächen haben an den Kanten gleiche Winkel zueinander, sie sind aber nicht gebogen, sondern eben. Stellen Sie sich vor, daß jede der zwölf Flächen eines Zwölfflächners, wie auf dem Bild Reptile gezeigt, zu einer Pyramide ausgezogen sind, dann erhält man den in Abbildung 51

Abb. 51 *Ordnung und Chaos*, Lithographie, 1950

gezeigten Stern mit zwölf Spitzen. Diese zwölf sich berührenden Pentagramme bilden den kleinen sternförmigen Körper. Jahrhunderte lang weigerten sich die Mathematiker, das Pentagramm ein Vieleck zu nennen, weil seine Oberflächen sich schneiden. Es ist belustigend, wenn man erfährt, daß noch in der Mitte des neunzehnten Jahrhunderts der Schweizer Mathematiker Ludwig Schläfli sich weigerte, diesen Körper als einen echten Vielflächner anzuerkennen, da seine zwölf Bestandteile, zwölf Vertikale und dreißig Kanten nicht die berühmte Formel $F + V = E + 2$ von Leonhard Euler erfüllten. Diese Formel wird aber erfüllt, wenn man ihn als einen Raumkörper mit sechzig dreieckigen Flächen, zweiunddreißig Senkrechten und neunzig Kanten interpretiert, aber dabei kann er nicht regelmäßig genannt werden, da seine Flächen gleichschenklige Dreiecke sind. In dem Bild »Ordnung und Chaos« bildet dieser Raumkörper, dessen Spitzen durch die Oberfläche einer Blase zu ragen scheinen, einen Kontrast mit den herum angeordneten Dingen, die Escher »nutzlos, weggeworfen und zerbrochen« nennt.

Der Stern mit den zwölf Spitzen wird gern bei der Gestaltung von Lichtanlagen verwendet. Hat jemals irgendein Hersteller von Weihnachtsschmuck – ich würde mich wundern – diesen als »dreidimensionalen Stern« für die Spitze eines Weihnachtsbaumes verkaufen können? Ein Pappmodel ist nicht schwer herzustellen. H. M. Cundy und A. P. Rollett empfehlen in ihrem Buch: »Mathematical Models« (Oxford University Press, 1961), man solle nicht versuchen, ihn durch Falten herzustellen, sondern zunächst einen Zwölfflächner aufbauen und auf seine Flächen jeweils Pyramiden mit fünf Seiten aufkleben.

Die Lithographie »Hand mit spiegelnder Kugel« (Abbildung 52) zeigt den Blick in einen kugelförmigen Spiegel und dramatisiert das, was der Philosoph Ralph Barton Perry »die mißliche Lage des Egozentri-

Abb. 52 *Hand mit spiegelnder Kugel*, Lithographie, 1935

kers« bezeichnet. All das, was ein Mensch von seiner Umwelt weiß, hängt davon ab, was über die verschiedenen Sinnesorgane in seinen Kopf gelangt. Das heißt, er wird nie etwas davon erfahren, was außerhalb seines eigenen Gesichtsfeldes, seinen Empfindungen und Vorstellungen liegt. Das bestimmt auch sein Weltbild und sein Bild über

Abb. 53   *Knoten,* Holzschnitt, 1965

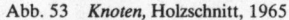

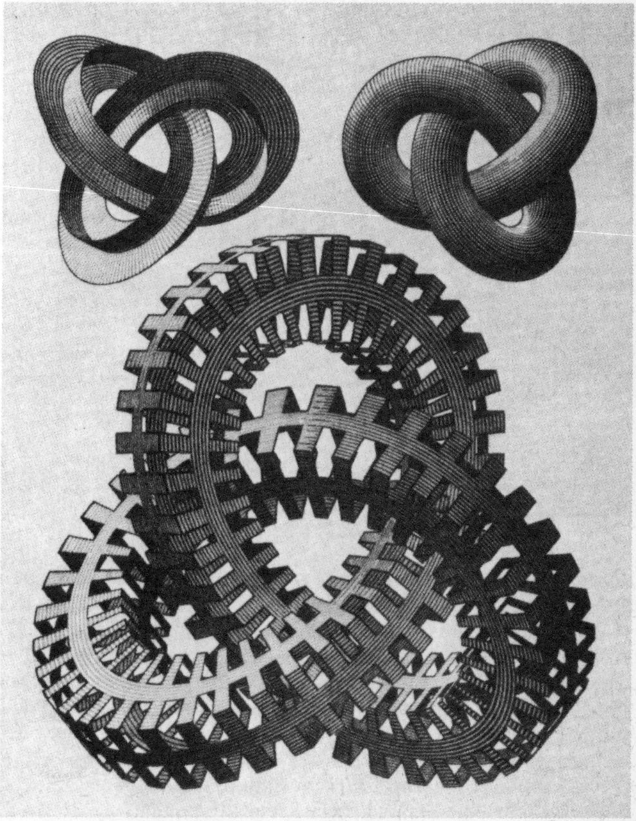

Abb. 54 *Drei Kugeln,* Holzschnitt, 1945

die Vorstellungen anderer Menschen. Das heißt, er kann sich eigentlich
nur seiner eigenen Existenz völlig sicher sein und weiß wirklich sicher
nur, daß er selbst mit seinen sich immer wieder ändernden Sinnesein-
drücken vorhanden ist. Man sieht Eschers Gesicht, wie er auf sein
eigenes Spiegelbild inmitten der Kugel starrt. Das Glas spiegelt seine
Umgebung in einem perfekten Kreis zusammengepreßt wider. Gleichgültig wie er seinen Kopf dreht oder bewegt, der Punkt in der Mitte
zwischen seinen Augen bleibt der Mittelpunkt dieses Kreises. »Der
Mensch kann von diesem zentralen Punkt nicht wegkommen«, sagt
Escher, »er selbst bleibt unverrückbar der Brennpunkt seiner Welt.«

In zahlreichen Bildern erkennt man, wie Escher von seinem »Spielzeug Topologie« fasziniert ist. Auf dem Holzschnitt »Knoten« (Abbildung 53) sehen wir zwei spiegelbildlich angeordnete kleeblattähnliche Knoten. Der Knoten oben links ist aus zwei flachen langen Bändern, die rechtwinklig zueinander angeordnet sind, geschlungen. Dieses Doppelband besitzt einen Drall, bevor es wieder in sich selbst übergeht. Handelt es sich nun um ein einfaches Band, das zweimal um den Knoten läuft, oder besteht es aus zwei getrennten, aber sich überschneidenden Möbius-Bändern? Der große Knoten unter den zwei kleineren hat die Struktur einer vierseitigen Röhre, der eine Vierteldrehung gegeben wurde, so daß eine Ameise, die auf der Innenseite spaziert, vier komplette Umläufe durch den Knoten zurücklegen müßte, bevor sie zu ihren Startplatz zurückkehrt.

Der Holzschnitt »Drei Kugeln« (Abbildung 54) ist die Kopie eines Originals, das dem »Museum of Modern Art« in New York gehört. Beim ersten Anblick erscheint es, als wenn eine Kugel immer weiter flach gedrückt würde. Betrachtet man sich das Bild jedoch genauer, so erkennt man, daß es doch etwas anderes darstellt. Errät der Leser, was Escher hier mit großer Wahrscheinlichkeit gezeichnet hat?

Anhang

Als Escher 1972 im Alter von 74 Jahren starb, begann er gerade, in der breiten Öffentlichkeit weltberühmt zu werden, und nicht nur bei den Mathematikern und Wissenschaftlern, bei denen er zuerst beliebt war. Besonders die jungen Verfechter einer Antikultur nahmen sich seiner an. Dieser Escher-Kult ist heute noch im Wachsen. Man kann seine Bilder überall sehen: Auf den Einbänden von Mathematikbüchern, auf Alben von Rockmusik, auf psychodelischen Postern, die bei Beleuchtung mit UV-Licht aufglühen, und sogar auf T-Shirts. Als ich im April 1961 für meinen Artikel ein Escher-Bild veröffentlichte (und »Scientific American« hatte eines seiner Vogelmosaiken auf der Titelseite), kaufte ich von Escher nur einen Abzug eines Holzschnittes für 40 bis 60 Dollar und hätte für diesen Preis Unmengen weiterer Bilder erwerben können, für die man heute Tausende von Dollar bezahlen muß. Aber wer hätte damals schon Eschers erstaunliche Berühmtheit voraussagen können?

Über Escher wurde in den letzten Jahren viel geschrieben. Das Buch von Abrams enthält die besten und vollständigsten Reproduktionen von

Eschers Arbeiten, einige Abhandlungen über seine Kunst, darunter eine von Escher selbst, und darüber hinaus noch eine ausgezeichnete Zusammenstellung von Nachschlagewerken. Ken Wilkies Arbeit bringt viele vorher unveröffentlichte Bilder von Escher ebenso wie nur wenig bekannte Einzelheiten über das Privatleben des Künstlers und seine Anschauungen. »Holland Herald« ist ein Nachrichtenmagazin, das in englischer Sprache erscheint (Subskriptionsbüro: Medianet BV, Post Office Box 299, Haarlem, Niederlande). Die Escher-Kollektion von Cornelius Roosevelt gehört jetzt der »National Gallery of Art« in Washington, D. C.

Antworten

»Drei Kugeln« ist ein Bild von drei flachen Scheiben; jede ist gezeichnet, um eine Kugel zu simulieren. Die untere Scheibe liegt flach auf einem Tisch. Die mittlere ist im rechten Winkel entlang ihres größten Durchmessers abgeknickt. Die obere Scheibe steht senkrecht auf der horizontalen Halbkreisfläche der mittleren Scheibe. Daß die mittlere Scheibe gefaltet ist, erkennt man unter anderem an der identischen Schattierung der drei Pseudokugeln.

Der Würfel mit der roten Fläche
und andere Aufgaben

1. Der Würfel mit der roten Fläche

In der Vergangenheit haben Hobby-Mathematiker den Bewegungen auf einem Schachbrett viel Aufmerksamkeit gewidmet. Viele Spiele wurden ausgedacht, bei denen jedes Quadrat nur einmal berührt werden durfte, und noch verschiedene zum Teil unterschiedliche Regeln mußten beachtet werden. John Harris aus Santa Barbara hat ein neues, faszinierendes Spiel gefunden, »Die Reise des rollenden Würfels«, das eine Fülle von Spielvariationen bietet.

Um zwei der besten Spiele von Harris zu spielen, benötigt man einen kleinen hölzernen Würfel von einem Kinderbaukasten oder einen selbstgemachten aus Pappe, dessen Seiten die gleiche Größe wie die Fläche der Quadrate des Schachbrettes besitzen. Eine Seite des Würfels soll rot angemalt werden. Diesen Würfel bewegt man von einem Quadrat des Schachbrettes auf das angrenzende, indem man ihn über eine Kante kippt. Daher macht dieser Würfel bei jedem Zug eine Vierteldrehung in Nord-, Süd-, West- oder Ostrichtung.

Aufgabe 1: Lege den Würfel auf die nordwestliche Ecke des Brettes mit der roten Seite nach oben. Bewege ihn durch Kippen von Feld zu Feld so über das Brett, daß er ebenfalls mit der roten Seite nach oben in der nordöstlichen Ecke liegenbleibt. Dabei darf jedes Feld des Brettes höchstens einmal berührt werden. Während seiner Reise von der einen Ecke zur anderen darf der Würfel niemals – so lautet die Spielregel – mit seiner roten Seite nach oben liegen. (Sie werden sehen, daß es nicht möglich ist, den Würfel diagonal durchzurollen.)

Aufgabe 2: Lege den Würfel auf ein beliebiges Feld des Schachbrettes mit einer ungefärbten Seite nach oben. Bewege nun den Würfel nach der oben angegebenen Spielregel über das Brett, dabei darf jedes Feld nur einmal berührt werden, und führe den Würfel zu seinem Anfangsfeld zurück, und zwar so, daß er während des ganzen Spieles niemals mit seiner roten Seite oben liegt.

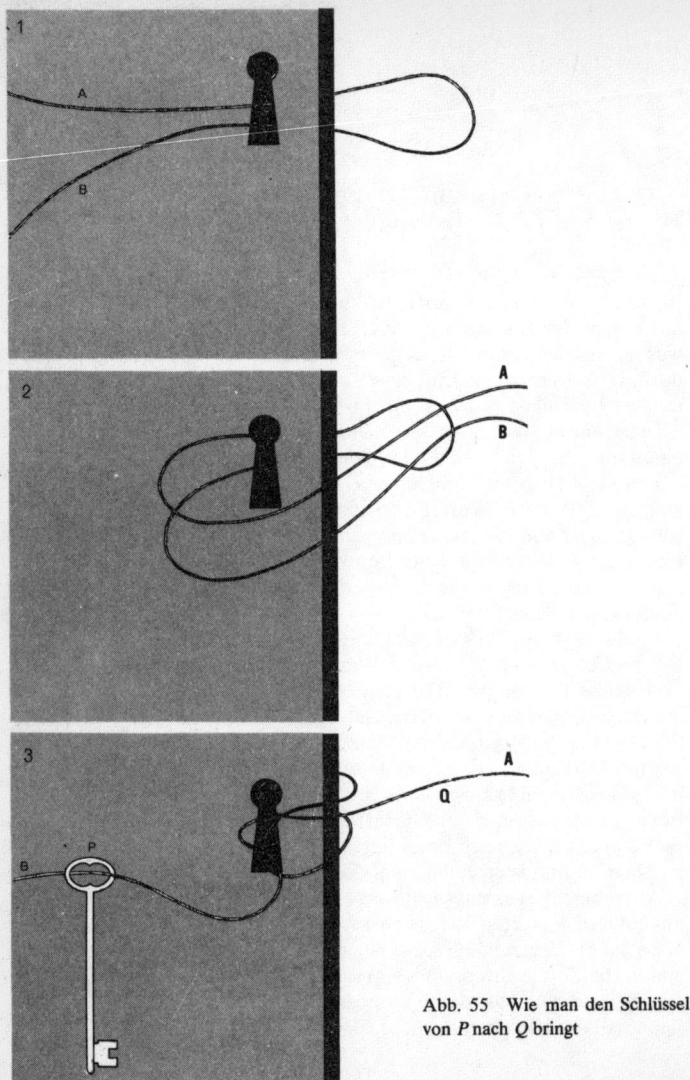

Abb. 55 Wie man den Schlüssel von P nach Q bringt

Für jede Aufgabe gibt es nur eine Lösung; Kreisbewegungen des Würfels, spiegelbildliche Wege und Rückwärtsbewegungen zählen dabei nicht. Bei beiden Aufgaben darf der Würfel jedes Feld einmal – und nur einmal – berühren.

2. Die drei Spielkarten

Gerald L. Kaufman, ein Architekt und Autor einiger Rätselbücher, erdachte sich dieses logische Problem:

Drei Spielkarten, die einem normalen Bridge-Spiel entnommen werden, liegen mit den Bildseiten nach unten in einer Reihe auf dem Tisch. Zur Rechten eines Königs liegt eine Königin oder zwei. Zur Linken einer Königin liegt eine Königin oder zwei. Zur Linken einer Herzkarte liegt eine Pique-Karte oder zwei. Zur Rechten einer Pique-Karte liegt eine Pique-Karte oder zwei. Zwei bedeutet »zwei Karten« und nicht eine Karte mit dem Wert zwei.

Nenne diese drei Karten!

3. Schlüssel und Schlüsselloch

Dieses Spiel kann man mit einem Schlüssel, einer 2 m langen Schnur und einer Tür spielen. Dazu legt man die Schnur doppelt und steckt die Schlinge durch das Schlüsselloch, wie in Abbildung 55 zu sehen ist. Danach zieht man die Enden der Schnur durch die aus dem Loch herausragende Schlinge (mittlere Zeichnung) und legt die Enden auseinander, eines nach rechts und eines nach links. Man zieht den Schlüssel über das linke Ende der Schnur und schiebt ihn bis in die Nähe des Schlüsselloches. Danach sichert man beide Schnurenden, indem man sie z. B. an die Lehnen von zwei Stühlen bindet. Die Schnüre dürfen nicht straff gespannt sein, sondern sollen lose herabhängen. Die Aufgabe besteht nun darin, den Schlüssel und die Schnur so zu manipulieren, daß der Schlüssel vom Punkt P zum Punkt Q bewegt wird, das heißt, von einem Ende der Schnur zum anderen.

Nach dem Transport des Schlüssels muß die Schnur wieder genau so durch das Schlüsselloch laufen, wie es im mittleren Bild zu sehen ist.

4. Eine Million Punkte

Unendlich viele sich nicht berührende Punkte liegen innerhalb der geschlossenen Kurve, die in Abbildung 56 zu sehen ist. Nehmen wir an, daß eine Million dieser Punkte zufällig ausgewählt werden. Ist es nun möglich, eine gerade Linie so durch die Ebene zu legen, daß dabei keiner der ausgewählten eine Million Punkte berührt wird und daß diese

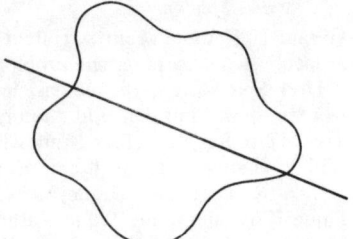

Abb. 56   Die Eine-Million-Punkte-Aufgabe

Gerade diese eine Million Punkte so teilt, daß auf jeder Seite von ihr 500 000 Punkte liegen? Die Antwort ist: Ja! Beweisen Sie es!

5. Die Frau auf dem See

Eine junge Frau macht am »Kreissee« Ferien; es ist ein künstlich angelegter, großer See, der seinen Namen nach seiner genau kreisrunden Form erhielt. Um einem Mann zu entfliehen, der sie verfolgte, sprang die Frau in ein Ruderboot und ruderte bis zur Mitte des Sees, wo ein Floß verankert war. Der Mann entschied sich, am Ufer abzuwarten, denn er wußte, sie würde schließlich wieder zurückkehren. Da er viermal so schnell laufen konnte wie sie ruderte, nahm er an, es sei sehr einfach, sie zu ergreifen, sobald ihr Boot am Ufer des Sees anlegte.

Die junge Frau war gut in Mathematik; sie dachte über ihre mißliche Lage nach. Sie wußte, wenn sie einmal das Ufer erreicht hatte, könnte sie dem Mann entfliehen, es war nur notwendig, eine Strategie für das Rudern zu entwerfen, durch die sie einen Punkt des Ufers erreichte, bevor er ankommen konnte. Sie hatte bald einen einfachen Plan entworfen, und ihre angewandte Mathematik erwies sich als erfolgreich.

Wie sah der Schlachtplan des Mädchens aus? Zur Lösung des Rätsels darf man davon ausgehen, daß sie jederzeit ihre exakte Position auf dem See kannte.

Abb. 57   Eine Zahnstocher-Aufgabe

6. Das Auslöschen von Quadraten und Rechtecken

Dieses harmlos aussehende geometrische Problem habe ich auf Seite 49
des Buches »Sam Loyd and His Puzzles« (Barse and Co., 1928)
gefunden. An ihm ist mehr dran als es zunächst den Anschein hat.
Vierzig Zahnstocher werden, wie in Abbildung 57 gezeigt, auf einem
Tisch ausgelegt. Sie bilden dann das Skelett eines Schachbrettes vierter
Ordnung. Das Problem ist, die kleinste Anzahl von Zahnstochern aus
der Anordnung zu entfernen, und zwar so, daß die Konturen jedes
Quadrates zerstört werden. Unter »jedem Quadrat« verstehe man nicht
nur die sechzehn kleinen, sondern auch die neun Quadrate zweiter
Ordnung, die vier Quadrate dritter Ordnung und das eine große
Quadrat vierter Ordnung, gebildet durch die Außenseiten – im ganzen
sind dreißig Quadrate zu zerstören. (Auf jedem quadratischen Schach-
brett mit n^2-Feldern ist die gesamte Anzahl der unterschiedlichen
Rechtecke:

$$\frac{(n^2 + n)^2}{4},$$

von denen $\dfrac{n(n + 1)\,(2n + 1)}{6}$

Quadrate sind. »Es ist kurios und interessant«, schrieb Henry Ernst Dudeney, der bekannte britische Denksportler, »daß die Gesamtzahl der Rechtecke immer gleich dem Quadrat der Dreieckszahlen der Seite *n* ist.«)

Wir können nun die Aufgabe weiter fortsetzen, und es liegt nahe, als nächsten Schritt das Verhalten von Schachbrettern anderer Größen zu untersuchen. Ein Brett erster Ordnung ist einfach zu analysieren. Es ist leicht zu zeigen, daß von einem Brett zweiter Ordnung drei Zahnstocher entfernt werden müssen, um alle Quadrate zu zerstören, bei einem Brett dritter Ordnung sind dies sechs. Die Situation bei einem Brett vierter

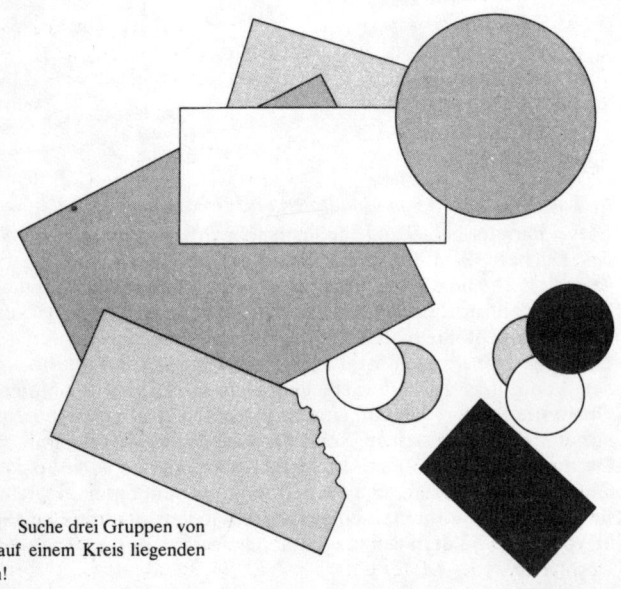

Abb. 58 Suche drei Gruppen von je vier auf einem Kreis liegenden Punkten!

Ordnung ist schwierig genug und damit interessant. Für Bretter höherer Ordnung scheinen die Schwierigkeiten rapide anzusteigen.

Der Mathematiker, der sich mit Kombinationsaufgaben beschäftigt, wird wahrscheinlich erst dann zufrieden sein, wenn er eine Formel aufgestellt hat, mit der er das Minimum der Anzahl der zu entfernenden Zahnstocher als Funktion der Brettordnung berechnen kann, die für jede gegebene Ordnung gilt. Diese Aufgabe kann noch erweitert werden auf rechteckige – nicht quadratische – Brettanordnungen und auch auf die Zerstörung der Konturen aller Rechtecke, einschließlich der Quadrate.

Der Leser ist nun eingeladen, sein Geschick an diesem Problem zu erproben. Er sollte es an Anordnungen von der vierten bis zur achten Ordnung probieren. Die Lösung für die achte Ordnung – die Anordnung entspricht einem Standardschachbrett mit 204 Quadraten – ist nicht leicht zu finden.

7. Cozirkulare Punkte

Fünf Papierrechtecke (an einem ist eine Ecke abgerissen) und sechs Papierscheiben wurden auf einen Tisch geworfen und liegen so, wie es die Abbildung 58 zeigt. Jede Ecke eines Rechteckes und jeder Schnittpunkt von zwei Linien markieren einen Punkt. Die Aufgabe besteht darin, vier Gruppen von jeweils vier »cozirkularen« Punkten zu finden, d. h. von Punkten, die auf einem Kreis liegen.

Zum Beispiel stellen die Ecken des getrennt liegenden Rechteckes (unten rechts in Abbildung 58) solch eine Gruppe dar, da die Ecken jedes Rechteckes auf einem Kreis liegen. Was sind die anderen drei Gruppen? Diese Aufgabe und auch die nächste wurden von Stephen Barr, dem Autor des Buches »Experiments in Topology« und »A Miscellany of Puzzles: Mathematical and Otherwise« (beide veröffentlicht bei Crowell) gestellt.

8. Das Glas mit Gift

»Mathematiker sind seltsame Vögel«, sagte der Polizeikommissar zu seiner Frau. »Stell dir vor, wir hatten alle diese teilweise gefüllten Gläser auf einen Tisch in der Küche des Hotels der Reihe nach aufgestellt. Nur in einem von ihnen befand sich Gift, und wir wollten wissen in welchem, bevor wir das Glas nach Fingerabdrücken absuchten. Unser Labor hätte den Inhalt jedes Glases untersuchen können, aber diese Untersuchungen kosten Zeit und Geld, und daher wollten wir so wenige wie möglich untersuchen. Wir riefen in der Universität an, und sie schickten uns einen Mathematikprofessor, der uns helfen sollte. Er zählte die Gläser, lächelte und sagte: »Nehmen Sie irgendein Glas, welches Sie wollen, Kommissar, und wir werden dieses zuerst untersuchen.«

»Aber würde das nicht die ganze Untersuchung verderben?« fragte ich.

»Nein«, sagte er, »das ist der Anfang des besten Auswahlverfahrens. Wir müssen dabei ein Glas zuerst untersuchen. Es ist gleichgültig welches.«

»Wieviele Gläser gab es denn am Anfang?« fragte die Frau des Kommissars.

»Ich kann mich nicht genau daran erinnern. Irgendeine Zahl zwischen hundert und zweihundert.«

Was war genau die Anzahl der Gläser? (Man kann von der Annahme ausgehen, daß man die Gläser gruppenweise untersuchen kann, indem man eine kleine Menge Flüssigkeit aus jedem nimmt, die Proben mischt und an dieser Mischung jeweils eine Untersuchung anstellt.)

Antworten

1. Die Lösungen für die Würfelaufgabe werden in Abbildung 59 gezeigt. Bei der ersten Lösung ist die rote Seite des Würfels nur in den beiden oberen Quadraten der Ecken nach oben gerichtet. In der zweiten Lösung markiert der Punkt den Beginn des Weges; dabei liegt der Würfel mit der roten Seite nach unten.

Dieses Rollen eines Würfels über ein Schachbrett ist ein faszinierendes neues Gebiet, das, so viel mir bekannt ist, bisher nur von John Harris in einem gewissen Umfange untersucht wurde. Endlos ist die Anzahl der Aufgaben, die man sich ausdenken kann. Zwei seiner besten Aufgaben: Wie sieht die Würfeltour aus, bei der die rote Seite so oft wie möglich nach oben zeigt? Gibt es einen solchen Lauf, der beginnt und endet mit der roten Seite nach oben, die aber während des gesamten Umlaufes sonst nie nach oben zeigen darf? Man kann sich auch Aufgaben ausdenken, bei denen die Seiten des Würfels unterschiedlich bemalt sind oder mehr als eine Seite rot bemalt ist oder die Flächen markiert sind, um die Flächenausrichtung noch mit in das Spiel einzubeziehen. Auch einen gewöhnlichen Würfel mit seiner Standard-Numerierung oder mit

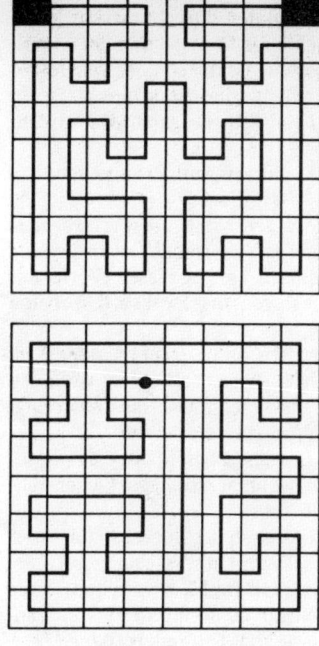

Abb. 59 Lösungen der Würfel-Roll-Aufgabe

einer neuartigen Numerierung der Oberflächen könnte man verwenden und sich entsprechende Spielregeln ausdenken.

1971 brachte die Firma Whitman unter dem Namen »Relate« ein neuartiges Brettspiel heraus, das auf derartigen Würfeln beruhte. Das Brett besteht aus 4 mal 4 Feldern; dazu werden vier gleichfarbige Würfel, zwei für jeden Spieler, benötigt. Vergleichen wir die Würfel mit einem normalen Spielwürfel, dann besitzen Seite 1 und Seite 2 die gleiche Farbe, Seite 3 und 5 eine zweite Farbe, Seite 4 eine dritte Farbe und die Seite 6 eine vierte Farbe. Das Würfelpaar des einen Spielers ist von dem des anderen durch einen schwarzen Punkt auf jedem Feld zu unterscheiden.

Zu Beginn des Spieles plazieren die Spieler abwechselnd ihre Würfel auf einem Feld; dabei ist zu beachten, daß jeder Würfel mit einer

119

anderen Farbe nach oben gerichtet ist. Nehmen wir an, die Felder sind von links nach rechts und von oben nach unten durchnumeriert, dann soll der eine Spieler seine Würfel auf die Felder 3 und 4 und der andere Spieler auf die Felder 13 und 14 setzen. Diese Felder sind die Startfelder der Spieler. Die Spieler machen dann ihre Züge, indem sie ihre Würfel in ein rechtwinklig daneben liegendes Feld rollen. Dazu gibt es drei Regeln:

1. Die zwei Würfel eines Spielers müssen immer verschiedene Farben zeigen.

2. Wenn ein Spieler einen Zug so macht, daß die Farbe seines Würfels die gleiche ist wie die Farbe eines Würfels seines Gegenspielers, dann muß der Gegenspieler bei seinem nächsten Zug diesen Würfel mit der gleichen Farbe auf ein neues Feld bewegen, und zwar so, daß er eine andere Farbe zeigt.

3. Kann ein Spieler keinen Zug machen, ohne Regel 1 oder 2 zu verletzen, so muß er einen seiner Würfel ohne das Feld zu verlassen herumdrehen, damit dieser eine andere Farbe zeigt. Dies gilt als ein Zug.

Der Gewinner ist derjenige, der als erster die Startfelder seines Gegenspielers besetzt hat. Hat ein Würfel das Startfeld des Gegenspielers erreicht, so muß er gezogen werden, wenn er durch den Gegenspieler dazu gezwungen wird.

Ich danke John Gough aus Victoria (Australien), der mich auf dieses Spiel aufmerksam gemacht hat. Wie er feststellt, und wie auch das Spiel zeigt, gibt es noch viele bisher unerforschte Möglichkeiten, neue Brettspiele mit rollenden Würfeln sowohl auf quadratischen als auch auf dreieckigen Mustern, unter Verwendung von Tetraedern oder Oktaedern, zu entwickeln.

2. Die ersten beiden Aussagen können nur durch zwei Stellungen von Königen und Damen, nämlich KDD und DKD realisiert werden. Die beiden letzten Aussagen werden durch folgende Reihenfolgen von Herz- und Pique-Karten realisiert: PPH und PHP. Daraus ergeben sich folgende vier Kombinationsmöglichkeiten:

KP, DP, DH
KP, DH, DP
DP, KP, DH
DP, KH, DP.

Die letzte Gruppe scheidet aus, weil sie zwei Pique-Damen enthält. Jede der anderen drei Gruppen besteht aus Pique-König, Pique-Dame und Herz-Dame. Damit können wir sicher sein, daß sich diese drei

120

Karten auf dem Tisch befinden. Wir können aber nicht feststellen, an welcher Stelle jede der drei Karten liegt; wir können nur sagen, daß die erste eine Pique-Karte und die dritte eine Dame sein muß.

3. Um den Schlüssel von der einen Seite der Tür auf die andere zu bringen, ziehe man ihn zunächst durch die Schleife, und zwar so, daß er wie in Abbildung 60 links gezeigt hängt. Danach lockere man die Schlinge etwas und ziehe sie aus dem Schlüsselloch heraus. Dabei werden zwei neue Schlingen außerhalb des Loches, wie in der mittleren Abbildung gezeigt, gebildet. Nun schiebt man den Schlüssel nach oben entlang der Schnur durch beide Schlingen hindurch und zieht anschließend von der Rückseite der Tür die beiden Schlingen wieder zurück. Damit liegt die Schnur wieder in ihrer Anfangsposition, der Schlüssel wird weiter nach rechts über den Faden geschoben, und damit ist die Aufgabe gelöst.

Ein Leser fand heraus, daß bei genügend langer Schnur, und wenn die Tür aus ihren Angeln gehoben wird, das Rätsel gelöst werden kann, indem man die Schlinge über die ganze Tür hinwegführt.

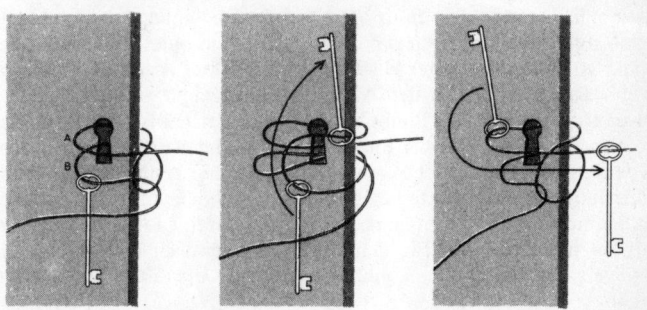

Abb. 60   Lösung zur Schlüssel-Faden-Aufgabe

4. Man kann leicht nachweisen, daß es für jede endliche Gruppe von Punkten auf einer Ebene eine unendlich große Anzahl von geraden Linien gibt, die Punktgruppen exakt in zwei Hälften teilt.

Der folgende Beweis für sechs Punkte in Abbildung 61 kann auf jede endliche Anzahl von Punkten angewendet werden. Zunächst ist eine Vielzahl von Linien aufgezeichnet, deren Lage durch jeweils zwei der

Abb. 61   Beweis für das Eine-Mil-
lion-Punkte-Problem

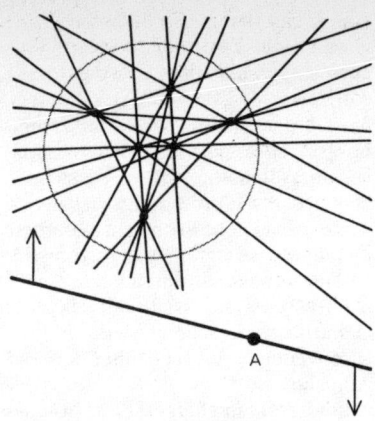

vorgegebenen Punkte bestimmt wird. Wir legen jetzt einen neuen
Punkt, *A*, fest, der außerhalb der geschlossenen, alle Punkte umlaufen-
den Linie liegt und der, das ist eine weitere Bedingung, nicht auf einer
der festgelegten Linien liegen darf. Wir ziehen eine Linie durch den
Punkt *A*. Wird diese unter Festhalten des Punktes *A* gedreht, und zwar
in der Richtung, die in der Abbildung angegeben ist, dann wird sie
jeweils immer nur einen Punkt berühren können. (Es ist unmöglich, daß
sie zur gleichen Zeit zwei Punkte berührt, das würde nämlich dann
bedeuten, daß der Punkt *A* auf einer der vorher festgelegten Verbindungslinien zweier Punkte liegen würde.) Nachdem durch die Drehung
die Hälfte aller Punkte passiert ist, wird die gedrehte Linie die Zahl aller
Punkte halbieren. Da für den Punkt *A* unendlich viele Positionen
angegeben werden können, gibt es unendlich viele derartige Linien.

5. Wenn das Mädchen sicher entfliehen will, ist die beste Strategie, um
das Ufer so schnell wie möglich zu erreichen, folgende: Zuerst rudert sie
so, daß die Mitte des Sees, die durch das Floß markiert ist, immer
zwischen ihr und dem Mann am Ufer ist. Diese drei Punkte liegen auf
einer geraden Linie. Gleichzeitig rudert sie auf das Ufer zu. Nimmt man
nun an, daß der Mann ebenfalls einer optimalen Strategie folgt, die darin
besteht, immer in der gleichen Richtung um den See herumzulaufen mit
einer Geschwindigkeit, die viermal so groß ist wie die Rudergeschwin-
digkeit des Mädchens, so ist der optimale Weg für das Mädchen ein

122

Halbkreis mit dem Radius von $r/8$, wenn r der Radius des Sees ist. Am Ende des Halbkreises soll sie eine Entfernung von $r/4$ von der Mitte des Sees erreicht haben; dabei muß sie ihre Winkelgeschwindigkeit so einrichten, daß der Mann sich immer auf der ihr gegenüberliegenden Seite des Sees befindet. (Sollte der Mann während dieser Periode seine Laufrichtung ändern, so kann sie weitermachen wie bisher oder ihren Weg in entgegengesetzter Richtung fortsetzen.)

Sobald das Mädchen das Ende dieses Halbkreises erreicht hat, hält sie in direktem Weg auf den nächsten Uferpunkt zu. Sie hat noch eine Entfernung von $3r/4$ zurückzulegen. Der Mann dagegen muß eine Entfernung von π mal r zurücklegen, wenn er sie fangen will. Sie aber wird entkommen, da er in dem Moment, in dem sie ans Ufer gelangt, nur eine Entfernung von $3r$ zurückgelegt hat.

Nehmen wir jedoch an, das Mädchen will nicht so schnell wie möglich das Ufer erreichen, sondern einen Ort, an dem der Mann so weit wie möglich von ihr entfernt ist, dann sieht ihre optimale Strategie so aus: Sie erreicht einen Punkt $r/4$ vom Seemittelpunkt entfernt und rudert danach eine gerade Linie, die eine Tangente an dem Kreis mit dem Radius $r/4$ ist. Sie bewegt sich dabei entgegen der Richtung, die der Mann läuft.

Das Mädchen kann sogar noch dann entfliehen, wenn der Mann 4,6 mal schneller läuft als das Mädchen rudert.

6. Die kleinste Anzahl von Zahnstochern, also von Linienabschnitten, die aus einem vier mal vier Damebrett entfernt werden müssen, damit kein Quadrat mehr vorhanden ist, ist Neun. Eine Möglichkeit wird in Abbildung 62 gezeigt.

Um dies zu beweisen, merke man sich, daß die acht schraffierten Felder keine gemeinsamen Seiten besitzen; um die Konturen aller acht zu zerstören, müssen schließlich acht Linien weggenommen werden. Das gleiche Argument kann auf die acht weißen Felder angewendet werden. Wie man weiter sieht, kann man die Konturen von sechzehn Feldern durch das Entfernen von acht Linien zerstören, da jede entfernte Linie sowohl ein weißes als auch ein schraffiertes Quadrat gleichzeitig zerstört. Schreiten wir in unserer Betrachtung fort, dann wird schließlich der Außenrand des Brettes, der ja das größte Quadrat bildet, nicht beeinflußt, und daher müssen schließlich neun Felder weggenommen werden, um die Konturen der sechzehn kleinen Quadrate plus der Konturen des großen Quadrates, also den Außenrand, zu zerstören. Wie die Lösung zeigt, kann man durch das Wegnehmen von neun Liniensegmenten alle dreißig Quadrate auf dem Brett zerstören.

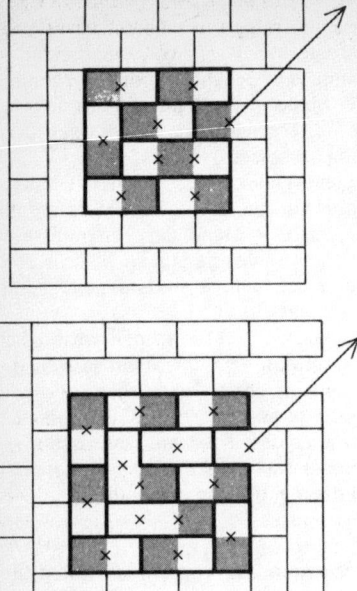

Abb. 62 Lösungen der Zahnstocher-Aufgaben

Diese Begründung beweist, daß jedes Quadrat gerader Ordnung eine Lösung besitzt, die gleich $\frac{1}{2}n^2 + 1$ ist; darin ist n die Ordnung des Quadrates. Stimmt dies für alle Quadrate mit geraden Ordnungen? Wir wollen dafür einen induktiven Beweis führen. Wie in der Abbildung gezeigt, bringen wir einen Dominostein in das offene Feld am Rand des Quadrates mit vier mal vier Feldern ein. Danach legen wir eine Kette von Dominosteinen um den Rand herum und erhalten damit als Lösung für ein Schachbrett sechster Ordnung die Zahl 19. Das gleiche Verfahren wird noch einmal angewendet, und als Lösung erhalten wir die Zahl 33, die hier für das Brett mit acht mal acht Feldern, also achter Ordnung, gilt. Es ist offensichtlich, daß dieses Verfahren endlos wiederholt werden kann und daß mit jedem neuen Rand aus Domino-

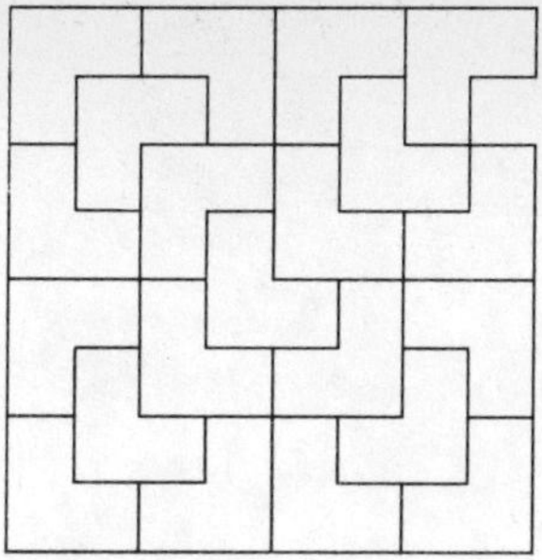

Abb. 63 Die Zerstörung der Rechtecke im Gitter achter Ordnung

steinen wieder ein neues offenes Feld entsteht, wie es die Pfeile in der Zeichnung angeben.

Bei einem Feld fünfter Ordnung wird die Situation dadurch erschwert, daß es ein schraffiertes Feld mehr gibt als weiße Felder. Insgesamt müssen wir hier zwölf Linien wegnehmen, durch die zwölf schraffierte und zwölf weiße Quadrate aufgelöst werden. Ein solches Feld können zwölf Dominosteine bilden. Wenn das übrigbleibende schraffierte Feld an der Außenseite liegen würde, könnte sowohl das Feld als auch der Außenrand dadurch zerstört werden, daß eine Linie zusätzlich weggenommen wird. Daraus folgert, daß für Quadrate ungerader Ordnung die Minimumlösung wie folgt angegeben werden kann: $\frac{1}{2}(n^2 + 1)$. Um dies auch zu erreichen, müßten die Dominosteine aber so angeordnet werden, daß nicht etwa ein zusätzliches Quadrat höherer Ordnung unzerstört übrig bleibt. Man kann zeigen, daß das niemals möglich ist, so daß die Lösung für das Minimum sich auf folgenden Wert erhöht: $\frac{1}{2}(n^2 + 1) + 1$. Die untere Zeichnung in Abbildung 62 zeigt ein Verfahren, mit dem die Minimumlösung für alle Quadrate ungerader Ordnung zu erreichen ist.

David Bienenfeld, John W. Harris, Matthew Hodgart und William Knowlton griffen das ähnliche Problem der Herstellung rechteckfreier Muster auf und entdeckten dabei, daß winkelförmige Steine hier die gleiche Rolle spielten wie die Dominosteine in dem Problem der Vernichtung der Quadrate. Für Schachbretter der Ordnungen 2 bis 12 sind die kleinsten Anzahlen der Linien, die weggenommen werden müssen, um alle Rechtecke zu zerstören, 3, 7, 11, 18, 25, 34, 43, 55, 67, 82, 97. Die Abbildung 63 zeigt ein Muster für ein Feld achter Ordnung.

125

Abb. 64 Drei Gruppen kozirkula-
rer Punkte

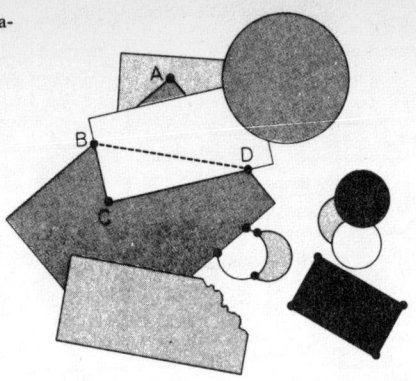

7. Die drei Gruppen von jeweils vier auf einen Kreis liegenden Punkte
der zufällig niedergelegten Rechtecke und Scheiben werden als
schwarze Punkte in Abbildung 64 angegeben. Die vier Ecken des
Rechteckes wurden schon bei der Schilderung der Aufgabe erwähnt.
Die vier Punkte an der kleinen Scheibe liegen offensichtlich auch auf
einem Kreis. Die dritte Gruppe besteht aus den Punkten A, B, C, D. Um
dies zu erkennen, zieht man die gestrichelte Linie BD und betrachtet sie
als Durchmesser eines Kreises. Da die Winkel A und C rechte Winkel
sind, wissen wir nach den Gesetzen der Geometrie der Ebene, daß A und
C auf einem Kreis mit dem Durchmesser BD liegen.

Als ich diese Aufgabe zum ersten Mal veröffentlichte, wurde nur nach
drei Gruppen von je vier auf einem gemeinsamen Kreisumfang
liegenden Punkten gefragt. Die Aufgabe stellte sich jedoch als viel
besser heraus als ich anfangs dachte. Viele Leser wiesen auf das
Vorhandensein der vierten Gruppe hin. Diese vier Punkte sind: A, der
unmarkierte Schnittpunkt unmittelbar rechts unterhalb A; B und die
nicht markierte Ecke gerade oberhalb B. Das Liniensegment durch den
Punkt B und den Punkt unterhalb A ist der Durchmesser eines Kreises,
auf dem die anderen beiden Punkte liegen.

8. So habe ich ursprünglich diese Aufgabe beantwortet:
Die wirksamste Methode, eine Anzahl von Gläsern mit Flüssigkeit zu
überprüfen, bei der das Ziel ist, ein einzelnes Glas, das Gift enthält, zu

identifizieren, ist ein binäres Verfahren. Die Gruppen der Gläser werden so gut wie es geht halbiert. Eine Gruppe davon wird durch Mischen von Proben aus allen Gläsern untersucht. Nun weiß man, in welcher Gruppe sich das Gift befinden muß. Diese wird wieder halbiert und das Verfahren so lange wiederholt, bis das mit Gift gefüllte Glas gefunden ist. Wenn die Zahl der Gläser zwischen 100 und 128 liegt, wären sieben Untersuchungen notwendig. Bei 129 bis 200 Gläsern würden acht Tests ausreichend sein. Die Zahl 128 ist der Scheitelpunkt, weil sie die einzige Zahl zwischen 100 und 200 in der Verdopplungsreihe: 1, 2, 4, 8, 16, 32, 64, 128, 256 ... ist. In der Hotelküche müssen 129 Gläser gewesen sein, da nur in diesem Fall (uns wurde gesagt, die Zahl hätte zwischen 100 und 200 gelegen) die anfängliche Untersuchung von nur einem Glas keinen Unterschied macht bei der Anwendung des schnellsten Untersuchungsverfahrens. Zum Untersuchen von 129 Gläsern sind acht Einzeluntersuchungen erforderlich. Wenn aber zu Beginn ein einzelnes Glas untersucht wird, benötigt man für die restlichen 128 nicht mehr als sieben Untersuchungen, so daß die Gesamtzahl der Untersuchungen gleichbleibt.

Als diese Antwort erschienen war, wiesen viele Leser darauf hin, daß der Polizist recht habe und der Mathematiker unrecht. Ohne Rücksicht auf die Anzahl der Gläser ist die effektivste Untersuchungsmethode, sie so gut wie möglich in zwei Hälften zu teilen und bei jedem Schritt die Gläser einer Gruppe zu untersuchen. Berechnet man die Wahrscheinlichkeit für den Test von 129 Gläsern nach dieser Halbierungsprozedur, so ist sie 7,0155 ... Wenn aber ein einzelnes Glas als erstes getestet wird, dann ist die erwartete Zahl gleich 7,9457 ... Das ist ein Anstieg von 0,934 Tests, so daß der Kommissar recht hatte, als er annahm, daß der Mathematiker einen Test zu viel in Betracht zog. Jedoch nur wenn 129 Gläser vorhanden gewesen wären, hätten wir eine plausible Entschuldigung für diesen Irrtum. So war in einer Art die Aufgabe richtig beantwortet, sogar durch jene Leser, die bewiesen, daß die Untersuchungsmethode des Mathematikers untauglich war.

Das Mischen von Spielkarten

Im Jahre 1964 entdeckten Physiker: Gewisse Ereignisse, einschließlich der schwachen Wechselwirkungen von Elementarteilchen, sind anscheinend zeitlich nicht umkehrbar. Es ist wahrscheinlich, daß die Natur diese Dinge nur in einer Zeitrichtung ablaufen läßt, wenn nicht irgendwo Galaxien oder Bereiche im Kosmos existieren, in denen Antimaterie mit umgekehrten elektrischen Ladungen vorhanden ist, die sich dann in einer Zeitrichtung bewegt, die der unseren entgegengesetzt ist. Niemand weiß bis heute, ob und welche Zusammenhänge mit unserer Makrowelt bestehen, in der Mischprozesse – da sie nicht rückgängig zu machen sind – die einzige physikalische Basis darstellen für das, was Eddington »die gerichtete Zeit« nannte.

Außer den erst kürzlich entdeckten Anomalien sind alle fundamentalen Gesetze der Physik, einschließlich der Gesetze der Quantenphysik, zeitlich umkehrbar. Man kann das Vorzeichen vor dem Symbol für Zeit t von plus nach minus ändern, und die Gleichung beschreibt etwas, was in der Natur möglich ist. Aber wenn eine große Zahl von Objekten, seien es Moleküle oder Sterne, sich zufällig bewegt, dann führen die Gesetze der statistischen Wahrscheinlichkeit diese gerichtete Zeit ein. Wenn sich die Gase A und B in dem gleichen Behälter durch eine Wand voneinander getrennt befinden und wenn man diese entfernt, so mischen sich die Moleküle dieser beiden Gase miteinander, bis die Mischung homogen ist. Sie werden sich nie entmischen. Soweit man die einzelnen Moleküle betrachtet, gibt es keinen Grund, warum nicht jedes eine Richtung und eine Geschwindigkeit erhalten könnte, durch die die Mischung rückgängig gemacht würde. Dies ereignet sich jedoch nicht, da die Wahrscheinlichkeit einer solchen Sortierung praktisch gleich Null ist. Hierin liegt, so argumentiert Eddington (und die meisten Physiker stimmen ihm zu), der einzige Grund, warum ein heruntergefallenes Ei sich selbst niemals wieder zusammensetzt und auf den Rand der Mauer zurückspringt. Die Gesetze der Wahrscheinlichkeit bestimmen, daß

Milliarden der Moleküle, die auf zufälligen Wegen auseinandergehen, sich während eines solchen Ereignisses so bewegen, daß sich die Entropie (dies ist ein Maß für die Ungeordnetheit) des ganzen Systems vergrößert. Auch das Universum – beeinflußt durch solche Wahrscheinlichkeitsvorgänge – mischt sich entlang einer Richtung der Zeitachse.

Das Mischen eines Kartenspiels ist, so stellt Eddington fest, ein ausgezeichnetes Musterbeispiel für die Mischgewohnheiten der Natur, die in einer Richtung ablaufen. Man ordne ein Spiel so, daß oben 26 rote Karten und unten 26 schwarze liegen. Diese Situation ist gleich der der beiden Gase in jenem Behälter. Man mische nun den Stapel zehnmal durch, und die Rot-Schwarz-Ordnung ist zerstört. Wie kommt es nun, daß fortlaufendes Mischen der Karten nicht wieder die anfängliche Rot-Schwarz-Ordnung zurückbringt? Weil es dafür 52! verschiedene Möglichkeiten gibt, wie dieses Spiel geordnet sein kann. (Das Ausrufungszeichen ist ein mathematisches Zeichen, genannt Fakultät, für das Produkt der Reihe von $1 \times 2 \times 3 \times 4 \times$ . . . usw. bis 52. Es ist eine Zahl mit 68 Ziffern, die mit einer 8 beginnt.) Von diesen 52! Permutationen ist für eine bloße Trennung von roten und schwarzen Karten nur ein kleiner Bruchteil erforderlich, der aber immer noch so groß ist, daß man Tausende von Jahren mischen könnte, ohne Hoffnung, auch nur einmal eine Trennung der Farben zu erhalten.

Die merkwürdigste Tatsache beim Kartenmischen ist, daß die Wirkung des Mischens – nämlich eine Unordnung in einen geordneten Stoß zu bringen – in Wirklichkeit von der Unbeholfenheit der Finger abhängt. Wenn die Karten nicht in einer ungeordneten Art von oben nach unten transportiert werden, wirkt das Mischen in Wirklichkeit nicht als Vermischung. Betrachten wir einen solchen Mischvorgang: Die Deckkarte wird mit der rechten Hand an ihrer Ecke gehalten und die linke Hand schiebt die Karten mit dem Daumen von oben heraus in kleinen Paketen zufälliger Größe. Ein perfektes Mischen dieser Art, bei dem der Daumen jedesmal nur eine Karte vorschiebt, zerstört die Ordnung des Haufens überhaupt nicht. Sie wird nur umgekehrt. Ja, eine zweite Mischung nach dem gleichen Prinzip, bei dem immer nur eine Karte von oben nach unten transportiert wird, stellt die ursprüngliche Ordnung wieder her.

Das bekannte amerikanische »Riffle«-Mischen verfehlt natürlich den Mischeffekt ebenso, wenn es perfekt ausgeführt wird. Die perfekte Riffle-Mischung, die den Amerikanern als »faro shuffle« und den Engländern als »weave shuffle« bekannt ist, wird auf dem Tisch ausgeführt. Dazu wird der Kartenstapel in zwei gleichgroße Teile aufgeteilt, die nebeneinander auf den Tisch gelegt werden. Beide Stapel hebt man mit dem Daumen etwas an, läßt die Karten reißverschlußartig ineinanderfallen, jeweils eine vom rechten und danach eine vom linken Stapel, und schiebt die Karten zum Schluß zusammen. Der Kartenstapel muß vor dem Mischen, wenn er eine gerade Anzahl von Karten enthält, in zwei gleichgroße Stapel aufgeteilt sein. Enthält er eine ungerade Anzahl von Karten, dann sollten diese so weit wie möglich gleichmäßig auf die beiden Stapel verteilt werden. Bei einem ungeraden Kartenstapel wird die kleinere Hälfte (eine Karte weniger) in den größeren Stapel so eingemischt, daß die obere und untere Karte des größeren Stapels zur oberen und unteren Karte des gemischten Kartenspieles werden. Ist eine geradzahlige Anzahl von Karten im Spiel, dann hat man die Wahl, von welcher Hälfte man die erste Karte auf den Tisch fallen läßt. Wenn die erste Karte, die auf den Tisch fällt, aus der Kartenhälfte kommt, die vorher die untere Hälfte des Kartenspieles war, dann werden die Karten, die vorher oben und unten lagen, auch oben und unten liegen bleiben. Die Kartenkünstler nennen dies eine »Ausmischung«, weil die oberste und unterste Karte des Kartenspieles nach dem Mischen ihre Außenplätze behalten. Wenn die erste Karte, die auf den Tisch fällt, aus dem Stapel kommt, der vorher die obere Hälfte des Kartenspieles war, dann gehen Ober- und Unterkarte durch das Mischen in den Stapel, und zwar als zweite Karte von oben und unten. Die Kartenkünstler nennen dies »Einmischen«.

Für ein Kartenspiel mit einer ungeraden Anzahl von Karten ist ein Faro eine »Ausmischung«, wenn der Stapel unterhalb der mittleren Karte geteilt wird. Dies legt die obere Karte zur größeren Hälfte mit dem Ergebnis, daß diese auch nach dem Mischen die obere Karte bleibt. Der Faro ist eine »Einmischung«, wenn der Stapel oberhalb der mittleren Karte geteilt wird. Dies bringt die obere Karte in die kleinere Hälfte mit dem Ergebnis, daß sie nach dem Mischen die zweite Karte von oben ist. Beides, Ein- und Ausmischen von ungeraden Kartenspielen, nennt man »straddle shuffle« (die größere Hälfte »umschließt« die kleinere Hälfte), ein Ausdruck, der von Ed Marlo, einem Kartenexperten aus Chicago, geprägt wurde, der einige Bücher über den Faro und viele elegante Kartentricks, die mit dem Faro zusammenhängen, vorstellte.

Ein Kartenspiel mit n Karten aus einer wiederholten Serie von Faro-Mischungen wird nach einer endlichen Anzahl von Mischungen des gleichen Typs wieder in seinen Originalzustand zurückkehren. Ist n eine ungerade Zahl, dann wird der alte Zustand nach x Mischungen, zurückkehren, wobei x der Exponent von 2 in der Gleichung 2^x = 1 (Modulo n) ist. Das »1 (Modulo n)« bedeutet, daß die Zahl einen Rest von 1 besitzt, wenn sie durch n geteilt wird. Wenn z. B. ein Joker zu einem vollständigen Kartenspiel hinzugefügt wird, erhält man 53 Karten, und damit erhält man die Gleichung 2^x = 1 (Modulo 53). Wir müssen einen ganzzahligen Wert von x finden, da 2^x einen Rest von 1 hat, wenn die Zahl durch 53 geteilt wird. Gehen wir nun die Leiter der Exponenten von 2 (2,4,8,16,32 . . .) hinauf, dann treffen wir erst bei 2^{52} auf eine Zahl, die 1 (Modulo 53) ist. Damit wissen wir, daß 52 »Einmischungen« (oder 52 »Ausmischungen«) zur Herstellung der alten Reihenfolge dieser 53 Karten erforderlich sind.

Ist das Kartenspiel geradzahlig, dann ist die Situation etwas komplizierter. Die Zahl der erforderlichen »Ausmischungen«, um den alten Zustand wieder herzustellen, ist 2^x = 1 [Modulo $(n - 1)$]. Bei der »Einmischung«, die das gleiche bewirkt, ist 2^x = 1 [Modulo $(n + 1)$]. Dies macht einen großen Unterschied aus. Bei einem normalen Kartenspiel mit 52 Karten sind 52 Einmischungen erforderlich. Da aber 2^8 = 1 (Modulo 51) ist, folgt, daß nur acht »Ausmischungen« benötigt werden!

In Abbildung 65 ist die Anzahl der erforderlichen Mischungen beiden Typs angegeben, mit denen man die alte Kartenreihenfolge wieder herstellen kann. Die Angaben beziehen sich auf Kartenstapel von 2 bis 52 Karten. Man sieht dabei, daß bei allen ungeraden Kartenstapeln die Anzahl der Mischungen für beide Mischungsarten gleich ist und daß diese Zahl auch für einen jeweils geraden Kartenstapel bei einer »Ausmischung« mit einer Karte zusätzlich gilt. Für ein geradzahliges Kartenspiel ist die Anzahl der »Ausmischungen« die gleiche wie die Anzahl der »Einmischungen« für ein Kartenspiel, das zwei Karten weniger besitzt. Dies deutet auf die Tatsache hin, daß die oberste und unterste Karte während einer »Ausmischung« immer in ihren Positionen verbleiben, so daß die Einmischungen selbst nur die Lage der inneren Karten beeinflussen.

Eine perfekte Riffle- oder Faro-Mischung ist sehr schwierig und wird nur von geübten Kartenkünstlern beherrscht. Aber wir können dennoch die Richtigkeit der Angaben in Abbildung 65 durch eine Zeitumkehr mit einer rückwärts durchgeführten Faro-Mischung testen. (Perfekte Mischungen können leicht rückgängig gemacht werden!) Die Kartenkünstler nennen dieses Manöver ein »reverse faro«. Man fächere einfach ein Kartenspiel, wie in Abbildung 66 gezeigt, auseinander und ziehe jede zweite Karte (gestrichelte Linie in der oberen Abbildung) aus dem Spiel heraus. Mit einiger Übung geht dies sehr schnell. Sind alle

Anzahl der Spiel-karten im Spiel	»Aus«-Mischungen	»Ein«-Mischungen	Anzahl der Spiel-karten im Spiel	»Aus«-Mischungen	»Ein«-Mischungen
	Anzahl der Faro-Mischungen zur Wiederherstellung der alten Kartenordnung			Anzahl der Faro-Mischungen zur Wiederherstellung der alten Kartenordnung	
2	1	2	28	18	28
3	2	2	29	28	28
4	2	4	30	28	5
5	4	4	31	5	5
6	4	3	32	5	10
7	3	3	33	10	10
8	3	6	34	10	12
9	6	6	35	12	12
10	6	10	36	12	36
11	10	10	37	36	36
12	10	12	38	36	12
13	12	12	39	12	12
14	12	4	40	12	20
15	4	4	41	20	20
16	4	8	42	20	14
17	8	8	43	14	14
18	8	18	44	14	12
19	18	18	45	12	12
20	18	6	46	12	23
21	6	6	47	23	23
22	6	11	48	23	21
23	11	11	49	21	21
24	11	20	50	21	8
25	20	20	51	8	8
26	20	18	52	8	52
27	18	18			

Abb. 65 Die Anzahl der Mischvorgänge, die erforderlich ist, um die Reihenfolge der Karten in einem Kartenspiel, bestehend aus 2 bis 52 Karten, wieder herzustellen

132

Abb. 66   Technik des »Reverse Faro«-Mischens

Karten herausgezogen, legt man die beiden Kartenstapel wieder aufeinander. Bleibt dabei die obere Karte in der oberen Lage, so hat man eine »Ausmischung« durchgeführt. Geht die obere Karte in das Kartenspiel, dann handelt es sich um eine »Einmischung«. Jede Operation ist offensichtlich der inverse Vorgang der entsprechenden Faro-Mischung. Es ist nun eine einfache Angelegenheit, irgendeine Zahl der Tabelle zu testen. Da n Mischungen eines bestimmten Typs die alte Ordnung der Karten wieder herstellt, werden n »reverse Faros« selbstverständlich das gleiche tun.

Am besten experimentiert man mit einem geordneten Kartenspiel, das man mit der Bildseite nach oben hält, um zu sehen, wie sich die Kartenanordnung mit jedem Mischvorgang verschiebt. Wir beobachten z. B., daß in bestimmten Fällen, in denen eine bestimmte gerade Anzahl von Einmischungen die alte Ordnung wieder herstellt, die Karten nach der halben Anzahl von Sortierungen in der umgekehrten Reihenfolge liegen. Man versuche es mit zehn Karten von As bis zur Zehn in dieser Reihenfolge. Zehn »Sortierungen« stellen die alte Reihenfolge wieder her. Aber nach fünf »Einsortierungen« liegt das Kartenspiel in der umgekehrten Reihenfolge vor. Ein vollständiges Spiel mit 52 Karten wird nach 26 »Einsortierungen« in der umgekehrten Reihenfolge vorliegen. Man beachte auch die kuriose Tatsache, daß bei einem 52-Karten-Spiel nach jeder »Einsortierung« die 18. und 35. Karte ihre Plätze gewechselt haben.

Alex Elmsley, ein englischer Computerprogrammierer und geübter Kartenspieler, war einer der ersten, die die knifflige Mathematik des Mischens aus der Sicht eines Zauberkünstlers untersuchten. Er schrieb 1957 in der kanadischen Zeitschrift »Ibidem« (eine Zeitschrift für Zauberei), wie er eine bemerkenswerte Gleichung fand. Bereits vorher prägte er die Ausdrücke »Einmischen« und »Ausmischen«, die er in seinen Aufzeichnungen mit I (für »in«) und O (für »out«) abgekürzt hatte. Die erste Fragestellung, die er untersuchte, war, mit welcher Folge von »Ein«- und »Ausmischungen« kann man am effektivsten die oberste Karte eines Kartenspieles in jede gewünschte Position bringen. Nehmen wir z. B. an, daß ein Kartenspieler bei Benutzung eines vollständigen Stapels die oberste Karte durch Mischen auf die 15. Position bringen will. Durch Experimentieren fand Elmsley, daß dies durch die Mischungsfolge: $IIIO$ (d. h. 3 »Einmischungen« und 1 »Ausmischung«), getan werden kann. Elmsley erkannte sofort, daß es sich dabei um die Zahl 14, in binärer Form aufgeschrieben, handelt und 14 ist die Anzahl der Karten oberhalb der gewünschten Position!

Das war keine zufällige Übereinstimmung. Gleichgültig wie groß das Kartenspiel ist, ob gerade oder ungerade, das folgende Verfahren arbeitet immer. Subtrahiere immer von der Position, auf welche du die Karte zu bringen wünschst, eine 1. Schreibe das Ergebnis als Binärzahl, und du hast die richtige Reihenfolge der »Ein«- und »Ausmischungen«, durch die die oberste Karte in der kürzest möglichen Zeit auf die gewünschte Position gebracht wird.

Handelt es sich um ein gerades Kartenspiel, dann hat man einen unerwarteten Vorteil. Bei jeder Mischung ist die Abwärtsverschiebung der Karten des oberen Stapels genau spiegelbildlich zu der Kartenfolge des unteren Stapels. Eine Karte, die in der $n$ten Position von oben liegt, geht zur Position p von oben, und die Karte, die als $n$te Position von unten liegt, geht zur Position p von unten. Eine Mischung, bei der die oberste Karte fünfzehn Plätze nach unten geht, bringt gleichzeitig die unterste Karte fünfzehn Plätze nach oben. Wenn ein Kartenspiel mit 52 Spielkarten so arrangiert wird, daß zu jeder Karte in der oberen Hälfte eine in Wert und Farbe gleiche Karte in der gleichen Position in der unteren Hälfte liegt von unten her gezählt, dann wird diese Beziehung niemals durch irgendeine Anzahl von Faros jedweden Typs zerstört. Den Kartenkünstlern ist dies als das Prinzip des »stay-stak« oder der stehenden Anordnung bekannt. Dieser Name stammt von seinem Entdecker, einem Kartenspieler, der unter dem Pseudonym Rusduck schrieb. Viele glänzende Tricks basieren auf diesem Spiegelprinzip.

Der Leser kann sich nun wieder den Spaß machen, Elmsleys Formel durch eine andere Zeitumkehr zu testen, indem er mit »Aus«- und »Einsortierungen« eine Karte aus einer beliebigen Position innerhalb des Kartenspieles auf den obersten Platz zurückbringt. Man subtrahiere 1 von der Anzahl der Platznummer der Karte, schreibe das Ergebnis in binärer Form auf und folge dann der Reihenfolge der Binärziffern rückwärts. Um bei der Durchführung der »Ein«- und »Aussortierungen« in diesem Beispiel die fünfzehnte Karte zur obersten Karte des Kartenspieles werden zu lassen, schreibe man die 14 binär als 1110. Eine Folge von einer »Aus«- und von drei »Einsortierungen« bringt diese Karte nach oben. Ist es ein gerades Kartenspiel, dann bewegt sich dabei die fünfzehnte Karte von unten gleichzeitig auf den untersten Platz des Kartenspieles.

Das Spiegelprinzip gilt nicht für ungerade Kartenspiele. Aber hier ereignen sich noch mehr erstaunliche Dinge. Am besten versteht man diese, wenn man mit einem Kartenstapel aus neun Karten, in dem sich As, 2,3,4,5,6,7,8 und 9 der gleichen Farbe befinden, experimentiert.

Man ordne diese Karten in dieser Reihenfolge, alle mit dem Bild nach oben und dem As als oberste Karte. Man betrachte dies als eine zyklische Reihenfolge, bei der die oberste und unterste Karte ähnlich einer geschlossenen Kette miteinander verbunden sind. Wenn wir den Stapel abheben und eine Reihe, sagen wir 6,7,8,9,1,2,3,4,5 herstellen, können wir dies als die gleiche zyklische Reihenfolge ansehen. Die Tabelle in Abbildung 65 zeigt uns, daß die Originalfolge der Karten nach sechs Mischungen beliebiger Art wieder hergestellt wird. Dabei kann man sogar »Ein«- und »Aussortierungen« beliebig und auch beliebig abwechselnd verwenden. Nach sechs Sortierungen sollte man seine Karten überprüfen und sie werden wieder in der gleichen zyklischen Reihenfolge liegen! Dies gilt für jedes ungerade Kartenspiel. Zwischen den einzelnen Sortiervorgängen kann auch beliebig oft abgehoben werden, und nach der erforderlichen Anzahl von Sortierungen ist die zyklische Reihenfolge im Originalzustand wieder vorhanden.

Während das Kartenspiel mit neun Karten in seinen Originalzustand wieder hergestellt wird, durchläuft es fünf andere Zustände, jeden mit seiner eigenen zyklischen Reihenfolge. Die zyklische Reihenfolge dieser Zwischenzustände wird durch Abheben nicht gestört; sie zeigt nur eine unterschiedliche zyklische Permutation, abhängig davon, welche Karte oben liegt. Da jeder der sechs Zustände des Kartenspieles nur neun unterschiedliche zyklische Permutationen aufweisen kann, folgt, daß die gesamte Anzahl der Permutationen der neun Karten durch beliebiges Abheben und Sortieren niemals mehr als $6 \times 9 = 54$ sein kann. Dies ist nur ein kleiner Bruchteil von $9! = 362\,880$ möglichen Permutationen von neun Karten.

Da Sortierungen die Zeitumkehrungen der Faromischungen sind, gilt all dies auch für Faro-Mischungen ungerader Kartenspiele. In seinem Aufsatz: »Permutationen durch Abheben und Mischen«, bewies Solomon W. Golomb, daß durch eine Mischung von Abheben mit »Einmischungen« oder mit »Ausmischungen« in einem geraden Kartenspiel jedes mit seinen möglichen Permutationen auftreten kann. Aber bei ungeraden Kartenspielen mit mehr als drei Karten ist so nur ein kleiner Bruchteil der möglichen Permutationen herstellbar. Zufälliges Abheben und Faro-Mischen kann eine vollständige Zufallsverteilung in einem Kartenspiel von 52 Karten erzeugen, da jede der 52! möglichen Permutationen erreicht werden kann. Man nehme aber eine Karte aus diesem Spiel, so daß nur noch 51 vorhanden sind, und dann können durch beliebige Mischung von Abheben und Mischen niemals mehr als

$8 \times 51 = 408$ Permutationen auftreten, also nur sehr wenige von 51! möglichen Permutationen – einer Zahl mit 67 Ziffern.

Dai Vernon, einer der besten amerikanischen Kartenkünstler, arbeitet mit einem leicht auszuführenden Trick, der den zyklischen Charakter ungerader Kartenspiele ausnutzt. Geben Sie jemandem 20 Karten und einen Joker und bitten Sie ihn, die Karten zu mischen, wobei Sie ihm den Rücken zudrehen. Bitten Sie ihn weiter, den Joker in das Spiel zu stecken und sich die beiden benachbarten Karten zu merken. Danach drehen Sie sich herum und nehmen von ihm das Kartenspiel mit den 21 Karten, wobei alle Karten verdeckt sind. Sodann führen Sie eine reverse Faro-Mischung (entweder »Ein«- oder »Aussortierung«, es spielt hier keine Rolle) durch, und bitten ihn, abzuheben. Wiederholen Sie das mit einem anderen reversen Faro beliebigen Typs und lassen ihn wieder abheben. Nun breiten Sie die Karten zu einem Fächer auf und halten sie so, daß die Zuschauer sie sehen können, aber Sie selbst nicht. Bitten Sie ihn nun, den Joker herauszuziehen. An dieser Stelle, wo der Joker steckte, teilen Sie den Stapel in zwei Gruppen und legen diese wieder in der anderen Reihenfolge zusammen. Mit anderen Worten, der Stapel wird an dem Punkt geteilt, an dem der Joker lag, machen Sie aber Ihre Zuschauer darauf nicht aufmerksam. Für die Zuschauer soll es so aussehen, als ob die Karten wieder so zusammengelegt werden, wie sie waren, bevor der Joker entnommen wurde.

Nun handelt es sich um 20 Karten, eine gerade Anzahl. Führen Sie zwei »Aus«- und eine »Einsortierung« durch, legen Sie den Stapel auf den Tisch. Bitten Sie die Zuschauer, die beiden gewählten Karten zu nennen. Zeigen Sie die unterste Karte des Stapels, sie wird eine der Karten sein. Zeigen Sie die oberste Karte des Stapels, sie wird die andere sein.

Der Faro ist nur einer von vielen Typen von einfachereren streng vorgeschriebenen Mischungsformen, die man wiederholt mit ungewöhnlichen Ergebnissen mit einem Kartenspiel vorführen kann. Wir wollen nun verallgemeinern und definieren, daß eine Mischung eine Transformation mit vorgeschriebenem Muster oder ungemustert ist. Die Struktur des Mischens kann man durch eine Tabelle angeben, so wie die folgende für eine Mischung von fünf Karten.

$$1 - 3$$
$$2 - 5$$
$$3 - 1$$
$$4 - 2$$
$$5 - 4$$

Die Tabelle zeigt, daß die erste Karte zur Position 3 geht, die zweite zur Position 5 usw. Auch als Diagramm kann man dies mit Pfeilen, wie in Abbildung 67 gezeigt, angeben. Es muß kein Muster irgendwelcher Art für die Anordnung dieser Pfeile geben. Das Muster kann völlig zufällig sein, so als ob die Karten in einer Lostrommel gedreht würden und danach, eine nach der anderen herausgenommen, eine neue Reihenfolge bildeten.

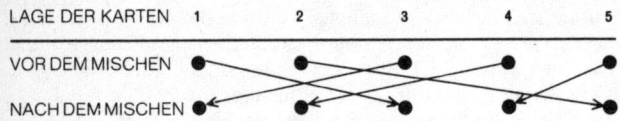

Abb. 67   Diagramm einer zufälligen Mischung von fünf Karten. Sie besitzt einen Zyklus von sechs Mischungen

Nehmen wir an, daß genau der gleiche Mischvorgang, der in der Tabelle oder im Diagramm dargestellt wurde, wiederholt mit einem Kartenspiel von *n* Karten durchgeführt wird. Werden dadurch eventuell die Karten zufällig verteilt? Nein, das ist nicht der Fall. Unabhängig von dem Muster der Mischung laufen die Karten einfach durch eine Reihe von Zuständen, von denen nicht zwei gleich sind, bis sie wieder zu ihrer alten Ausgangsreihenfolge zurückkehren und der Zyklus sich wiederholt. Sind im Spiel mehr als zwei Karten vorhanden, dann gibt es keine Mischung, die man wiederholt anwenden kann, wobei alle möglichen Permutationen erreicht werden. Drei Karten z. B. haben 3! oder $1 \times 2 \times 3 = 6$ mögliche Anordnungen. Es ist unmöglich, so zu mischen, daß, wenn dieses Mischen wiederholt wird, sechs Schritte erforderlich sind, um den Zyklus zu durchlaufen. Der längstmögliche Zyklus besteht aus drei Schritten.

Das wirft eine schwierige aber faszinierende Frage auf. Angenommen, ein Spiel mit 52 Karten wurde in eine Kartenmischmaschine gelegt, die bei jedem Mischen genau den gleichen Vorgang wiederholt. Man kann nicht in die Maschine sehen, und so weiß man nicht, nach welchem Muster die Mischung abläuft. Jedesmal, wenn eine Mischung durchgeführt ist, ertönt eine Glocke. Nach welcher kleinsten Zahl von Glockenschlägen läßt sich mit absoluter Sicherheit sagen, daß der Originalzustand mindestens einmal wieder hergestellt ist oder bereits einmal wiederhergestellt wurde? Oder diese Frage anders ausgedrückt: Was ist der längste Zyklus einer wiederholten Mischung von 52 Karten?

Anhang

Bei der Diskussion über das wiederholte Kartenmischen habe ich, ohne Beweis, behauptet, daß man damit mit Sicherheit den Kartenstapel nach einer begrenzten Anzahl von Mischungen wieder in seine ursprüngliche Reihenfolge der Karten zurückbringen kann. Einige Leser waren verwundert, daß es dabei nicht möglich ist, in eine Art Schleife einzutreten, aus der man nicht wieder herauskommt und damit die ursprüngliche Reihenfolge der Karten nicht wieder herstellen kann.

Hier nun der Grund, warum das niemals der Fall sein kann. Führt man mit einem Kartenspiel wiederholt die gleichen Mischungen aus, so läuft das Spiel durch eine Reihenfolge von Zuständen: a,b,c,d,e . . . Wenn, sagen wir, der Zustand b gemischt wird, dann wird der Zustand c hergestellt. Konsequenterweise wird also der Zustand c nur durch das Mischen der Karten aus Zustand b hergestellt. Da das Kartenspiel nur eine begrenzte Anzahl von Zuständen einnehmen kann, muß es also wieder zu seinem Originalzustand zurückkehren, wenn er nicht irgendwo entlang der Zustandsreihe zu einem Zustand kommt, der anders als a ist. Selbstverständlich kann dies nicht geschehen. Es kann nicht z. B. zum Zustand d übergehen, ohne vorher den Zustand c zu erreichen (da d allein vom Zustand c aus herstellbar ist). Es kann auch nicht zurückkehren zu c, ohne vorher den Zustand b zu erreichen, und auch nicht zu b, ohne vorher a zu erreichen. Die Kette der Zustände wird nur durch das Zurücklaufen zum Zustand a geschlossen.

Die gleiche Begründung kann auf jeden Kartenstapel angewendet werden, wenn eine Serie von n Mischungen, jede unterschiedlicher Art, erfolgt, vorausgesetzt, die Serie der Mischungen wird exakt wiederholt. Nehmen Sie an, ein Kartenstapel werde nach drei unterschiedlichen Mischverfahren, $a,b,c,$ gemischt und dies werde wiederholt: abc, abc, abc . . . Jede Dreiergruppe verändert das Kartenspiel in der gleichen Weise vom einen Zustand zum anderen. Daher kann eine solche Dreiergruppe, also drei unterschiedliche Mischvorgänge, als gleichwertig zu einer einzigen Mischung angesehen werden.

Es ist ebenfalls leicht zu zeigen, daß für jedes x, wobei x die kleinste Anzahl von Mischungen des gleichen Typs ist, die erforderlich sind, den ursprünglichen Kartenzustand wieder herzustellen, nur eine begrenzte Anzahl von Spielkarten im Spiel vorhanden sein darf, um mit x Mischungen den alten Zustand wieder herzustellen. So können z. B. nur Kartenstapel mit 4,5,6,14,15 und 16 Karten mit einem Minimum von vier Mischvorgängen in ihren alten Zustand zurückversetzt werden.

(Vier »Ausmischungen« für 5,6,15,16 und vier »Einmischungen« für 4,14.) Vielleicht könnte es dem Leser Spaß machen, ein Verfahren auszuarbeiten, nach dem man die Anzahl der Karten in einem Spiel feststellen kann, die mit einem Minimum von x Mischungen des gleichen Types wieder in die alte Reihenfolge gebracht werden können.

Die Faro-Mischungen wurden erstmals in einem Buch von John Nevil Maskelyne über das Falschspielen: »Sharps and Flats«, 1894, erwähnt. Charles T. Jordan war der erste Kartenkünstler, der in seinem Buch: »Thirty Card Mysteries«, 1919, zeigte, wie man das Kartenmischen für Kartentricks anwenden kann. Doch es dauerte bis zum Ende der fünfziger Jahre, bis die Kartenkünstler ernsthaft anfingen, diese Mischungsarten und ihre Möglichkeiten genauer zu untersuchen. »Das sanfte, schwirrende Geräusch der ineinanderfallenden Karten bei einer perfekten Faro-Mischung ist heute bei allen Kartenzaubervorstellungen zu hören«, schrieb John Braun in seiner Einführung zu Paul Swinford's: »Faro Fantasy«, 1968.

Bei jedem Treffen der Kartenkünstler wird man die Faro-Enthusiasten sehen, wie sie ihre neuesten Kreationen vorführen. Aber ebenso gibt es Kartenkünstler, die – obwohl sie in der Lage wären, exzellente Faros auszuführen – bei der Vorführung ihrer Kunst auf alle Farotricks verzichten. »Ein Freund von mir nahm ein Kartenspiel zur Hand und sagte, er wolle mir einen Farotrick zeigen«, schrieb der bekannte Kartenkünstler Charlie Miller – »ich zog eine Pistole und schoß ihn nieder.«

Viele unerwartete Aspekte der Faromischungen wurden von den Kartenkünstlern entdeckt. Ich will nur ein Beispiel anführen: Man nehme ein Paket mit 32 Karten (es geht mit jeder Kartenzahl, die eine Potenz von 2 ist), in dem sich die vier Asse befinden. Man lege ein schwarzes As obenauf, das andere zu unterst, ein rotes As in Position n von oben, das andere rote As in Position n von unten. Sagen wir $n = 7$. Man lege das As, das an siebenter Stelle von oben liegt, so in den Kartenstapel, daß sein Bild nach oben zeigt. Danach werden fünf reverse Faromischungen durchgeführt; dabei wird jedesmal die Hälfte des Kartenstapels mit dem nach oben liegenden As obenauf gelegt. Man achte, daß alle fünf Sortierungen vollständig erfolgen, auch dann, wenn das aufgedeckte As nach einer Mischung oben auf den Kartenstapel zu liegen kommt. Am Ende liegen die roten Asse oben und unten im Kartenstapel und die schwarzen Asse werden sich zu den siebenten Plätzen von oben und von unten bewegt haben!

Dutzende ausgezeichnete Tricks arbeiten nach diesem Prinzip. Bitten

Sie z. B. jemanden, einen Stapel von 16 Karten zu mischen und Ihnen zu übergeben. Werfen Sie einen heimlichen Blick auf die oberste Karte und behalten Sie sie im Gedächtnis. Fächern Sie das Paket so auf, daß der Zuschauer die Vorderseiten sehen kann. Bitten Sie, an irgendeine Karte zu denken und sie sich zu merken, zusätzlich noch deren Position von oben. Nach vier reversen Faromischungen halten sie die Karten so, daß er wieder die Vorderseiten sehen kann. Vor jedem Auseinanderziehen der Karten fragen Sie ihn, in welcher Hälfte sich die von ihm gemerkte Karte befindet. Diese Hälfte legen Sie dann immer nach oben. Am Ende des Mischens fragen Sie ihn nach dem Namen der Karte und drehen die oberste Karte um. Es wird die vom Zuschauer gemerkte Karte sein.

Bieten Sie dem Zuschauer an, den Trick zu wiederholen, aber diesmal ohne zu fragen. Wenden Sie sich ab, wenn er auf die Karten schaut und er sich die Karte merken soll, die jetzt auf der Position ist, in der beim vorhergehenden Spiel die von ihm gemerkte Karte lag. Natürlich wissen Sie schon längst den Namen dieser Karte, da Sie sie heimlich gesehen hatten, als sie oben lag, doch Ihr Gegenüber besitzt keinen Grund zu vermuten, daß sie bekannt ist. Führen Sie wieder vier reverse Faromischungen durch, aber diesmal mit der Vorderseite zu Ihrem Körper und ohne irgendeine Frage zu stellen. Dabei legen Sie jedesmal die Hälfte nach oben, in der sich die gesuchte Karte befindet. Danach fragen Sie ihn nach der gesuchten Karte und decken die oben liegende Karte auf. Der Zuschauer hat Ihnen nichts erzählt, aber der Trick arbeitet genau so gut wie vorher.

Meine früher gemachte Bemerkung, daß das Spiegelprinzip auf ungerade Kartenzahlen nicht angewendet werden kann, ist nicht unbedingt richtig. Edward Marlo schrieb mir und stellte fest, daß ein Spiel mit 53 Karten mit dem Joker zu oberst oder zu unterst beliebig oft nach Faroart gemischt werden kann und daß man zwischen den Mischungen so oft wie man will abheben darf. Hebt man dann so ab, daß der Joker zu oberst oder zu unterst liegt, erhält man die spiegelbildliche Reihenfolge der Karten. Marlo, Charles Hudson und noch andere Kartenkünstler entwarfen viele ungewöhnlichen Kartentricks, die dieses Spiegelprinzip mit einem 53-Karten-Spiel benutzen.

Ich erklärte, wie man mit Faromischungen die oberste Karte auf jede gewünschte Position bringen kann und wie man mit einer reversen Faromischung – eine Sortierung – eine Karte aus jeder Position zu oberst bringt. Die Aufgabenstellung, eine Karte mit der Standard-Faromischung aus irgendeiner Position zu oberst oder die umgekehrte Aufgabe, mit einem reversen Faro die oberste Karte in eine beliebige

Position zu bringen, ist sehr schwierig zu analysieren. Soweit mir bekannt ist, wurde bisher noch keine einfache Gleichung und kein Verfahren aufgefunden, nach denen man das Minimum der Anzahl von Mischungen zur Durchführung der Aufgabe bestimmen kann. Einige Versuche mit effektiven Algorithmen, bei denen Mischungen verschiedenen Typs kombiniert werden, wurden schon vorgeschlagen, aber die ganze Fragestellung ist noch weit von einer befriedigenden Lösung entfernt. Leser, die sich in diesem Dschungel der Kartenkunststücke mit Faromischungen begeben wollen, stoßen auf eine umfangreiche Literatur.

Antworten

Nehmen Sie an, ein bestimmtes Mischungsmuster werde exakt jedesmal wiederholt. Was ist die maximale Anzahl von Wiederholungen, die durchgeführt werden können, bevor ein Kartenspiel mit 52 Karten wieder in seinen Originalzustand zurückkehrt?

Der beste Weg, diese Frage zu beantworten, führt über die Betrachtung einer zufälligen Mischung von sechs Karten, wie sie in Abbildung 68 dargestellt ist. Betrachtet man diese Mischung etwas näher, dann sieht man, daß sie in zwei Teilmengen aufgeteilt werden kann, jede mit ihrem individuellen Zyklus. Die Karte aus Position 3 geht wieder in die Position 3 zurück und so ergibt sich eine Teilmenge von einer Karte mit dem Zyklus 1. Karte 1 und Karte 5 werden ausgetauscht und bilden damit eine Teilmenge aus zwei Karten, die nach zwei Mischungen in ihre Originalpositionen zurückkehren. Karten 2, 4 und 6 befinden sich in einer Teilmenge; sie gehen nach drei Mischungen in ihre Anfangspositionen zurück. Wir haben es damit mit drei Zyklen der Längen 1, 2 und 3 zu tun. Es ist einzusehen, daß das Kartenspiel von sechs Karten nach

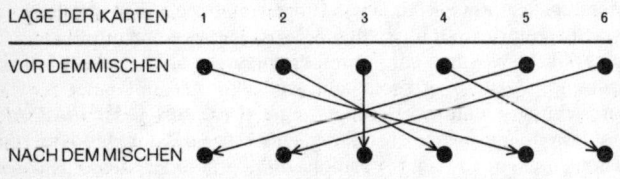

Abb. 68   Diagramm einer zufälligen Mischung von sechs Karten

einer Anzahl von Mischungen, die der kleinsten gemeinsamen Vielfachen von 1, 2 und 3 entspricht – das ist 6 –, in seine Ausgangsordnung zurückkehrt. Alle Kartenspiele, bei denen eine Mischung wiederholt wird, unterteile man in Teilmengen, von denen jede einen Zyklus gleich der Anzahl ihrer Karten besitzt. Um den längsten Zyklus für ein Kartenspiel mit n Karten aufzustellen, untersuchen wir jede mögliche Aufteilung in n Teilmengen, um festzustellen, bei welcher Aufteilung der größte gemeinsame Multiplikator vorhanden ist. Im Falle von 6 Karten gibt es 11 unterschiedliche Aufteilungen:

$$
\begin{array}{llllll}
1 & 1 & 1 & 1 & 1 & 1 \\
1 & 1 & 1 & 1 & 2 \\
1 & 1 & 2 & 2 \\
2 & 2 & 2 \\
1 & 1 & 1 & 3 \\
1 & 2 & 3 \\
3 & 3 \\
1 & 1 & 4 \\
2 & 4 \\
1 & 5 \\
6
\end{array}
$$

Die Teilmengen mit den höchsten gemeinsamen Multiplikatoren sind die 1 2 3-Menge und die 6-Menge. Beide besitzen 6 als größten gemeinsamen Multiplikator. Wir stellen damit fest, daß keine Mischung von sechs Karten – exakt wiederholt – einen längeren Zyklus als 6 besitzen kann, bis der Anfangszustand wiederhergestellt wird.

Ein Spiel mit 52 Karten hat so viele unterschiedliche Aufteilungsmöglichkeiten, daß man das Problem vereinfachen muß, um ihre Gruppen mit den höchsten gemeinsamen Multiplikatoren aufzufinden. Der Platz reicht hier nicht aus, um darauf näher einzugehen. Ich kann dem Leser nur W. H. H. Hudsons Artikel im »Educational Times Reprints: Band II, 1865, Seite 105, empfehlen. Es hat den Anschein, als ob hier das erste Mal diese Aufgabe gelöst wurde. Keine Aufteilung von 52 Karten besitzt einen größeren gemeinsamen Multiplikator als 180180. Ein Beispiel einer solchen Aufteilung ist 1, 1, 1, 4, 5, 7, 9, 11, 13. Dem Leser wird es nicht schwierig sein, ein Diagramm für eine Mischung von 52 Karten aufzustellen, deren Teilmengen diesen Zahlen entsprechen. Das bedeutet auch, daß dieses Kartenspiel erst nach 180180 genau gleichen Mischungen in den Originalzustand zurückversetzt werden kann.

Das merkwürdige doppelte Auftreten der Zifferngruppe 180 in dieser Zahl wird durch die Tatsache erklärbar, daß das Produkt der Teilmengen 7, 11 und 13 1001 ist und die übrigen Teilungen ein Produkt von 180 haben. Jede beliebige dreistellige Zahl *abc*, multipliziert mit 1001, ergibt das Produkt von *abcabc*. Die Teilmengen mit nur einer Karte spielen offensichtlich keine Rolle beim Mischen. Wir folgern daraus, daß Kartenspiele mit 49, 50 oder 51 Karten ebenfalls maximale Mischungszyklen von 180180 Wiederholungen besitzen. Fügt man einen Joker zum Spiel hinzu, dann steigt der maximale Zyklus auf 360360.

Statt die Frage nach der maximalen Länge eines Zyklus für 52er Kartenspiel zu stellen, nehmen wir uns eine andere Frage vor: Wir nehmen an, eine Mischmaschine besitze keinen Rückwärtsgang, um eine Mischung rückgängig machen zu können. Wir haben ihr ein Spiel mit 52 Karten in unbekannter Reihenfolge eingegeben. Sie wurden einmal gemischt; wie die Mischung vonstatten ging, ist uns aber unbekannt. Wie viele zusätzliche Mischungen des gleichen Musters muß die Maschine noch durchführen, damit wir absolut sicher sind, daß wir die ursprüngliche Reihenfolge der Karten wieder hergestellt haben?

Die beiden Leser Edwin M. McMillan und Daniel van Arsdale stellten sich unabhängig voneinander diese Frage und beantworten sie. Der kleinste Zyklus, bei dem mit Sicherheit die alte Reihenfolge einmal hergestellt wurde, ist der kleinste gemeinsame Multiplikator aller Zahlen von 1 bis 52. Diese Zahl ist $11 \times 13 \times 17 \times 19 \times 23 \times 25 \times 27 \times 29 \times 31 \times 32 \times 37 \times 41 \times 43 \times 47 \times 49$. Nennen wir diese sehr große Anzahl gleich N. Wenn die Maschine diese Mischung $N - 1$ mal wiederholt hat, dann können wir sicher sein, daß das Kartenspiel einmal in seinen Originalzustand zurückversetzt wurde.

Mrs. Perkins Steppdecke
und andere Verpackungsaufgaben

Die mathematische und physikalische Ausgabe der hochangesehenen britischen Fachzeitschrift »The Proceedings of the Cambridge Philosophical Society«, überraschte im Juli 1964 ihre Leser durch die Veröffentlichung eines Leitartikels mit dem Titel: »Mrs. Perkins Steppdecke.« Es handelte sich um eine Fachdiskussion des Cambridger Mathematikers J. H. Conway (siehe Seite 11–17) über eins der nutzlosesten aber andererseits auch der interessantesten Probleme der Geometrie.

Das Problem gehört zu der großen Familie von Kombinationsfragen, die sich mit der Anordnung von Quadraten zu größeren Quadraten beschäftigen. Das bekannteste dieser Probleme ist das Zusammenstellen eines Satzes von Quadraten, von denen keine zwei gleich groß sind, zu einem größeren Quadrat, ohne daß sich dabei die Quadrate überlappen oder zwischen ihnen Spalte vorhanden sind. Wenn wir uns ein größeres Quadrat als eine Anordnung von Einheitsquadraten, geteilt entlang den Gitterlinien in ungleichmäßige Quadrate, vorstellen, dann besitzt das kleinste Quadrat, das so aufgeteilt werden kann, eine Seite von 175 Einheiten. Es kann in 24 ungleiche Quadrate aufgeteilt werden. Ein Bild dieser Anordnung kann der Leser im zweiten »Scientific American Book of Mathematical Puzzle & Diversions« in einem Kapitel von William T. Tutte finden, in dem der Verfasser erklärt, wie er die Theorie elektrischer Netzwerke anwendete, um diese »quadrierten Quadrate« aufzufinden.

Das Problem von Mrs. Perkins Steppdecke (es erhielt seinen Namen von dem englischen Puzzlespezialisten Ernest Dudeney, der als erster diese Fragestellung aufwarf) ist das gleiche Problem, das Tutte betrachtet hat, jedoch ohne die Voraussetzung, daß die kleineren Quadrate unterschiedliche Größen haben müssen. Es ist einleuchtend, daß ein quadratisches Gitter der Ordnung n in n^2 Einheitsquadrate aufgeteilt werden kann. Zu bestimmen ist hier jedoch die kleinste

Anzahl von Quadraten, in die ein großes aufgeteilt werden kann. Obwohl diese Bedingungen vereinfacht sind, besonders gegenüber der Version des Tutte-Problems, ist ihre Analyse keineswegs leichter.

Am besten nähert man sich dem Problem von Mrs. Perkins Steppdecke, wenn man mit der kleinsten Größe beginnt (siehe Abbildung 69). Lösungen für Quadrate der Ordnungen 1 oder 2 sind trivial. Quadrate 3. Ordnung besitzen ein Muster aus sechs Quadraten. (Dieses Muster läßt sich zwar durch Drehung oder Spiegelung ändern, aber diese Unterschiede sollen hier nicht betrachtet werden.) Da 4 ein Mehrfaches von 2 ist, kann ein Quadrat 4. Ordnung genau wie eins 2. Ordnung in vier gleiche Quadrate unterteilt werden. Dies ergibt aber nur eine vergrößerte Version des Musters 2. Ordnung, und daher fügen wir nun eine neue Bestimmung hinzu: Die kleineren Quadrate dürfen einen gemeinsamen Divisor besitzen. Nach dieser Bestimmung erhalten wir ein Minimum-Muster für ein Quadrat 7. Ordnung, ein Muster, das in ein Quadrat kleinerer Ordnung nicht eingezeichnet werden kann. Eine solche Unterteilung nennt man eine Primeinteilung des Quadrats. Jede Lösung für ein Quadrat, dessen Ordnung eine Primzahl ist, besitzt eine Primeinteilung, aber auch für die anderen Quadrate soll die Unterteilung eine Primeinteilung sein, da es sich sonst um eine triviale Wiederholung eines Minimum-Musters für ein Quadrat handelt, dessen Ordnung der kleinste Faktor der Quadratseite ist. Wir können nun sagen, daß das Problem von Mrs. Perkins Steppdecke darin besteht, hier die kleinste Primeinteilung für Quadrate jeder beliebigen Ordnung aufzusuchen. Die Lösungen für die ersten zwölf Quadrate sind aus Abbildung 69 ersichtlich.

Wenn die Ordnung des Quadrates einer Zahl der Fibonacci-Reihe 1, 1, 2, 3, 5, 8, 13 . . . (in der jede Zahl die Summe der zwei vorhergehenden Zahlen ist) entspricht, dann erhält man die kleinste symmetrische Aufteilung durch eine Teilung des großen Quadrates in kleine Quadrate mit Seitenlängen der Fibonacci-Reihe. So entsteht eine Minimum-Aufteilung für die Ordnungen 1, 2, 3, 5 und 8, wie gezeigt, aber für die 13. Ordnung gilt dies nicht. Abbildung 70 zeigt eine symmetrische Fibonacci-Unterteilung für die 13. Ordnung. Der Leser kann hier versuchen, das Muster von zwölf auf elf Quadrate bei Abweichung von der Symmetrie zu reduzieren.

Natürlich wünscht man sich ein allgemein gültiges Verfahren zum Auffinden der Primunterteilung für Quadrate jeder Ordnung und eine Formel, nach der die kleinste Anzahl von Quadraten als eine Funktion der Ordnung des großen Quadrates errechnet werden kann. Jedoch sind

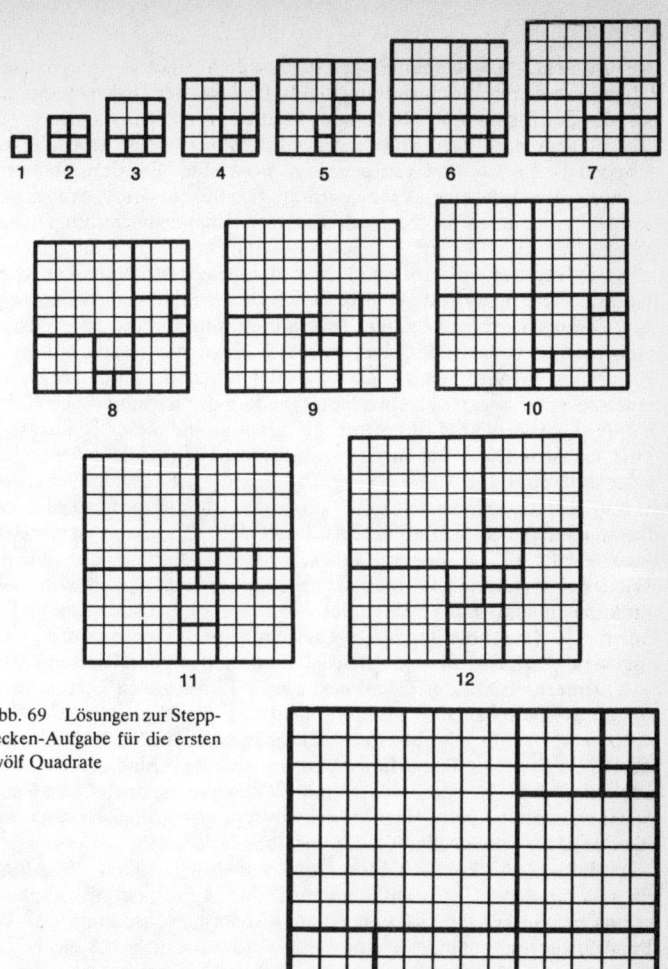

Abb. 69 Lösungen zur Stepp-
decken-Aufgabe für die ersten
zwölf Quadrate

Abb. 70 Symmetrisches Muster für ein Quadrat dreizehnter
Ordnung

Antworten auf diese beiden Fragen noch nicht in Sicht. Conway bewies, daß die kleinste Primunterteilung für ein Quadrat der Ordnung n gleich oder größer $\log_2 \cdot n$ und gleich oder kleiner als $6 \sqrt{n} + 1$ ist. G. B. Trustrum von der Universität Sussex veröffentlichte 1965 einen Beweis dafür, daß die obere Grenze $6 \cdot \log_2 \cdot n$ ist. Für Quadrate höherer Ordnung ist dies eine Verbesserung gegenüber der Angabe von Conway, aber auch sie ist noch weit von einer explizierten Formel entfernt.

In Conways Artikel wird Leo Moser, der Dekan der mathematischen Fakultät der Universität Alberta, mit seinen früheren Arbeiten über Mrs. Perkins Steppdecke zitiert. In späteren Jahren wandte sich Moser noch einigen anderen Problemen, die sich mit der Verpackung von Quadraten beschäftigten, zu. Zum Beispiel betrachtete er Quadrate mit Seiten, deren Längen den einzelnen Gliedern der harmonischen Reihe $1/2 + 1/3 + 1/4 + 1/5 \ldots$ entsprechen. Die Summe dieser Reihe steigt ohne Grenze. Die Flächen der so gebildeten Quadrate entsprechen einer anderen Reihe: $1/4 + 1/9 + 1/16 + 1/25 \ldots$, die erstaunlicherweise mit dem Grenzwert $(\pi^2/6) - 1$ konvergiert (es überrascht hier das unerwartete Auftreten der Zahl π). Der Flächengrenzwert ist ein klein wenig größer als 0,6. Zuerst fragte sich Moser: Kann diese unendliche Reihe von Quadraten so aneinandergefügt werden, daß sie sich nicht überlappen, und dazu noch innerhalb eines Einheitsquadrates? Die Antwort ist: Ja. Abbildung 71 zeigt den einfachsten Weg, wie man dieses tun kann. Das Quadrat wird zunächst in Streifen mit den Breiten $1/2$, $1/4$, $1/8 \ldots$ unterteilt. Da der Grenzwert dieser Reihe gleich 1 ist, können unendlich viele solcher Streifen in das Einheitsquadrat eingelegt werden. Innerhalb jedes Streifens werden nun Quadrate mit abnehmender Größe eingelegt. Dabei fängt man links mit dem Quadrat an, das den Streifen ausfüllt. Nach dieser Art und Weise kann die unendliche Reihe von Quadraten bequem eingeordnet werden, wobei ein Rest von etwas weniger als 0,4 des großen Quadrates unbedeckt bleibt.

Im Jahre 1967 konnten Moser und sein Mitarbeiter J. W. Moon, ebenfalls von der Universität Alberta, dieses Problem abschließend behandeln. Sie zeigten, daß eine unendliche Reihe von Quadraten in ein Quadrat der Seitenlänge $5/6$ eingepaßt werden kann. (Daß die Fläche eines kleineren Quadrates augenscheinlich nicht ausreicht, erkennt man daran, daß die Summe der Seiten der beiden größten Quadrate $1/2 + 1/3 = 5/6$ ist.) Moser und E. Meier zeigten in einer Arbeit von 1969 ein Diagramm über die Anordnung der kleinen Qudrate. Die verbleibende Restfläche ist nur noch 8 Prozent der Gesamtfläche. Noch viele weitere

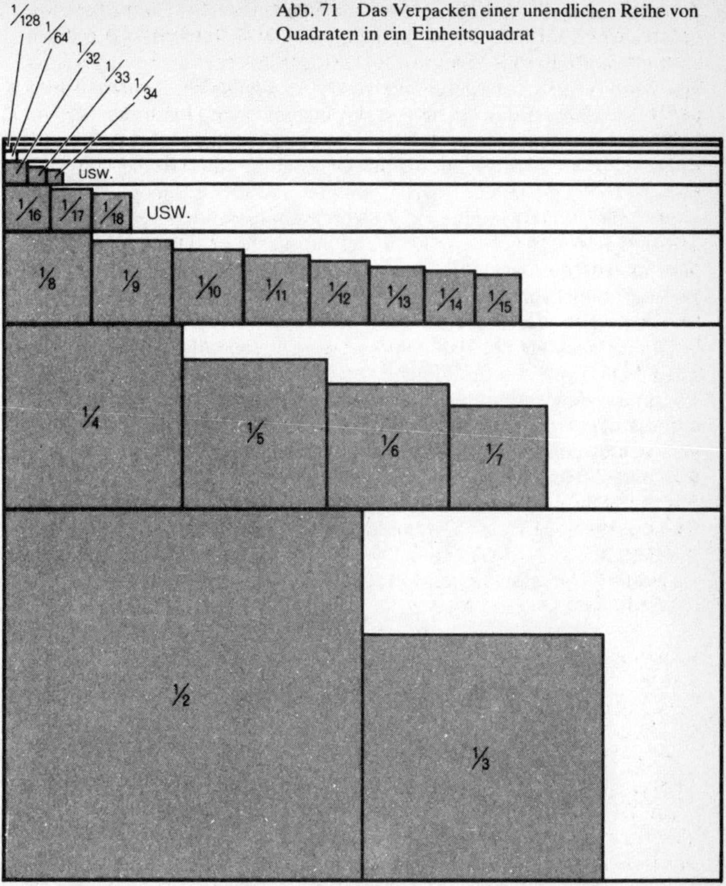

Abb. 71 Das Verpacken einer unendlichen Reihe von Quadraten in ein Einheitsquadrat

Resultate, einschließlich einer eleganten Beweisführung, sind in den beiden Arbeiten, bei denen Moser mitarbeitete, zu finden, so z. B., daß jeder Satz von Quadraten mit einer Gesamtfläche von 1 ohne Überlappung in ein Quadrat der Fläche 2 eingepaßt werden kann.

Unter den vielen ungelösten Problemen, die das Einordnen von Quadraten in ein größeres behandeln, befindet sich eins, das vor einigen Jahren von Richard B. Britton aus Carlisle, Mass., erstmalig vorgeschlagen wurde. Es ist aufregend und frustrierend zugleich. Er hatte Tuttes Artikel über die Einordnung von ungleichmäßigen Quadraten gelesen und machte sich darüber Gedanken, ob es wohl möglich wäre, ein Quadrat in kleinere Quadrate mit den Seiten einer Reihe von 1, 2, 3, 4, 5 . . . zu teilen. Dies müßte natürlich möglich sein, wenn die Partialsumme der korrespondierenden Flächenreihe $1 + 4 + 9 + 16 + 25$ . . . jeweils eine Quadratzahl ist. Dies ereignet sich zum ersten Mal, wenn die ersten 24 Quadratzahlen addiert werden. Diese Summe von $1^2 + 2^2 + 3^2 + . . . + 24^2$ ist 4900, das ist 70^2. Kurioserweise tritt dieser Fall nicht noch einmal auf.

Die Entdeckung der Zahl 4900 hat eine interessante Geschichte, die mit einem Typ einer dreidimensionalen Anordnung, der sogenannten Pyramidenzahl, zusammenhängt. Pyramidenzahlen sind Kardinalzahlen, die der Anzahl von Kanonenkugeln entsprechen, die aufeinandergeschichtet eine vierseitige Pyramide bilden. Jede Lage einer solchen Pyramide ist ein Quadrat von Kugeln, beginnend mit einer an ihrer Spitze, dann eine Lage von 4 Kugeln, dann eine von 9 usw., man kann leicht zeigen, daß eine Pyramidenzahl die Partialsumme der Reihe $1^2 + 2^2 + 3^2$ . . . $+ n^2$ sein muß. Die Formel für eine solche Zahl kann in folgender Form geschrieben werden:

$$\frac{n(n+1) \cdot (2n+1)}{6}.$$

Eine alte Denksportaufgabe fragt nach der kleinsten Zahl von Kanonenkugeln, mit der man sowohl eine vierseitige Pyramide aufbauen kann als auch auf ebenem Grund ein vollständiges Quadrat aus einer Lage Kugeln. In algebraischer Terminologie heißt dies: es wird die kleinste positive Zahl von m und n gesucht, die folgende Diophantine-Gleichung erfüllt:

$$\frac{n(n+1)(2n+1)}{6} = m^2.$$

Der französische Mathematiker Edouard Lucas und später auch Dudeney vermuteten, daß die einzigen positiven ganzen Zahlen, die dieser Gleichung genügen, $n = 24$ und $m = 70$ sind – außer der trivialen Lösung von $n = 1$ und $m = 1$. Geht man einen anderen Weg der Beweisführung, so kann man sagen, daß 4900 die einzige Zahl größer als 1 ist, die sowohl eine Quadratzahl als auch eine Pyramidenzahl darstellt.

Bis zum Jahr 1918, als G. N. Watson in »Messenger of Mathematics«, New Series, Band 48, den ersten Beweis führte, galt dies noch nicht als sicher.

Deshalb wissen wir, wenn ein quadratisches Damespiel entlang den Gitterlinien in Quadrate mit Seitenlängen der Reihe 1, 2, 3 . . . usw. geteilt werden kann, daß es sich um ein Brett der 70. Ordnung handeln muß. Obwohl ich keinen Beweis kenne, daß dies unmöglich ist, erscheint es nach der Arbeit von Tutte und anderer doch als sehr unwahrscheinlich, und vielleicht ist es gar nicht so schwierig, einen Unmöglichkeitsbeweis zu finden. Die Frage drängt sich nun auf (und dies ist nun das von Britton vorgeschlagene Problem): Was ist die größte Fläche eines Quadrates 70. Ordnung, die von den 24 Quadraten bedeckt werden kann? Natürlich können nicht alle 24 Quadrate verwendet werden. Es soll wieder davon ausgegangen werden, daß kein Quadrat über die Umrandung des großen Quadrates 70. Ordnung hinausreicht, und daß keine zwei kleineren Quadrate sich überlappen.

Durch Aufzeichnung eines Quadrates 70. Ordnung auf Millimeterpapier, dessen Unterteilung fein genug ist, kann man das Problem bearbeiten. Man kann auch mehrere Blätter von Millimeterpapier zusammenkleben und eine Einheitslänge von 5 Millimeter wählen. Aus dünnem Karton können kleine Quadrate ausgeschnitten werden. Es ist nicht notwendig, die drei kleinsten auszuschneiden, da sie doch zu winzig sind, um mit ihnen arbeiten zu können. Als beste Strategie erweist es sich zunächst, die großen Quadrate aufzulegen. Die am Schluß meist verbleibenden Löcher werden mit den kleinen Quadraten ausgelegt.

Wenn man einmal anfängt, die Quadrate einzulegen, wird man von der Aufgabe fasziniert. Es ist so, als ob man Koffer in einen Wagen verstauen soll, aber die Aufgabe ist mathematisch viel präziser. Man kommt schnell dahin, daß nur noch 200 Einheitsquadrate übrigbleiben, aber bei einiger Findigkeit kommt man auch dazu, daß weniger als 150 Quadrate noch frei sind.

Anhang

Das in diesem Kapitel behandelte Problem ist offensichtlich analog dem Packen von gleichseitigen Dreiecken in gleichseitige Dreiecke oder dem Unterbringen von Würfeln in einem großen Würfel. Obwohl mir über

151

diese Probleme keine Veröffentlichungen bekannt sind, können die Methoden aus der Arbeit von Conway und Trustrum für die Dreiecks-Variante angewendet werden. Einige Leser fragten sich, ob es für Brittons Problem nicht eine kubische Analogie gibt: Gibt es einen Würfel, der aus einer Gruppe kleinerer Würfel zusammengesetzt ist, deren Kantenlängen der Reihenfolge ganzer Zahlen, beginnend mit 1, entspricht? Die Antwort ist: Nein! Tatsächlich ist bekannt, daß nur die Zahlenfolge 3, 4 und 5 die einzigen aufeinanderfolgenden ganzen Zahlen sind, deren Summe ihrer Kubikzahlen oder Einheitsvolumina gleich 216 ist, dies entspricht einem Würfel der 6. Ordnung. (Siehe auch L. E. Dickson: »History of the Theory of Numbers, Band II, Seite 584–585.)

Solomon W. Golomb machte mich auf zwei von Britton vorgebrachte Fragestellungen aufmerksam, die beide noch ungelöst sind:

1. Gibt es ein Rechteck (ausgenommen 1×1), in das alle Quadrate mit Seitenlängen von aufeinanderfolgenden ganzen Zahlen 1 bis n eingeordnet werden können, ohne daß sie sich überlappen oder eine Fläche übrigbleibt?

2. Ist es möglich, eine Fläche mit den oben angegebenen Quadraten zu bedecken?

Wenn die Antwort auf die erste Frage nein ist, kann man fragen, was das kleinste Quadrat oder Rechteck ist, in dem alle Quadrate einer aufeinanderfolgenden Zahlenfolge von 1 bis n gepackt werden können? Conway, Golomb und Robert Reid aus Lima, Peru, verbrachten einige Zeit mit der Lösung dieser Frage. Die folgende Tabelle, die von Conway aufgestellt wurde, zeigt für Quadrate der Seitenlängen 1 bis 17 die Seitenlänge des kleinsten Quadrates und die darin noch vorhandenen unbedeckten Flächen:

n	Seite des Quadrates	Unbedeckte Fläche
1	1	0
2	3	4
3	5	11
4	7	19
5	9	26
6	11	30
7	13	29
8	15	21
9	18	39
10	21	56
11	24	70

12	27	79
13	30	81
14	33	74
15	36	56
16	39	25
17	43	64

Die kleinsten Quadrate für $n = 18$ und für alle höheren Werte von n sind nicht bekannt. Nach den Ansätzen Conways muß das Minimumquadrat für $n = 18$ entweder eine Seitenlänge von 46 oder von 47 haben. Es ist nicht schwierig, 18 Quadrate in das große Quadrat der 47. Ordnung einzuordnen, dabei bleiben 100 Einheitsquadrate übrig. Wenn die Quadrate in ein Quadrat 46. Ordnung eingepackt werden können, beträgt die freie Fläche nur noch 7 Einheitsquadrate und dieser Wert ist so klein, daß Conway bezweifelt, daß dies möglich ist.

Antworten

Die Aufgabe, ein Quadrat 13. Ordnung in elf kleinere Quadrate zu schneiden, kann einzig und allein nach dem in Abbildung 72 gezeigten Muster gelöst werden. Für interessierte Leser möchte ich sagen, daß Quadrate höherer Ordnung noch zu untersuchen sind. Für Quadrate der Ordnungen 14 bis 17 glaubt man, daß das Minimum-Muster aus zwölf

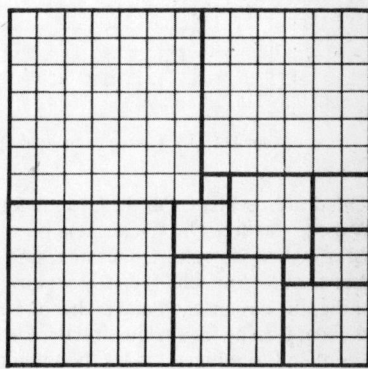

Abb. 72 Lösung für die Aufgabe des Quadrates dreizehnter Ordnung

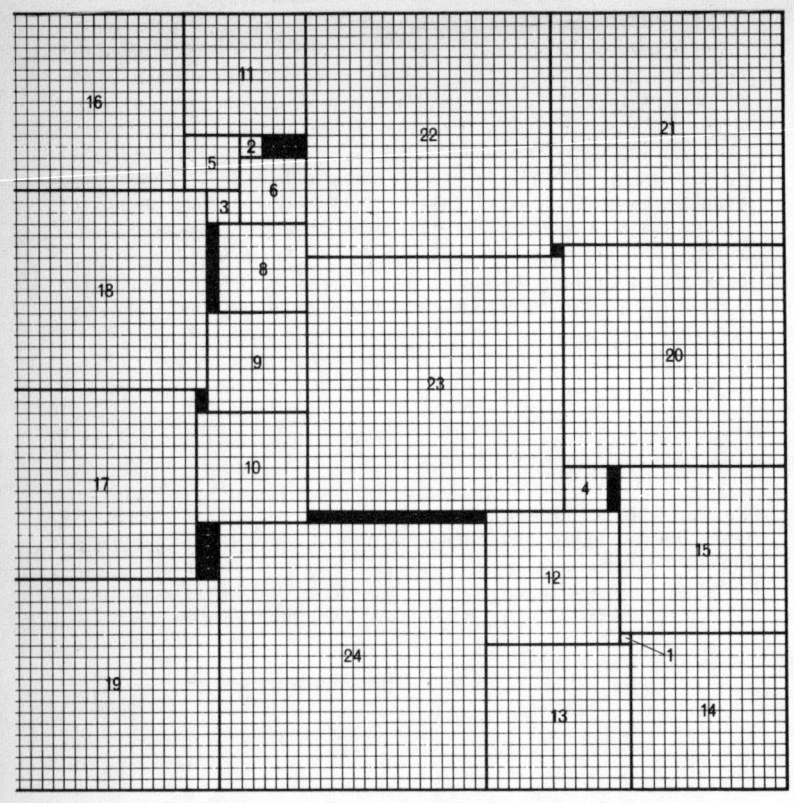

Abb. 73   Eine Lösung zu Brittons Quadrat-Verpackungsaufgabe

Quadraten besteht. Für die Ordnungen 18 bis 23 rechnet man mit einem
Muster von dreizehn Quadraten, für die Ordnungen 24 bis 29 mit einem
Muster von vierzehn Quadraten, und für die Ordnungen 30 bis 41 ein
Muster von fünfzehn Quadraten, ausgenommen das Quadrat 40. Ordnung, für das anscheinend sechzehn benötigt werden. Conway schreibt,
daß die Lösung für ein Quadrat der Ordnung 41 sehr schwer aufzufinden
sei. Alle Ordnungen bis 100 benötigen höchstens neunzehn Quadrate.

154

Mehr als 250 Leser sandten Lösungen für die Aufgabe der Belegung eines Quadrates 70. Ordnung ein. Es sollten 24 Quadrate mit den Seitenlängen 1, 2, 3 . . . 24 so aufgelegt werden, daß sie sich nicht überlappen. Fast alle aufgefundenen Lösungen reduzierten die freie Fläche auf weniger als 100 Flächeneinheiten. Bei 27 eingeschickten Lösungen war die freibleibende Fläche kleiner als 49 Flächeneinheiten, das sind genau 1 % der gesamten Fläche. Sieht man einmal von Spiegelung und Drehung ab, waren alle diese 27 Lösungen bezüglich Anordnung der Quadrate 11 bis 24 (abgesehen von einem Austausch der Quadrate 17 und 18) und auch bezüglich des Weglassens des Quadrates 7. Ordnung identisch. Die erste dieser Lösungen kam von William Cutler. Die in Abbildung 73 gezeigte Lösung stammt von Robert L. Patton.

Im Jahre 1974 stellte der Computer-Wissenschaftler der Universität von Illinois, Urbama, Edward M. Reingold und einer seiner Studenten, James Bitner, ein umfangreiches Rechnerprogramm auf, das dieses Problem mit dem Quadrat 70. Ordnung lösen sollte. Die Suche nach der optimalen Quadratanordnung durch den Rechner bewies, daß das Programm durchaus arbeitsfähig war, aber doch auch sehr zeitaufwendig. Es bleibt daher auch noch nach diesen Rechnungen die Vermutung, daß die freibleibende Fläche nicht unter 49 Einheitsflächen reduziert werden kann.

Biorhythmus
Die Numerologie des Dr. Fließ

Eine der bedeutendsten und absurdesten Episoden in der Geschichte der Numerologie – einer Pseudowissenschaft – ist die Arbeit eines Berliner Chirurgen namens Wilhelm Fließ. Fließ war von den Zahlen 23 und 28 besessen. Er war selbst überzeugt davon und überzeugte auch andere, daß hinter allen Phänomenen des Lebens und vielleicht sogar der anorganischen Natur zwei fundamentale Zyklen vorhanden sind: Ein männlicher Zyklus von 23 und ein weiblicher von 28 Tagen. Er arbeitete mit diesen beiden Zahlen mit Multiplikation, manchmal Addition und Subtraktion, und damit war es ihm möglich, ein Zahlenschema auf tatsächlich Alles und Jedes anzuwenden. Sein Werk erzeugte am Anfang dieses Jahrhunderts einen beachtlichen Wirbel in Deutschland. Zahlreiche Anhänger übernahmen sein System, arbeiteten es aus und modifizierten es und veröffentlichten dies in Büchern, Pamphleten und Zeitungsartikeln. In den letzten Jahren konnte diese Bewegung auch in den Vereinigten Staaten Fuß fassen.

Mathematiker und Studenten machen sich über die Numerologie des Dr. Fließ lustig. Wahrscheinlich würde man sich heute an sie gar nicht mehr erinnern, wenn nicht Dr. Fließ ein Jahrzehnt lang der beste Freund von Sigmund Freud gewesen wäre.

Dies war ungefähr von 1890 bis 1900, also in der Zeit der größten Kreativität von Freud, in der er seine Arbeit über die Träume veröffentlichte. Fließ und Freud waren durch ein eigenartiges neurotisches Verhältnis verbunden, das, wie es Freud durchaus bewußt war – unterschwellig –, stark homosexuelle Züge aufwies. Diese Angelegenheit war den damaligen Größen der Psychoanalyse natürlich bekannt, aber nur wenige Außenstehende haben davon bis 1950 gewußt, bis 168 der 284 Briefe, die Freud an Fließ schrieb, veröffentlicht wurden. Freud war von der Nachricht, daß diese Briefe noch vorhanden waren, erschüttert und bat die Eigentümerin, Marie Bonaparte, die Veröffentlichung zu verbieten. Auf ihre Anfrage nach den Briefen von Dr. Fließ sagte Freud: »Ob ich sie vernichtet habe oder nur gut versteckt, weiß ich nicht mehr.« Es steht aber fest, daß er sie vernichtete. Die vollständige Geschichte der Freundschaft zwischen Fließ und Freud hat Ernest Jones in seiner Biographie über Freud erzählt.

Als sich beide Männer in Wien 1877 zum ersten Mal trafen, war Freud 31 Jahre alt, noch relativ unbekannt, glücklich verheiratet und besaß eine bescheidene Praxis für Psychiatrie. Fließ betrieb dagegen bereits eine sehr erfolgreiche Praxis als Hals- und Nasenchirurg in Berlin. Er war Junggeselle (später heiratete er eine wohlhabende Wienerin), zwei Jahre jünger als Freud, von stattlicher Figur, hochbegabt und witzig, mit hervorragenden Fachkenntnissen in der Medizin und an anderen wissenschaftlichen Gebieten interessiert.

Freud eröffnete die Korrespondenz mit einem schmeichelnden Brief. Fließ beantwortete ihn mit einem Geschenk, und danach übersandte Freud eine Photographie, um die Fließ gebeten hatte. 1892 wechselten sie vom förmlichen Sie zum vertrauten Du. Freud schrieb viel öfter als Fließ und zwar immer voll quälender Ungeduld, wenn Fließ die Antworten verzögerte. Als seine Frau ihr fünftes Kind erwartete, wollte Freud ihm den Namen Wilhelm geben. Tatsächlich hätte er bereits eines seiner zwei jüngsten Kinder Wilhelm getauft, aber – wie Jones schreibt – »glücklicherweise waren beide Mädchen«.

Die Grundlagen von Fließens Numerologie wurden erstmalig 1897 beim Erscheinen seiner Monographie: »Die Beziehungen zwischen der Nase und den weiblichen Geschlechtsorganen, in ihren biologischen Bedeutungen dargestellt«, bekannt. Darin stellt Fließ fest: jedermann ist bisexuell veranlagt. Die männliche Komponente ist durch einen rhythmischen Zyklus von 23 Tagen und die weibliche mit einem von 28 Tagen gekennzeichnet. (Der weibliche Zyklus darf nicht mit dem Menstruationszyklus verwechselt werden, obwohl beide durch den gleichen entwicklungsgeschichtlichen Ursprung verwandt sind.) Bei normal veranlagten Männern dominiert der männliche Zyklus, dabei ist der weibliche unterdrückt. Bei normalen Frauen ist dies umgekehrt.

Die beiden Zyklen sind jeder lebenden Zelle eingeprägt, und infolgedessen spielen sie bei allen Lebewesen ihre bestimmende Rolle. Bei Tieren und Menschen beginnen beide Zyklen mit der Geburt, und das Geschlecht des Kindes wird durch den Zyklus, der zuerst auftritt, bestimmt. Die Perioden laufen ein Leben lang weiter und machen sich im Auf und Ab der physischen und geistigen Vitalität bemerkbar und bestimmen letztendlich den Todestag. Aber noch mehr, beide Zyklen sind innig mit den Schleimhäuten der Nase eines Menschen verbunden.

Fließ glaubte, er habe eine Beziehung zwischen nasaler Unstimmigkeit und aller Art neurotischer Symptome und sexuellen Unregelmäßigkeiten entdeckt. Er diagnostizierte diese Krankheiten durch Naseninspektionen und behandelte sie durch Verabreichen von Kokain, das er auf sogenannte »genitale Punkte« im Inneren der Nase aufbrachte. Er berichtete von Fällen, in denen Fehlgeburten durch Anästhetisieren der Nase verursacht wurden. Weiter meinte er, er könne schmerzhafte Menstruation durch Nasenbehandlung heilen. Zweimal operierte er an Freuds Nase. In einem späteren Buch argumentierte er: »Alle Linkshänder werden vom Zyklus des entgegengesetzten Geschlechtes beherrscht«, und als Freud darüber Zweifel äußerte, behauptete er, Freud sei linkshändig veranlagt, ohne es zu wissen.

Freud war der erste, der die Zyklustheorie von Fließ als großen Durchbruch in der Biologie betrachtete. Er übermittelte Fließ Informationen über 23- und 28-Tage-Perioden seines eigenen Lebens und dem seiner Familie und sah das Auf und Ab in seiner Gesundheit als das Ergebnis dieser zwei Perioden an. Er glaubte auch, eine Unterscheidung, die er zwischen Neurasthenie und Angstneurose gefunden hatte, könne durch diese beiden Zyklen erklärt werden. Im Jahre 1898 trennte er sich von einer Zeitschrift, weil diese es ablehnte, eine grobe Kritik über eines der Bücher von Fließ zurückzuziehen.

Es gab eine Zeit, in der Freud annahm, die Freude am Sexuellen habe ihr Ursache im 23-Tage-Zyklus, und ein sexuelles Mißbehagen sei eine Folge des 28-Tage-Zyklus. Jahrelang erwartete er seinen eigenen Tod im Alter von 51 Jahren, da 51 die Summe von 23 und 28 ist; darüber hinaus hatte Fließ ihm erzählt, dies würde sein kritischstes Jahr werden. »Einundfünfzig ist das Alter, das für mich besonders gefährlich zu sein scheint«, schrieb Freud in seinem Buch über Träume. »Ich habe Kollegen gekannt, die plötzlich in diesem Alter gestorben sind und unter diesen einen, der nach langer Verzögerung nur wenige Tage vor seinem Tod eine Professur erhielt.«

Für Fließ war jedoch Freuds Anerkennung der Zahlentheorie noch nicht enthusiastisch genug. Er war abnormal empfindlich gegenüber jeder, auch nur der leichtesten und schwächsten Kritik, und so glaubte er in einem von Freuds Briefen aus dem Jahre 1896 einen schwachen Zweifel an diesem System herauslesen zu können. Das war der Anfang für eine langsam beginnende und mit der Zeit stärker werdenden latenten Feindschaft auf beiden Seiten. Freuds frühere Haltung gegenüber Fließ war die einer im wesentlichen jugendbedingten Abhängigkeit von einem Ratgeber und zugleich einer Vaterfigur. Nun aber entwickelte er eigene Theorien über die Ursache von Neurosen und deren Behandlungsmethoden. Fließ wollte von all dem wenig wissen. Er vermutete, daß die von Freud ausgearbeiteten Behandlungsmethoden nur der Ausfluß eines Geisteskranken waren, der von den männlichen und weiblichen Rhythmen beeinflußt wurde. Die beiden Männer waren offensichtlich auf Kollisionskurs gegangen.

Wie man schon aus früheren Briefen hätte vorhersagen können, war es Fließ, der sich zuerst zurückzog. Dieser Riß in den Beziehungen brachte Freud in eine ernste Neurose, die er erst nach jahrelangen schmerzlichen Selbstanalysen überwand. Beide Männer hatten die Gewohnheit, sich regelmäßig in Wien, Berlin, Rom oder an anderen Stellen zu treffen, was Freud scherzhafterweise ihre »Kongresse« nannte. 1900, als die Trennung schon erkennbar war, schrieb Freud: »Es hat noch nie einen Zeitraum von sechs Monaten gegeben, in dem ich mich mehr danach gesehnt habe, mit Dir und Deiner Familie zusammenzusein ... Dein Vorschlag, sich Ostern zu treffen, erregt mich sehr ... Es ist nicht nur meine fast kindliche Sehnsucht nach dem Frühling und nach einer schöneren Umgebung; diese würde ich gern mit Vergnügen aufgeben für die Befriedigung, Dich drei Tage bei mir zu haben ... Wir sollten uns verständig und wissenschaftlich unterhalten, und Deine schönen und zuverlässigen biologischen Entdeckungen werden meinen tiefsten – wenn auch unpersönlichen – Neid erwecken.«

Trotzdem sagte Freud die Einladung ab, und die beiden trafen sich erst im späten Sommer. Es war ihr letztes Treffen. Fließ schrieb später, Freud habe ihn auf verletzende Weise grundlos beschimpft. In den folgenden zwei Jahren versuchte Freud, den Bruch zwischen ihnen zu heilen. Er schlug ihm die Zusammenarbeit an einem Buch über Bisexualität vor sowie eine Zusammenkunft im Jahre 1902. Fließ lehnte ab. 1904 veröffentlichte er eine böse Anschuldigung: Freud habe einige seiner Ideen an einen jüngeren Patienten, Hermann Swoboda, verraten, der diese als seine eigenen veröffentlicht habe. Dieser Streit scheint im Speisesaal des Park Hotels in München stattgefunden zu haben. Ein zweites Mal, bei späterer Gelegenheit, betrat Freud diesen Raum anläßlich eines Treffens der »Analytischen Bewegung« und bekam dabei einen ernsthaften Anfall von Angstvorstellungen. Jones erinnert an einen ähnlichen Vorfall im Jahre 1912, als eine Gruppe, unter der sich Freud und Jung befanden, im gleichen Raum zu Mittag aß. Ein endgültiger Bruch zwischen Freud und Jung deutete sich bereits an. Als die beiden in einen kleinen Streit gerieten, fiel Freud plötzlich in Ohnmacht. Jung trug ihn zu einem Sofa. »Wie süß muß es sein zu sterben«, sagte Freud, als er wieder zu sich kam. Später vertraute er Jones den Grund für seinen Ohnmachtsanfall an.

Fließ schrieb viele Bücher und Artikel über seine Zyklustheorie, aber sein umfangreichstes Werk war ein 584 Seiten starker Band mit dem Titel »Der Ablauf des Lebens. Grundlegung zur exakten Biologie«, erschienen in Leipzig 1906, die zweite Auflage in Wien 1923. Fließ geht darin vor wie der Elefant im Porzellanladen. Die Grundgleichung von Fließ kann man schreiben $23x + 28y$, wobei x oder y positive oder negative ganze Zahlen sind. Auf nahezu jeder Seite wendet Fließ diese Gleichung auf Naturphänomene an, von der Zelle bis zum Sonnensystem. Der Mond zum Beispiel umrundet die Erde in 28 Tagen, ein vollständiger Sonnenfleckenzyklus beträgt 23 Jahre.

Der Anhang des Buches ist mit Tabellen von Vielfachen von 23, von 28, von 23^2, von 28^2, von 644 (das ist 23×28) und auch von 365 (Tage des Jahres) angefüllt. Durch fetten Druck sind bestimmte wichtige Konstanten wie 12 167 [23×23^2], 24 334 [$2 \times 23 \times 23^2$], 36 501 [$3 \times 23 \times 23^2$], 21 952 [28×28^2], 43 904 [$2 \times 28 \times 28^2$] usw. hervorgehoben. Eine Tabelle führt die Zahlen 1 bis 28 auf, jede ausgedrückt als Differenz zwischen Vielfachen von 28 und 23 [z. B. $13 = (21 \times 28)-(25 \times 23)$]. Eine andere Tabelle zeigt, wie die Zahlen von 1 bis 51 [$23+28$] als Summen und Differenzen von Vielfachen von 23 und 28 angegeben werden können. Zum Beispiel: $1 = (1/2 \times 28) + (2 \times 28) - (3 \times 23)$. Freud bekannte bei vielen Gelegenheiten, daß er hoffnungslos schlecht in allen mathematischen Angelegenheiten sei. Fließ hatte Kenntnisse in der elementaren Arithmetik, aber auch nicht mehr. Er erkannte daher auch nicht, daß es, wenn man irgendwelche ganze Zahlen, die keinen gemeinsamen Devisor besitzen, für 23 und 28 in seine Grundformel einsetzte, möglich ist, jede beliebige positive ganze Zahl zu erhalten. Es ist daher kaum ein Wunder, daß diese Formel so leicht an jeden natürlichen Vorgang angepaßt werden konnte! Das sieht man sofort, wenn man mit 23 und 28 an einem Beispiel arbeitet. Zuerst bestimmt man die Werte von x und y, die für die Formel den Wert von 1 ergeben. Es sind $x = 11$ und $y = -9$:

$$(23 \times 11) + (28 \times -9) = 1$$

Nun ist es sehr einfach, jede geforderte positive ganze Zahl nach folgender Methode zu erzeugen:

$$[23 \times (11 \times 2)] + [28 \times (-9 \times 2)] = 2$$
$$[23 \times (11 \times 3)] + [28 \times (-9 \times 3)] = 3$$
$$[23 \times (11 \times 4)] + [28 \times (-9 \times 4)] = 4$$

So zeigte erst kürzlich Roland Sprague in einem Buch über Spiele, das in Deutschland erschienen ist, daß es sogar bei der Anwendung von nur positiven Werten von x und y möglich ist, alle positiven ganzen Zahlen, die größer als eine bestimmte Zahl sind, auszudrücken. Dabei fragt Sprague nach der größten positiven ganzen Zahl, die nicht mit dieser Formel ausgedrückt werden kann. Oder anders ausgedrückt: was ist die größte Zahl, die nicht ausgedrückt werden kann durch Substitution positiver ganzer Zahlen für x und y in der Formel $23x + 28y$?

Freud erkannte schließlich, daß die bei oberflächlicher Betrachtung überraschenden Resultate nichts anderes waren als reine Zahlenakrobatik. Nach dem Tod von Fließ im Jahre 1928 (man beachte hier die Zahl 28), veröffentlichte der deutsche Arzt J. Aelby ein Buch mit einer vollständigen Widerlegung der Fließschen Absurditäten. Trotzdem konnte sich der 23-28-Kult in Deutschland behaupten. Swoboda, der bis 1963 lebte, spielte in diesem Kult die zweitwichtigste Rolle. Er war Psychologe an der Universität Wien und verwendete viel Zeit auf weitere Untersuchungen, auf die Verteidigung von Angriffen und schrieb weiter über die Fließsche Zyklustheorie. In seinem Hauptwerk, das 576 Seiten umfaßt, »Das Siebenjahr«, berichtet er von seinen eigenen Forschungen an Hunderten von Familienstammbäumen, um zu beweisen, daß solche Ereignisse wie Herzanfälle, Todesfälle und der Anfang großer Krankheiten dazu tendieren, auf bestimmte kritische Tage zu fallen, die auf der Basis persönlicher männlicher und weiblicher Zyklen berechnet werden können. Auch wendete er die Zyklentheorie für die Traumanalyse an, was Freud im Jahre 1911 in einer Fußnote in seinem Buch über Träume ablehnte. Swoboda entwarf den ersten Rechenschieber zur Bestimmung kritischer Tage. Ohne solche Hilfsmittel oder die Anwendung ausgearbeiteter Tabellen ist die Berechnung kritischer Tage durchaus schwierig.

So unglaublich es erscheint, noch in den sechziger Jahren existierte eine kleine aber gläubige Gesellschaft von Anhängern des Fließ-Systems in Deutschland und in der Schweiz. Da gab es Ärzte in einigen Schweizer Hospitälern, die für die Operationen günstige Tage auf der Grundlage der Fließschen Zyklen festlegten. (Diese Praxis geht bis auf Fließ zurück. Im Jahr 1925, als Karl Abraham, einer der Pioniere der Psychoanalyse, eine Gallenblasenoperation hatte, bestand er darauf, diese Operation an einem von Fließ berechneten günstigen Tag durchführen zu lassen.) Moderne Fließianer haben neben dem männlichen und weiblichen Zyklus noch einen dritten Zyklus hinzugefügt, und zwar den intellektuellen Zyklus mit einer Länge von 33 Tagen.

Auch in Amerika wurden zwei Bücher über das Schweizer System bei Crown veröffentlicht: »Biorhythm« von Hans J. Wernli, 1961, und »Is This Your Day?« von George Thommen, 1964. Thommen ist Präsident einer Firma, die Rechenhilfen und Tabellen mit Zubehör vertreibt, mit denen man seine eigenen Zyklen errechnen kann.

Die drei Zyklen beginnen mit der Geburt und laufen während eines ganzen Lebens mit absoluter Regelmäßigkeit weiter, obgleich ihre Höhepunkte mit zunehmendem Alter abflachen. Der männliche Zyklus beherrscht die spezifischen männlichen Charakterzüge wie körperliche Stärke, Vertrauenswürdigkeit, Angriffslust und Ausdauer. Der weibliche Zyklus beherrscht dagegen solche weiblichen Attribute wie Gefühle, Intuition, Kreativität, Liebe, Zusammenarbeit und Liebenswürdigkeit. Der erst jüngst entdeckte intellektuelle Zyklus beherrscht die geistigen Kräfte, die beiden Geschlechtern gemeinsam sind: Intelligenz, Gedächtnis, Konzentration und Geistesgegenwart. An Tagen, an denen ein Zyklus seinen Mittelwert überschreitet, werden die von dem Zyklus kontrollierten Energien abgegeben. Dies sind dann die Tage höchster Vitalität und Leistungsfähigkeit.

An Tagen, an denen der Zyklus unterhalb der Null-Linie verläuft, wird die Energie wieder aufgeladen, und dies sind die Tage verminderter Vitalität. Wenn der männliche Zyklus hoch ist und die anderen persönlichen Zyklen niedrig, kann man körperliche Aufgaben bewältigen, man ist aber schlecht in der Sensitivität und langsam im Denken. Ist der weibliche Zyklus hoch und der männliche niedrig, so handelt es sich um einen Tag, der günstig ist, um z. B. ein Kunstmuseum zu besuchen, aber es ist auch ein Tag, an dem man schnell müde wird. Der Leser kann nun leicht die Zuordnung anderer Zyklen-Konstellationen zu den übrigen Lebensereignissen erraten. Die Einzelheiten über die Methode, das Geschlecht ungeborener Kinder aus der rhythmischen Übereinstimmung zweier Individuen vorauszusagen oder zu errechnen, möchte ich mir hier ersparen.

Die gefährlichsten Tage sind jene, an denen der 23- oder der 28-Tage-Zyklus die Horizontallinie schneidet. Also Tage, an denen ein Zyklus von der einen in die andere Phase übergeht. Sie werden Umschalttage genannt. Die Schalttage des 28-Tage-Zykluses liegen für einen Menschen immer am gleichen Wochentag, da dieser Zyklus genau vier Wochen lang ist. Wessen Umschaltpunkt für den 28-Tage-Zyklus zum Beispiel dienstags ist, dessen kritischer Tag für weibliche Energie wird sein ganzes Leben lang ein Dienstag sein.

Wie man nun erwarten kann, ist jener Tag doppelt kritisch, an dem die

Umschaltpunkte von zwei Zyklen zusammentreffen, und er ist dreifach kritisch, wenn alle drei zusammentreffen. Die Bücher von Thommen und Wernli enthalten viele Rhythmogramme, die zeigen, daß Tage, an denen die verschiedensten berühmten Leute starben, Umschaltpunkte für zwei oder mehr Rhythmen waren. An zwei Tagen, an denen Clark Gable Herzattacken hatte – die zweite war tödlich –, handelte es sich jeweils um Umschalttage von zwei Zyklen. Aga Khan starb an einem dreifach kritischen Tag. Arnold Palmer gewann das »Britische Open Golf Tournier« während seiner Hochperiode im Juli 1962 und verlor das »Professional Golf Association Turnier« zwei Wochen später bei einem dreifachen Tief. Der Boxer Benny (Kid) Paret starb nach einem schweren k. o. an einem dreifach kritischen Tag. Ein Fließianer muß nun eine Tabelle seines zukünftigen Zyklenverlaufes aufstellen, um besondere Sorgfalt an kritischen Tagen walten zu lassen. Doch wenn andere Tatsachen ins Spiel kommen, können hieb- und stichfeste Voraussagen nicht mehr gemacht werden.

Weil die ganze Länge eines Zykluses n Tage ist, folgt, daß sich bei jedermann der Rhythmus nach einem bestimmten Intervall von n-Tagen wiederholen wird. Dieses Intervall gilt für alle Menschen. Zum Beispiel n Tage nach der Geburt werden sich alle drei Zyklen gleichzeitig mit der Null-Linie kreuzen, und ihr Verlauf wird sich immer und immer wieder wiederholen. Zwei Menschen, die genau n Tage nacheinander geboren wurden, besitzen einen vollständig synchronen Zyklenverlauf. Der Leser wird sicher keinerlei Schwierigkeiten haben, den Wert von n zu errechnen. Das Ergebnis ist eine wichtige Konstante des Schweizer Fließ-Systems.

Anhang

George S. Thommen, Präsident der »Biorhythm Computers, Inc.«, 298 Fifth Avenue, New York, ist heute noch sehr agil und erscheint auch gelegentlich im Radio und bei Fernseh-Shows, um seine Produkte zu fördern. James Randi, ein Zauberkünstler, war Mitte der 60er Jahre Moderator einer nächtlichen Talk-Show. Thommen war zweimal sein Gast. Nach einer dieser Shows erzählte mir Randi, eine Dame aus New Jersey habe ihm ihr Geburtsdatum geschickt und um eine biorhythmische Tabelle für die nächsten zwei Lebensjahre gebeten. Nachdem er ihr die Tabelle übermittelt hatte, die aber auf einem anderen Geburtsdatum basierte, erhielt Randi einen begeisterten Brief von der Dame, daß die

Tabelle alle ihre kritischen Hoch- und Tieftage träfe. Randi schrieb zurück und entschuldigte sich für die Verwechslung des Geburtsdatums und legte eine korrigierte Tabelle bei, die in Wirklichkeit, wie die erste, wieder falsch datiert war. Darauf erhielt er einen Brief, in dem berichtet wurde, daß die neue Tabelle sogar noch genauer als die erste sei.

Bei seiner Ansprache im März 1966 anläßlich der 36. Jahresversammlung des »Greater New York Safety Council« berichtete Thommen, daß biorhythmische Forschungsprojekte an der Universität von Nebraska und der Universität von Minnesota durchgeführt würden und daß Dr. Tatai, Chefmediziner der Tokioter Gesundheitsbehörden, ein Buch veröffentlicht habe: »Biorhythm and Human Life«, in dem das Thommen-System Anwendung findet. Als eine Boeing 727 im Februar 1966 über Tokio abstürzte, zog Dr. Tatai schnell das Biodiagramm des Piloten hervor und stellte fest, daß der Absturz an einem seiner Tieftage stattgefunden hatte.

An die Biorhythmen scheint man in Japan noch mehr zu glauben als in den USA. Wie die Zeitschrift »Time« vom 10. Januar 1972 auf Seite 48 schreibt, berechnete die »Ohmi«-Eisenbahngesellschaft in Japan die Biorhythmen jedes seiner 500 Busfahrer. Immer wenn ein Fahrer einen Niedrigtag hat, wird er aufgefordert, besonders sorgfältig zu fahren. Die »Ohmi«-Gesellschaft berichtete, daß die Unfälle damit um 50 Prozent zurückgegangen seien.

Das Magazin »Fate« schrieb im Februar 1975 auf den Seiten 109–110 über eine Konferenz zum Thema »Biorhythmus, Heilung und Kirlian-Photographie«, die im Oktober 1974 in Evanston, Ill., stattfand. Michael Zaeske, der Sponsor dieser Konferenz, führte aus, daß die traditionellen Biorhythmen-Kurven in Wirklichkeit die erste Ableitung der echten Kurven sind und daß die bisher verwendeten Angaben einen Fehler von einigen Tagen besitzen. Unter den Gästen des Treffens sprach man auch von Beweisen aus Kalifornien über die Existenz eines vierten Zyklus, und man war überzeugt, daß alle vier Zyklen mit Jungs vier Persönlichkeits-Typen verwandt seien.

Die »Science News« vom 18. Januar 1975 enthielt auf Seite 45 eine große Anzeige der »Edmund Scientific Company«, in der ihr neues »Biorhythm-Kit« für 11 Dollar 50 vorgestellt wurde. Es handelte sich um einen Präzisionsrechner. In der Anzeige bot man eine genaue Karte der Biorhythmen für die nächsten zwölf Monate gegen Einsendung des Geburtstages und 15 Dollar 95 an. Man möchte gerne wissen, ob Edmund seine traditionellen Tabellen oder die nach Zaeskes verbessertem Verfahren herstellt.

Die größte positive Zahl, die nicht als Summe von Mehrfachen von zwei nicht negativen ganzen Zahlen a und b ausgedrückt werden kann – dabei sind a und b Primzahlen –, entspricht $a \times b - a - b$. Im vorliegenden Fall: $(23 \times 28) - 23 - 28 = 593$. Die Beweisführung dieser Formel findet man in Roland Spragues Buch »Erholung durch Mathematik« (London: Blackie, 1963). Das zweite Problem war, zu bestimmen, nach welchem Zeitpunkt sich die biologische Tabelle einer Person wiederholt. Die drei überlagerten Zyklen haben Perioden von 23, 28 und 33 Tagen. Diese Zahlen besitzen keinen gemeinsamen Divisor, und so wird sich das Biomuster erst nach $23 \times 28 \times 33 = 21\,252$ Tagen, also etwas mehr als 58 Jahren, wiederholen. Da im ursprünglichen System von Fließ der 33-Tage-Zyklus nicht vorhanden war, wiederholten sich die Biorhythmen-Muster nach $23 \times 28 = 644$ Tagen. Die Schweizer Fließianer nennen diesen Zeitraum ein biorhythmisches Jahr. Es ist wichtig bei der Berechnung der »biorhythmischen Vergleichbarkeit« zwischen zwei Individuen, da zwei beliebige Personen, die 644 Tage voneinander geboren sind, einen synchronen Verlauf ihrer zwei wichtigsten Zyklen besitzen.

Zufallszahlen

Die Rand Corporation veröffentlichte im Jahre 1955 ein Buch mit dem Titel: »A Million Random Digits with 100,000 Normal Deviates« (Eine Million Zufallszahlen mit 100 000 Normalableitungen). Es erschien im Verlag Free Press, der heute zur Macmillan-Gruppe gehört. Eine Seite des Buches besteht aus nichts anderem als aus der Wiederholung der zehn Zahlen 0 bis 9. Sie sind methodisch in Fünfergruppen angeordnet, aber ihre Reihenfolge ist so zufällig wie es die Rand-Mathematiker nur machen konnten.

»Die Herstellung eines solchen Buches ist für das 20. Jahrhundert typisch«, schrieb der Physiker Alfred M. Bork in einem Artikel mit der Überschrift: »Der Zufall und das 20. Jahrhundert«, der im Frühjahr 1967 in »The Antioch Review« erschien. »Es konnte zu keiner anderen Zeit gedruckt werden, was nicht heißen soll, daß die Herstellung vorher nicht möglich gewesen wäre. Viel interessanter ist jedoch, daß vor dem 20. Jahrhundert niemand auch nur an die Möglichkeit der Herstellung eines solchen Buches gedacht haben würde, denn niemand hätte irgendeine Verwendung dafür gesehen. Ein rational denkender Mensch des 19. Jahrhunderts würde dabei wohl an maximalen Blödsinn gedacht haben . . .«

Es ist Borks These, daß die Beschäftigung mit dem Zufall die Kultur des 20. Jahrhunderts mitbestimmt hat. Einige Wissenschaftler beschäftigten sich bereits im 19. Jahrhundert damit – insbesondere im Rahmen der Thermodynamik, in der die Entropie ein Maß für die Unordnung ist, oder auch der Theorie der Evolution, bei der der natürliche Ausleseprozeß die Entwicklung zufälliger Mutationen beinhaltet. Zu Beginn dieses Jahrhunderts wurde die Zufallstheorie ein Fundament der Quantenmechanik und damit ein unerwartetes Element der Mikrostruktur der Welt. Schließlich könnte es sich herausstellen, daß hinter diesem augenscheinlichen Zufall Gesetze stehen, die nicht zufällig sind (wie Einstein es glaubte; er fand, wie er treffend formulierte, die Bemerkung von des lieben Herrgotts Würfelspiel unangebracht), aber gegenwärtig weiß niemand, wie diese Gesetze aussehen könnten und ob man sie jemals finden wird. Die Quantentheorie müßte auf eine ganz andere Theorie zurückgeführt werden. Bork sieht einen Einfluß dieser wissenschaftlichen Ideen auf die Zufallskunst des abstrakten Expressionismus, in der zufälligen Musik solcher Komponisten wie John Cage, aber auch in den dem Zufall unterworfenen Wortspielereien eines Buches wie »Finnegans Wake«, und in William Burroughs Technik, die Seiten einer Novelle in Stücke zu schneiden und diese Stücke zu mischen, um sie dann in zufälliger Anordnung zu drucken.

Möglicherweise finden manche Künstler hierin auch eine Erholung von der übermäßigen Regelmäßigkeit der modernen Technologie. In seiner herrlichen Beschreibung eines Besuches der Stadt New York (»Tales of Three Hemispheres«) hat Lord Dunsany zum Ausdruck gebracht, wie er durch die monotone, rechtwinklige Regelmäßigkeit der Straßen dieser Stadt und die stumpfsinnige Anordnung der Fenster bedrückt wird. Langsam kommt die Abenddämmerung, und damit beginnen die Fenster in unregelmäßigen Mustern aufzuleuchten. »Wenn der moderne Mensch mit seiner cleveren Planung hier irgendeinen Einfluß hätte, würde er an einem Schalter drehen und alle auf einmal anzünden; aber wir werden zurückversetzt zu dem alten Mann, von dem die Sage erzählt, und der uns an die seltsamsten Abenteuer und an die Berge erinnert. Ein Fenster nach dem anderen leuchtet aus der Dunkelheit auf, einige funkeln, andere sind dunkel; der ordnende Einfluß des Menschen ist verschwunden, und wir befinden uns unter in großen Höhen angezündeten, unerforschlichen Lichtsignalen . . . Hier in New York erhält ein Dichter seinen Willkommensgruß.«

Ein Muster von zufällig erleuchteten Fenstern ist das geometrische Gegenstück einer Folge von Zufallsziffern. Was genau ist nun eine solche Folge? Eigenartigerweise kann man das nur sehr schwer sagen. Man bezeichnet gewöhnlich eine endliche Reihe von willkürlichen Ziffern als zufällig, wenn alle, außer einer, in dieser Reihe vorgegeben sind. Es gibt kein Gesetz, nach dem die fehlende Ziffer mit einer Wahrscheinlichkeit größer als ein Zehntel erraten werden kann. Aber dies ist eine subjektive Definition, bei der die Möglichkeit eines vorhandenen Zahlenmusters ignoriert wird.

Gibt es einen objektiven mathematischen Weg, um eine komplette, ungeordnete Reihe zu definieren? Anscheinend gibt es diesen nicht. Das beste, was man tun könnte, wäre, Tests für Arten der Zufälligkeit zu spezifizieren und so Zufallsserien nach diesen Anforderungen herzustellen. Man kann z. B. annehmen, daß eine Serie den folgenden formalen Kriterien entspräche: Jede Ziffer oder auch kleinste Einheit erscheint mit einer Häufigkeit von $1/_{10}$, jede Permutation von zwei Ziffern wird in all diesen Serien mit einer Wahrscheinlichkeit von $1/_{100}$ erscheinen, jede von drei Ziffern mit einer Wahrscheinlichkeit von $1/_{1000}$ usw. Diese Aussagen über Ziffernpaare, Dreier-oder Vierergruppen sind nicht auf nebeneinander stehende Ziffern beschränkt. Für einen Test auf Zufälligkeit, sagen wir von Dreiergruppen, könnte man drei Ziffern, die durch jedes spezifizierte Intervall getrennt sind, anwenden. Ein unendlicher Dezimalbruch zwischen 0 und 1, der einem solchen Test genügt (in der Praxis läßt sich dieser Test natürlich nur ansatzweise durchführen, da für einen vollständigen Test unendlich viel Zeit erforderlich wäre), wird eine »normale Zahl« genannt. Selbstverständlich ist der Dezimalausdruck für irgendeinen rationalen Bruch nicht normal, da er eine Ziffernfolge unendlich wiederholt, wie $1/_3$ mit der sich wiederholenden 3 oder $1/_{97}$, worin sich eine Sequenz von 96 Ziffern periodisch wiederholt. Aber die Dezimalausdrücke irrationaler Zahlen, wie die Quadratwurzel aus 2 oder die berühmten transzendentalen Irrationalen *Pi* und *e*, sind es, von denen man glaubt, daß sie »normal« sind. (Eine transzendentale Zahl ist eine irrationale Zahl; sie ist nicht die Wurzel einer algebraischen Gleichung, sondern muß als Grenzwert einer unendlichen konvergierenden Reihe ausgedrückt werden.) Schließlich haben sie alle die Tests für »Normalität« bestanden.

Es wurde nachgewiesen, daß von den unendlich vielen dezimalen Ausdrücken für rationale Brüche zwischen 0 und 1 unendlich viel mehr normal sind als nicht. Man nehme eine reale Zahl als zufällig an, und die Wahrscheinlichkeit ist Null, daß es sich um eine Zahl, die nicht normal ist, handelt. Können wir sagen, daß die Reihenfolge von Ziffern eines normalen Dezimalbruches zufällig ist? Manchmal. Man setze einen Dezimalpunkt an den Anfang der ersten von Rands Million Zufallszahlen und man hat den Anfang einer unendlichen Anzahl normaler Dezimalbrüche. Auf der anderen Seite steht der Dezimalausdruck von *Pi*, der im Jahre 1974 bis auf eine Million Stellen berechnet wurde. Er hat alle Tests für die Normalität bestanden und kann doch nicht als Zufallssequenz bezeichnet werden, da er als Grenzwert für eine einfache Formel berechnet werden kann. Jede aufeinanderfolgende Ziffer der Zahl *Pi* ist mit Sicherheit voraussagbar, daher ist die Zahl *Pi*, im hohen Grade geordnet, ganz unabhängig davon, daß es hier so scheint, als ob keine erkennbare Ordnung vorhanden wäre.

Einige Leser mögen davon überrascht sein, daß es leicht ist, unendlich viele irrationale Dezimalbrüche zu konstruieren, aber sie besitzen ein deutlich erkennbares Muster. Hier nun ein einfaches Beispiel:

0,101001000100001000001 . . .,

hinter der ersten 1 folgt eine 0, hinter der zweiten 1 zwei Nullen, hinter der dritten 1 drei Nullen usw. Wenn sich keine dieser Zufallsfolgen wiederholt, so ist die Zahl irrational. Dies ist eine der unendlich vielen Möglichkeiten, irrationale Zahlen mit einfachen Gesetzmäßigkeiten niederzuschreiben.

Viele Zahlenmuster dieses Typs können sogar als transzendent betrachtet werden. Tatsächlich wurde der erste Beweis für die Existenz transzendentaler Zahlen von einem französischen Mathemathiker des 19. Jahrhunderts, Joseph Liouville, geführt. Er entdeckte, daß eine unendliche Menge solcher Zahlen, die wir jetzt Liouville-Zahlen nennen, existieren und daß sie transzendent sind. Ein interessantes Beispiel einer Zahl, von der nachgewiesen wurde, daß sie normal und transzendent ist, stellt das folgende Muster dar, das so einfach ist, daß es sogar von einem Kind aufgeschrieben werden könnte: Man erhält sie, indem man die Zahlen wie man sie zählt der Reihe nach niederschreibt:

0,12345678910111213141516171819 . . .

Die meisten Mathematiker sind sich nun darüber einig, daß eine absolut ungeordnete Folge von Ziffern logischerweise nach einem kontradiktionären Konzept aufgebaut sein muß. Eine Zahlenreihe kann nicht musterloser sein als eine Anordnung von Sternen am Himmel. Der Grund in beiden Fällen ist der, daß eine Reihe von Ziffern oder auch eine Anordnung von Punkten, die immer dichter und dichter werden, nicht alle Tests auf Zufälligkeit bestehen wird. Dabei beginnt sich nämlich ein sehr seltener und unüblicher Typ statistischer Regelmäßigkeit zu entwickeln, wodurch in einigen Fällen sogar Vorhersagen möglich werden, wenn einige Teile fehlen.

Um ein einfaches Beispiel zu nehmen, stellen wir uns vor, wir werden aufgefordert, zehn leere, in einer Reihe angeordnete Flächen mit Ziffern so auszufüllen, daß sie so ungeordnet wie möglich erscheinen. Wenn man dabei eine oder mehrere Ziffern mehrfach aufschreibt, dann wird die Reihe in einem gewissen Sinne geordnet sein, da solche Ziffern verstärkt auftreten. Treten solche Bevorzugungen einzelner Zahlen nicht auf, so wird in dieser Reihe jede der zehn Zahlen einmal vorkommen. Eine solche Reihe von Zahlen wird absolut dem Kriterium, daß keine Ziffer bevorzugt wird, gerecht, aber man muß dafür einfach den Preis bezahlen: Diese Reihe besitzt ein strenges Muster, und wenn neun Ziffern bereits festliegen, dann kann die verbleibende letzte Ziffer mit der Wahrscheinlichkeit von 1 – also mit Sicherheit – bestimmt werden. Ähnliche Widersprüche treten auch bei anderen Zufallsreihen auf. Wenn es zu zufällig wird, dann erscheint ein »Muster der Unordnung«.

Wir stehen damit einem kuriosen Paradoxon gegenüber. Je näher wir zu einer absolut musterlosen Reihe kommen, um so näher kommen wir wieder zu einem Muster, das so selten ist, daß wir annehmen müssen, es wurde sehr sorgfältig von einem Mathematiker entwickelt. In Wirklichkeit ist es das Ergebnis eines zufälligen Prozesses. Sagen wir von einer Reihe von Ziffern, sie sei ungeordnet, dann gilt das nur in einem relativen Sinn und zwar ungeordnet in Hinsicht auf einen bestimmten Test, was aber nicht für einen anderen Test zu gelten braucht.

Der ganzen Materie haftet eine profunde Schwierigkeit an. G. Spencer Brown sagt in seinem Buch »Probability and Scientific Inference« (Die Wahrscheinlichkeit und ihre Bedeutung für die Wissenschaft, 1957) einiges über dieses Paradoxon und zeigte, wie leicht man in gedruckten Tabellen von Zufallszahlen verschiedene Ordnungen entdecken könne, wenn man nur genau nachschaute. Viele der Kurven von Gehirnströmen weisen, so argumentiert Brown überzeugt, Muster innerhalb einer langen Reihe von zufälligen Verläufen auf. Wenn solche Muster nicht auftreten, dann werden diese von den Analytikern ungern veröffentlicht, da sie noch nicht genügend Einblick in die Gehirnstromvorgänge gefunden haben. Wenn solche Muster aufzufinden sind, dann werden sie veröffentlicht. Vielleicht wären die veröffentlichten Muster weniger überraschend, wenn man den gesamten Kurvenverlauf betrachtete.

Ich möchte jetzt den Leser einladen zu versuchen, in der folgenden augenscheinlich musterlosen Anordnung der zehn Ziffern ein Muster zu finden:

$$5240693187.$$

Nach welchem Gesetz sind diese Ziffern angeordnet? Ein kleiner Hinweis: Die Anordnung ist zyklisch. Man darf sich vorstellen, daß Anfang und Ende der Sequenz zu einem Kreis geschlossen werden können.

Es ist selbstverständlich möglich, daß eine solche Zahlenfolge oder eine andere streng geordnete Sequenz von zehn Ziffern gelegentlich irgendwo unter der Million Zufallszahlen der Firma Rand auftauchen könnten. Wenn eine Reihe von Zufallsziffern lang genug ist, können solche überraschende Muster sicher entdeckt werden. Einige Philosophen vermuten, daß auch das Universum einem zufälligen Stück

Ordnung in einem unendlichen Meer des Chaos ähnlich ist. Jorge Luis Borges hat diesen klassischen metaphorischen Ausdruck in seiner berühmten Kurzgeschichte »The Library of Babel« (Die Bücherei von Babel) geprägt.

Unser Leben ist eine unsinnige Sammlung aller möglichen Kombinationen, was auch immer ihre kleinsten Bausteine sind. Unser Universum ist ein kleiner Punkt zufälliger Ordnung, ähnlich wie die Sequenz 123456789 in einer unendlichen Folge zufällig angeordneter Zahlen.

An dieser Stelle taucht wieder der alte philosophische Streit auf: Warum ist ein Muster wie 123456789 in einer Tafel voller Zufallszahlen »eine Überraschung«? Es ist weder mehr noch weniger wahrscheinlich als jede andere Permutation von neun Ziffern. Bestimmte Pragmatiker und Subjektivisten haben argumentiert, daß das Konzept von Mustern irgendeiner Anordnung von Teilen nur in Zusammenhang mit der menschlichen Erfahrung definiert werden kann. Der einzige Grund dafür, daß wir sagen können, die ersten Millionen Dezimalstellen von *Pi* sind geordnet und die von Rands Zufallszahlen sind es nicht, ist der, daß die Zahl *Pi* eine wichtige Konstante für den Menschen ist.

»Ordnung und Unordnung«, umschrieb William James in seinen »Varieties of Religious Experience« (Vielfalt religiöser Erfahrung) »sind rein menschliche Betrachtungsweisen . . . (später hat er seine Ansicht darüber geändert). Wenn ich eintausend Bohnen zufällig auf einen Tisch verstreue, dann könnte ich zweifellos eine Reihe von ihnen wegnehmen, und als Rest bliebe irgendein geometrisches Muster auf dem Tisch liegen, das du mir vorgibst. Du könntest dann sagen, daß dieses Muster, um welches es sich dabei auch handeln mag, bereits vorhanden war, und die anderen Bohnen, die man weggenommen hat, dafür nur eine Art Verpackungsmaterial und damit unwichtig sind. Unser Umgang mit der Natur ist dem ähnlich. Sie ist ein unermeßlicher Raum, in dem unsere Aufmerksamkeit in unendlich viele Richtungen kapriziöse Linien zeichnet. Wir zählen und benennen das, was auf diesen Linien liegt, denen wir nachgehen, während andere Dinge, auf die wir unsere Aufmerksamkeit nicht richten, weder gezählt noch benannt werden.«

Auf diese Auslegung antwortet der Realist, daß es doch gerade umgekehrt sei. Das Gehirn ist bei der Geburt nur ein kompliziertes Netz zufälliger Verbindungen und trägt nicht seine Vorstellungen der Natur auf. Im Gegenteil, es erlangt seine Fähigkeit, die Muster der Natur zu erkennen, allein nach Jahren der Erfahrung, in denen die geprägte Umwelt ihre Ordnung dem Gehirn des Menschen eingibt. Es ist wahr, daß man erstaunt ist, wenn eine Folge von 123456789 in einer Folge von Zufallszahlen auftritt, da eine solche Sequenz durch menschliche Mathematiker definiert wurde und von ihnen verwendet wird; aber es gibt auch einen logischen Zusammenhang mit der Struktur der Umgebung. Beginnt man bei einem weit in der Vergangenheit liegenden Zeitpunkt, ehe das Leben auf der Erde existierte, da umkreiste bereits der Mond die Erde einmal, dann zweimal, dann dreimal usw., obwohl kein menschlicher Beobachter vorhanden war, um dies zu zählen. Auf jeden Fall kann die gewöhnliche Sprache, die auch die Sprache der Wissenschaft ist, solche Feststellungen treffen; und meine eigene Ansicht ist, daß es zu falschen Ergebnissen führt, wenn man versucht, sich eine Sprache anzueignen, in der man sagen kann, das Universum weise nur dann bestimmte Verhaltensmuster auf, wenn der Mensch sie auch beobachtet hat.

Wir wollen auf eine weniger methaphysische Frage zurückgehen. Wie werden denn die Tabellen der Zufallszahlen hergestellt? Es ist nicht gut, nur Zahlen auf ein Blatt Papier, so wie sie uns gerade einfallen, niederzuschreiben. Die Menschen sind nicht in der Lage, diese zufällig herzustellen. Zu viele unbewußte Zuneigungen würden eine solche Zahlenreihe beeinflussen. Man könnte nun annehmen, man nimmt eine Tabelle, sagen wir eine Logarithmentafel oder die Statistik der Einwohnerzahl amerikanischer Städte in alphabetischer Reihenfolge und schreibt davon die ersten Ziffern dieser Zahlen ab. Bereits vor zwanzig Jahren stellte man fest, daß die ersten Ziffern irgendwelcher Tabellen zufälliger Zahlen eine prägnante Neigung haben: Je kleiner die Ziffern sind, desto höher ist ihre Häufigkeit! Warren Weaver hat eine ausgezeichnete Erklärung dieser erstaunlichen Tatsache in seinem Paperback »Lady Luck: The Theory of Probability« (»Fortuna: Die Theorie der Wahrscheinlichkeit) gegeben.

Eine Möglichkeit, um eine Reihe von Zufallszahlen aufzustellen, ist die Anwendung eines physikalischen Prozesses, der so viele Variablen beinhaltet, daß die nächste Ziffer niemals mit einer Wahrscheinlichkeit größer als $1/n$ vorausgesagt werden kann, wobei n die Basis des verwendeten Zahlensystems ist. Durch Werfen von Geldstücken können wir eine zufällige Serie binärer Zahlen erzeugen. Mit einem guten Würfel erzeugt man sechs Symbole in zufälliger Reihenfolge. Ein Glücksrad mit zehn Ziffern oder ein Würfel mit zwanzig Flächen, bei dem immer zwei Flächen mit der gleichen Zahl beziffert sind, können dazu dienen, Zufallszahlen in unserem Zehnersystem herzustellen. Ein reguläres Dodekaeder ist ein ausgezeichnetes Gerät zur Gewinnung von

Zufallsreihen für die zwölf Ziffern eines Zwölfer-Zahlensystems. Man kann sogar bis zu den Niveauänderungen der Quantenmechanik gehen oder auch einen Zufallsgenerator und einen Geiger-Zähler aufbauen, der den radioaktiven Zerfall registriert.

Es bietet sich noch eine Vielzahl anderer Möglichkeiten an. 1927 veröffentlichte L. H. C. Tippett 41 600 Zufallszahlen. Er stellte sie her, indem er die mittleren Ziffern der Flächenzahlen der Kirchspiele in England verwendete. 1939 produzierten M. G. Kendall und B. Babington Smith eine Tabelle von 100 000 Zufallszahlen, die sie mit einem Roulett-Rad mit Zehnerteilung gewannen. Während das Rad sich schnell ununterbrochen drehte, beleuchteten sie es von Hand mit Lichtblitzen und schrieben die Ziffern auf, die während der Beleuchtung sichtbar waren. Die »U.S. Interstate Commerce Commission« veröffentlichte 1949 105 000 Zufallszahlen, die sie aus Frachtwegrechnungen entnahm. Rands eine Million Zufallszahlen produzierte man mit einer elektronischen Pulsmethode, durch die man zunächst zufällige Binärzahlen erhielt, die dann in das Dezimalsystem umgesetzt wurden. Um auch den leisesten Trend, der bei intensiven Untersuchungen festgestellt wurde, auszuschalten, wurde die Million Ziffern nochmals einem Zufallsprozeß unterworfen, indem sie paarweise addiert und danach nur die letzten Stellen verwendet wurden.

Benötigt ein Computer für eine Rechnung Zufallszahlen für die Lösung eines Problems, so ist es wirtschaftlicher, wenn die Maschine diese Zahlen selbst erzeugt, als wenn sie diese von einer eingespeicherten Tafel von Zufallszahlen entnimmt, da hierzu ein größerer Speicherplatz benötigt würde. Es gibt einige hundert Verfahren, durch die Computer sogenannte Pseudozufallszahlen erzeugen können. Das Berechnen einer irrationalen Zahl wie Pi oder der Quadratwurzel aus 3 ist eine schlechte Methode, da ihre Berechnung zu lange dauert und zu viel Speicherplatz benötigt. Ein schon älteres Verfahren wurde von John von Neumann vorgeschlagen, die »Mitte der Quadratzahl«-Methode. Der Rechner beginnt seine Berechnung mit irgendeiner Zahl, bestehend aus n Ziffern, bildet daraus das Quadrat, nimmt die mittleren n oder $n + 1$ Ziffern des Ergebnisses, quadriert dieses wieder, nimmt wieder die mittleren Ziffern und erzeugt so eine kontinuierliche Reihe von n Ziffern. Diese Methode wird kaum noch angewendet, da die so erzeugte Sequenz zu kurz ist und sie, wie man später gefunden hat, viele Trends besitzt. In seinem Buch: »Zufallszahlen-Generatoren« (1966) lenkt Birger Jansson die Aufmerksamkeit auf einige interessante Anomalien, die dabei auftreten. Wenn man mit der Zahl 3792 beginnt und sie quadriert, erhält man 14379264 usw. Damit erzeugt man eine Zufallsserie, die wie folgt aussieht: 3792 3792 3792 . . . Das gleicht tritt auf, wenn man mit einer sechsstelligen Zahl, z. B. 495475 oder 971582, beginnt. Moderne Techniken zur Erzeugung von Zufallszahlen sind viel besser und sehr schnell, dabei bevorzugt jedes einzelne Rechenzentrum sein eigenes Verfahren.

Zum Abschluß noch ein Wort über die ansteigende Bedeutung von Zufallszahlen. Ohne sie kommt man bei Entwürfen von Experimenten für Landwirtschaft, Medizin und anderen Gebieten, bei denen bestimmte Variable zufällig eingegeben werden müssen, um einen Trend zu eliminieren, nicht mehr aus. Auch werden sie zur Simulation von Spiel- und Konfliktsituationen verwendet, wobei man die besten Ergebnisse durch eine zufällige Mischung verschiedener Strategien erhält. Bei komplexen physikalischen Prozessen, in denen der Zufall eine ganz entscheidende Rolle spielt, kommen sie zur Simulation und Lösung teils sehr schwieriger Probleme zur Anwendung. Wie sich Robert R. Coveyou, ein Mathematiker des Oak Ridge National Laboratory neulich ausdrückte: »Die Erstellung von Zufallszahlen ist zu wichtig, als daß man sie dem Zufall überlassen dürfe.«

Anhang

Unabhängig voneinander haben A. N. Kolmogorow 1965 in Rußland und 1966 G. J. Chaitin von IBM einen vielversprechenden Versuch für eine präzise Definition einer zufälligen oder musterlosen Folge von Ziffern vorgestellt. Im wesentlichen wird die »Zufälligkeit« einer Kette von Ziffern durch die Länge des kürzesten Programms definiert, das für eine Turing-Maschine (idealisierter Digitalrechner) geschrieben werden muß, um die gegebene Ziffernfolge zu realisieren.

In der Sprache der Informationstheorie können wir es wie folgt ausdrücken: Wenn eine Ausgangsequenz von Ziffern aus k bits besteht, kann man sie erhalten durch die Eingabe von k oder weniger bits in den Rechner. Je größer die »Ordnung« der Ziffern, um so kleiner ist das erforderliche Programm. Ist das Ergebnis der Rechnung eine stark geordnete Kette, wie z. B. 12121212, so kann man diese durch ein viel kürzeres Programm erzeugen als eine Folge von acht Ziffern, die zufällig aus der Randschen Zufallszahlentabelle entnommen werden kann.

Ziffernfolgen, in denen keine Muster vorhanden sind, erfordern ein Programm von maximaler Länge, und es gibt auch noch keine Möglichkeit, das Programm zu verkürzen. Die Unordnung einer Folge wird also an der Länge des kürzesten Programmes gemessen, das erforderlich ist, um diese Folge zu erzeugen. Keine endliche Folge von Ziffern kann absolut ohne Muster hergestellt werden, aber wir können uns eine absolute Unordnung als einen Grenzwert vorstellen. Eine sehr lange Folge von Ziffern, die von einem sehr guten Zufallsgenerator hergestellt wird, dürfte schon sehr nahe an diesem Grenzwert der »Unordnung« liegen.

Bei allen Diskussionen über Zufallszahlen wollen wir im Gedächtnis halten, daß mit dem Wort Zufall manchmal irgendeine Sequenz eines Zufallsgenerators und manchmal die Abwesenheit eines Musters in einer gegebenen Sequenz beschrieben wird und daß diese beiden Beschreibungen für das Wort »Zufall« nicht von gleicher Bedeutung sind. Wenn man z. B. eine Münze sechsmal wirft und erhält *KKKKKK* (Kopf), dann ist diese Reihe zufällig im ersten Sinne (*KKKKKK* ist ebenso wahrscheinlich wie jede andere Kombination), aber nicht im zweiten Sinne der Bedeutung des Wortes. Die Turing-Maschine nähert sich der Zufälligkeit auf einem Weg über die Definition, die ausdrückt, daß eine Sequenz eine maximale Unordnung oder Musterlosigkeit haben soll. Diese Definition stellt aber keine Hilfe für die Herstellung von Zufallszahlen dar.

Antworten

Die Aufgabe bestand darin, die Gesetzmäßigkeit für die zufällige Ordnung der zehn Ziffern in der Reihenfolge 5240693187 zu finden. Der Schlüssel besteht darin, daß die Zahlen Null bis Neun als Buchstaben buchstabiert werden. Wir beginnen mit Null auf der linken Seite. Das Wort Null besitzt vier Buchstaben, daher ist in der Zahl auf dem vierten Platz eine Null. Fortlaufend buchstabieren wir nun eins am Ende des Wortes, also auf den achten Platz, erscheint eine 1, wir buchstabieren eine zwei und gehen dabei zyklisch vor. Der letzte Buchstabe von zwei steht dann auf dem zweiten Platz. Es wird dann die 2 eingeschrieben usw. Die jeweils besetzten Plätze werden nicht mehr gezählt. Die Ziffernanordnung wurde durch Buchstabieren aller zehn Ziffern in numerischer Reihenfolge erstellt.

5	2	4	0	6	9	3	1	8	7
n	u	l	l	e	i	n	s	z	w
e	i	d		r	e	i	i	v	i
f		r		f	u			e	n
				s	e			c	h
				s	s			i	e
					b			e	n
					a			c	
					h			t	
					n				
					e				
					u				
					n				

Spielkarten können ähnlich angeordnet werden, indem man mit dem Kartenspiel beim Wegnehmen jeder Karte durch Buchstabieren immer die Karte entfernt, die beim Endbuchstaben einer Ziffer obenauf liegt. Leicht läßt sich diese Prozedur auch rückwärts durchführen, wovon sich der Leser durch Ausprobieren überzeugen kann.

Viele Leser haben mich richtigerweise darauf hingewiesen, daß diese Buchstabierprozedur nur eingesetzt ist für die Erstellung der Sequenz 5240693187.

Jede vorgegebene endliche Reihe von Zahlen kann durch unendlich viele Vorschriften erstellt werden, aber je länger die Sequenz, um so komplizierter werden gewöhnlich die Bildungsgesetze.

Fassen wir 5240693187 als eine ganze Zahl auf, dann gibt es unendlich viele Gleichungen, die für diese Zahl die Lösung ist, wenn es auch unwahrscheinlich ist, daß man eine dieser Gleichungen als einfach bezeichnen kann. Setzen wir vor diese Zahl einen Dezimalpunkt, dann haben wir den Anfang von unendlich vielen Dezimalbrüchen, und jeder dieser Brüche ist wiederum die Lösung von unendlich vielen Gleichungen. Verwenden wir die englische Sprache zur Bezeichnung der Ziffern, so erhalten wir nach den gleichen Gesetzen die Zahl 7480631952. Mrs. Myron Milbouer aus Wilmington, Del., fand einen überraschenden Weg, die Ziffernfolge 7480631952 zu gewinnen. Sie schrieb die Ziffern in einer Dreiecksanordnung:

$$
\begin{array}{c}
1 \\
2\ 3 \\
4\ 5\ 6 \\
7\ 8\ 9\ 0
\end{array}
$$

Das Dreieck besitzt vier Diagonale, die von links oben nach rechts unten laufen. Beginnt man auf der linken Seite und nimmt man die ersten beiden Diagonalen, so erhält man 7 (die erste Diagonale) und dann 4 und 8. Fügt man zu diesen Ziffern die nächsten zwei Diagonalen, aber in umgekehrter Reihenfolge von rechts nach links und aufwärts hinzu, so erhält man 0, 6, 3, 1 und 9, 5, 2. Es ist tatsächlich eine erstaunliche Übereinstimmung.

Die schwimmende Sanduhr
und andere physikalische Denkaufgaben

Die Probleme, die jetzt abgehandelt werden, sind weniger mathematischer Natur als vielmehr Probleme der logischen Kombination, zu deren Lösung einige einfache physikalische Gesetze notwendig sind. Man kann sie auch physikalische Puzzles nennen. In einigen Fällen sind die Fragestellungen so, daß der Leser in eine falsche Richtung geführt werden kann, aber es gibt keine Scherzlösungen, die mit Wortspielereien zu tun haben. An dieser Stelle möchte ich David B. Eisendraht, John B. Hart, Jerome E. Salny, Dave Fultz und Derek Verner für die Einsendung der Aufgaben 2, 12, 15, 18 beziehungsweise 23 danken.

1. Zweihundert Tauben

Eine alte Geschichte erzählt von einem Lastwagenfahrer, der seinen Lieferwagen vor einer etwas baufällig aussehenden kleinen Brücke anhielt, sein Führerhaus verließ und mit der Hand gegen die Wand des Frachtraumes seines Wagens schlug. Ein Bauer, der an der Straßenseite stand, fragte ihn, warum er dies tue.

»Mit meinem Lastwagen transportiere ich zweihundert Tauben«, erklärte der Fahrer, »und die wiegen schon eine ganze Menge. Durch das Klopfen will ich die Tauben erschrecken, damit sie im Laderaum umherfliegen. Dadurch wird natürlich die Ladung beträchtlich geringer. Das Aussehen dieser Brücke gefällt mir gar nicht, deshalb möcht ich, daß die Tauben fliegen, wenn ich über sie fahre.«

Wenn wir davon ausgehen, daß der Laderaum des Fahrzeuges luftdicht geschlossen ist, kann man dann etwas über die Gedankengänge des Lastwagenfahrers aussagen?

2. Die schwimmende Sanduhr

In den Läden von Paris wird ein ungewöhnliches Spielzeug verkauft: Ein mit Wasser gefüllter Glaszylinder, in dem oben eine Sanduhr schwimmt

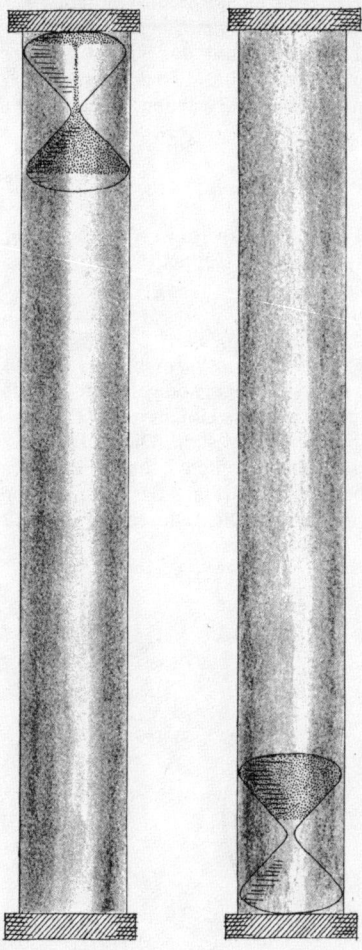

Abb. 74   Das Sanduhr-Paradoxon

(siehe Abbildung 74). Dreht man den Zylinder herum, wie es in der rechten Abbildung gezeigt wird, dann läuft ein seltsamer Vorgang ab. Die Sanduhr bleibt zunächst so lange am Boden des Zylinders, bis eine bestimmte Menge Sand von der oberen in die untere Kammer der Sanduhr geflossen ist, und danach beginnt sie ganz langsam aufzusteigen. Es erscheint unmöglich, daß die Bewegung des Sandes von der oberen in die untere Kammer irgendeinen Einfluß auf das Schwimmvermögen der Sanduhr hat. Kann der Leser nun begründen, warum dieser Vorgang so abläuft?

3. Der eiserne Ring

Ein dicker Ring aus massivem Eisen wird erwärmt. Wird dabei der Durchmesser des inneren Loches größer oder kleiner?

4. Der Hufeisentrick

Schneide aus einem dünnen Karton ein Stück in Form eines Hufeisens heraus, das, wie Abbildung 75 zeigt, nur ein wenig länger als ein Zahnstocher ist, und lehne auf einer Tischdecke Hufeisen und Zahnstocher so aneinander, wie in der Abbildung dargestellt. Die Aufgabe ist, Hufeisen und Zahnstocher mit Hilfe eines zweiten Zahnstochers, den man in der Hand hält, hochzuheben. Dabei darf man das Hufeisen und auch den Zahnstocher, an dem es lehnt, mit nichts anderem berühren als

Abb. 75 Hufeisen und Zahnstocher

180

mit dem zweiten Zahnstocher, den man in der Hand hält. Auch ist es verboten, den zweiten Zahnstocher auseinanderzubrechen, um seine Stücke als Werkzeuge benutzen zu können. Beide Dinge müssen gemeinsam hochgehoben und über den Tisch getragen werden. Wie kann man das anstellen?

5. Das schwimmende Korkstück

Fülle ein Glas mit Wasser und laß ein kleines Stück Kork auf das Wasser fallen! Sobald es hineingefallen ist, wird es zum Rand des Glases schwimmen. Wie kann man nun erreichen, daß der Kork immer auf der Mitte der Wasserfläche schwimmt, ohne dabei das Glas zu berühren? Im Glas darf sich auch nichts anderes als Wasser und das Korkstück befinden.

6. Essig und Öl

Einige Freunde veranstalteten ein Picknick. »Hast du Essig und Öl für den Salat mitgenommen?« fragte Mrs. Smith ihren Ehemann.

»Ja, selbstverständlich«, antwortete Mr. Smith. »Und um nicht zwei Flaschen mitnehmen zu müssen, habe ich den Essig und das Öl in eine Flasche zusammengeschüttet.«

»Das war doch sehr dumm«, nörgelte Mrs. Smith. »Denn ich möchte sehr viel Öl und ganz wenig Essig, aber Henriette möchte eine große Menge Essig und . . .«

»Das ist überhaupt nicht dumm, meine Liebe,« unterbrach hier Mr. Smith. Dann nahm er seine Flasche und entnahm jeweils die richtigen Portionen Essig und Öl, so wie es jede einzelne Person wollte. Wie hat er das angestellt?

7. Carrolls Reise

In Kapitel 7 von Lewis Carrolls Buch »Sylvie and Bruno Concluded« erklärt ein deutscher Professor, wie die Leute seines Landes nicht erst zur See fahren müssen, um den aufregenden Spaß am Rollen und Stampfen zu erleben. Wie er sagt, machen sie das so, indem sie ovale Räder an ihren Wagen anbringen. Ein Graf, der dem Professor zuhörte, sagte, es wäre ihm durchaus einsichtig, wie durch ovale Räder ein Wagen stampfen könnte, aber wie soll man es anstellen, daß er dabei auch noch rollt? »Sie haben das nicht richtig verstanden, my Lord«, antwortete der

Professor. »Wenn auf der einen Seite des Wagens das elliptische Rad mit dem kleinen Radius zum Erdboden steht, dann hat das Rad auf der anderen Seite gerade seine höchste Stellung. Und so hebt sich beim Fahren zuerst die eine Seite des Wagens und dann die andere Seite, und damit rollt er wie ein Schiff. Oh, Sie müßten durchaus schon ein guter Seemann sein, um in unseren Schiffswagen fahren zu können!«

Ist es möglich, vier ovale Räder an einem Wagen so anzubringen, daß er wirklich rollt und stampft wie beschrieben?

Abb. 76   Der Wagen mit den ovalen Rädern

8. Der Magnettest

Du befindest dich in einem Raum, der keine Metallteile enthält, außer zwei völlig gleich aussehenden Eisenstäben. Der eine ist ein Magnetstab, und der andere ist unmagnetisch. Welcher davon ein Magnet ist, kannst du feststellen, indem du einen Faden um die Mitte eines jeden Stabes bindest, ihn aufhängst und beobachtest, welcher sich dann nach Norden ausrichtet. Aber existiert nicht auch noch eine einfachere Möglichkeit, dies festzustellen?

182

9. Der schmelzende Eiswürfel

Ein Eiswürfel schwimmt in einem mit Wasser gefüllten Becher. Das gesamte System besitzt eine Temperatur von 0 °C. Es wird diesem System gerade so viel Wärme zugeführt, daß der Eiswürfel schmelzen kann, ohne daß sich die Gesamttemperatur ändert. Was macht nun der Wasserstand im Becher, wird er steigen, fallen oder bleibt er gleich?

10. Diebstahl der Glockenseile

In einem Glockenturm hängen von den beiden Glocken zwei Seile zum untersten Raum des Turmes herab. Sie kommen durch dessen hohe Decke aus zwei etwa 30 cm voneinander entfernte Löcher und reichen bis zum Fußboden des Raumes. Ein geübter Akrobat mit Messer möchte von den beiden Seilen so viel wie möglich stehlen, muß aber feststellen, daß die Treppe, die zur oberen Etage des Glockenturmes führt, fest verschlossen ist. Auch gibt es in diesem Raum keine Leiter oder etwas anderes, auf dem er stehen könnte. Es bleibt ihm nichts weiter übrig, als an den Seilen hochzuhangeln und sie am höchstmöglichen Punkt abzuschneiden. Der Raum ist jedoch so hoch, daß bereits ein Sturz von einem Drittel der Höhe lebensgefährlich sein könnte. Wie muß er nun vorgehen, um möglichst viel von den Seilen abschneiden zu können?

11. Die Bewegung des Schattens

Ein Mann läuft nachts mit konstanter Geschwindigkeit auf dem Bürgersteig und kommt dabei an einer Straßenlaterne vorbei. Wenn er die Lampe passiert hat, bewegt sich dann die Spitze seines Schattens schneller, langsamer oder mit gleicher Geschwindigkeit wie vor der Lampe?

12. Der aufgerollte Gartenschlauch

Ein Gartenschlauch ist zu einer Rolle mit einem Durchmesser von ca. 30 cm aufgewickelt, und diese befindet sich, wie Abbildung 77 zeigt, auf einer Bank. Das eine Ende des Schlauches hängt in einen Eimer herab, das andere ist nach oben gebogen und wird dabei etwa einen halben Meter oberhalb der Schlauchrolle festgehalten. Der Schlauch ist leer und nicht geknickt, auch nicht beschädigt. Wenn nun in das obere Ende des Schlauches mit einem Trichter Wasser gegossen wird, dann würde

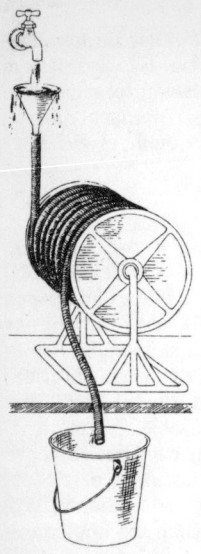

Abb. 77 Das Wasserschlauch-Paradoxon

man erwarten, daß es kontinuierlich durch den Schlauch läuft und aus seinem unteren Ende in den Eimer fließt. Doch statt dessen steigt beim Füllen des Trichters der Wasserstand hoch, und das Wasser fließt über. Kein Wasser kommt aus dem anderen Ende heraus. Wie kann man das erklären?

13. Das Ei in der Flasche

Man kann kein hartgekochtes geschältes Ei durch den Hals einer Milchflasche schieben, da die Luft zusammengedrückt wird und so das Durchschieben verhindert. Wirft man jedoch ein Stück brennendes Papier oder einige brennende Streichhölzer in die Flasche, bevor man das Ei aufrecht auf ihre Öffnung stellt, dann wird die Flamme die Luft erwärmen und ausdehnen. Zieht sich die Luft wieder zusammen, so bildet sich in der Flasche ein leichtes Vakuum, durch das das Ei nach innen gedrückt wird. Nach diesem Vorgang stellt sich nun von selbst ein neues Problem: Wie kann man das Ei wieder aus der Flasche bringen ohne diese zu zerbrechen oder das Ei kaputt zu machen?

184

14. Das Schiff in der Badewanne

Ein kleiner Junge spielt mit einem Kunststoffboot in der Badewanne. Das Boot ist mit Muttern und Schrauben beladen. Wenn er diese Ladung in das Wasser wirft, so daß das Boot leer schwimmt, steigt dabei der Wasserspiegel in der Badewanne oder fällt er?

15. Das Auto mit dem Luftballon

An einem kalten Nachmittag befindet sich eine Familie auf einer Spazierfahrt. Alle Fenster und andere Luftöffnungen ihres Wagens sind geschlossen. Ein Kind auf dem Rücksitz hält das untere Ende einer Schnur, an der ein mit Helium gefüllter Luftballon befestigt ist. Der Ballon schwebt nahe unterhalb des Autohimmels. Wenn der Wagen nach vorwärts beschleunigt wird, bleibt dann der Ballon stehen wo er ist, oder bewegt er sich rückwärts oder vorwärts? Und wie verhält er sich, wenn der Wagen durch eine Kurve fährt?

16. Der ausgehöhlte Mond

In weiter Zukunft könnte es möglich sein, wie es auch bereits vorgeschlagen wurde, das Innere eines großen Asteroiden oder das des Mondes auszuhöhlen, um ihn als riesige Raumstation zu benutzen. Nehmen wir an, daß ein so ausgehöhlter Asteroid hergestellt wurde. Er stellt eine nicht rotierende Kugel dar, deren Schale von gleichmäßiger Dicke ist. Würde ein Gegenstand innerhalb der Kugel, aber in der Nähe ihrer Wandung, durch die Gravitationskräfte der Wandung an die Wand oder zum Zentrum des Hohlkörpers sich bewegen, oder bliebe er an der gleichen Stelle schweben?

17. Der Mondvogel

Ein Vogel soll einen kleinen, sehr leichten, mit Sauerstoff gefüllten Tank auf seinem Rücken tragen, so daß er auch auf dem Mond atmen kann. Wird nun die Fluggeschwindigkeit des Vogels auf dem Mond, wo die Anziehungskräfte ja kleiner als auf der Erde sind, schneller, langsamer oder die gleiche wie auf der Erde sein? Wir nehmen an, daß der Vogel bei beiden Versuchen die gleiche Ausrüstung mit sich tragen müßte.

18. Das Compton-Rohr

Ein nur wenig bekannter Versuchsaufbau des Physikers Arthur Holly Compton wird in Abbildung 78 gezeigt. Es handelt sich um einen Glasring mit einem Durchmesser von ca. 1 m, der mit einer Flüssigkeit gefüllt ist, in der kleine Partikel schweben. Vor dem Experiment soll das Rohr in völliger Ruhe verharren, so daß keinerlei Bewegung in der Flüssigkeit stattfindet. Dann wird es schnell um seine horizontale Achse gedreht, so daß der obere Halbbogen des Ringes jetzt nach unten zeigt. Wenn man die schwebenden Teile im Rohr mit einem Mikroskop betrachtet, kann man feststellen, ob sich die Flüssigkeit im Glasring bewegt.

Nehmen Sie an, das Rohr sei so aufgebaut, daß seine vertikale Ebene von Ost nach West zeigt. Da die Erde sich gegen den Uhrzeigersinn dreht – wenn wir auf sie vom Nordpol herabschauen –, dann bewegt sich der Oberteil des Rohres schneller als der Boden, da er einen größeren Kreisweg zurückzulegen hat. Die schnellere Drehung des Rohres bringt die sich schneller bewegende Flüssigkeit nach unten, die sich langsamer bewegende Flüssigkeit von unten nach oben. Es bildet sich damit eine sehr schwach wirkende Zirkulation im Uhrzeigersinn heraus. Die Stärke der Zirkulation wird um so kleiner, je weiter die Ebene des Rohres aus

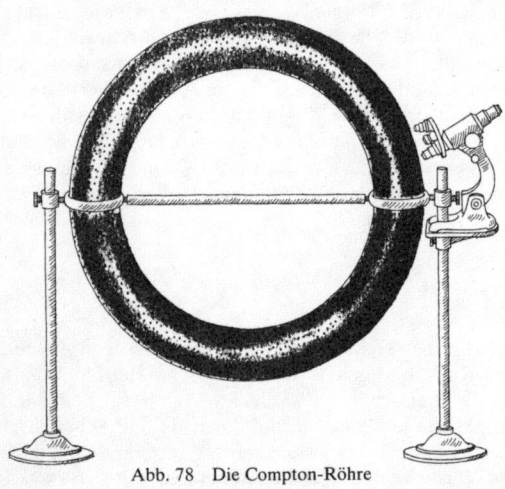

Abb. 78   Die Compton-Röhre

der Ost-West-Richtung gedreht wird und wird zu Null, wenn das Rohr in der Nord-Süd-Ebene liegt. Damit kann man beweisen, daß die Erde rotiert, und die Richtung der Rotation durch Drehen des Rohres in verschiedene Richtungen bestimmen, bis eine maximale Geschwindigkeit der Flüssigkeit erreicht wird.

Im Experiment wird – durch Viskosität bedingt – die Flüssigkeitsbewegung nach etwa 20 Sekunden aufhören. Wir nehmen an, daß in der Flüssigkeit keine Reibungskräfte vorhanden sind, daß das Experiment am Äquator aufgebaut wird und der Ring sich in Ost-West-Richtung befindet: Wie lange wird es dauern, bis ein in der Flüssigkeit befindliches Partikel einmal komplett durch dieses Ringrohr gelaufen ist, nachdem man das Rohr gedreht hat?

19. Das Problem mit dem Fisch

Eine Schüssel, zu drei Viertel mit Wasser gefüllt, steht auf einer Waage. Wenn man einen lebenden Fisch in das Wasser wirft, dann zeigt die Waage an, daß die Schüssel um das Gewicht des Fisches schwerer geworden ist. Nehmen wir jedoch an, man hält den Fisch an seinem Schwanz, so daß sich alles, außer dem allerletzten Stück des Schwanzes, das man hält, unter Wasser befindet: Zeigt die Waage nun auch ein höheres Gewicht an?

Abb. 79   Ein Problem der Mechanik

20. Der Versuch mit dem Fahrrad

Wie in Abbildung 79 gezeigt wird, befindet sich am Pedal eines Fahrrades ein Strick. Wenn eine Person diesen nach hinten zieht, und eine andere Person das Fahrrad leicht festhält, damit es nicht umkippt, wird sich dann das Fahrrad vorwärts, rückwärts oder überhaupt nicht bewegen?

21. Der Trägheitsantrieb

Wenn ein Strick am Heck eines Ruderbootes befestigt ist, kann ein Mann, der im Boot steht, es nach vorn bewegen, wenn er am freien Ende des Strickes zieht? Könnte man durch eine ähnliche Methode eine Raumkapsel, die im interplanetaren Raum schwebt, bewegen?

22. Der Wert des Goldes

Was ist mehr wert, ein Kilogramm von Zehn-Dollar-Goldstücken oder ein halbes Kilogramm von Zwanzig-Dollar-Goldstücken?

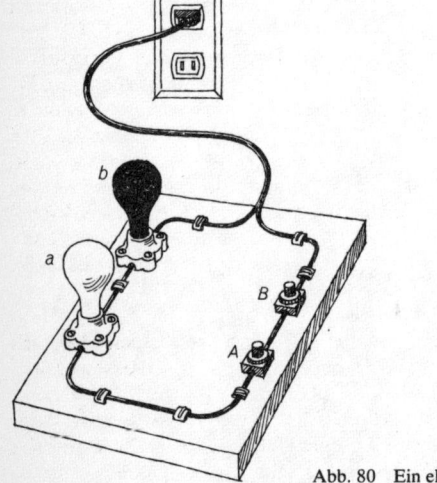

Abb. 80   Ein elektrisches Paradoxon

23. Der paradoxe Schaltkreis

Eine amüsante Schaltung besteht aus zwei kleinen 110-Volt-Lampen (davon sollte die eine klar und die andere matt sein). Diese sind über zwei Ein-Aus-Schalter zu einem einfachen Stromkreis als Serienschaltung verbunden und an einer normalen Steckdose angeschlossen, wie Abbildung 80 zeigt. Wenn beide Schalter eingeschaltet sind, leuchten beide Lampen auf. Wenn eine Lampe herausgedreht wird, dann geht die andere aus – alles verläuft so wie man es erwarten kann. Wenn beide Schalter ausgeschaltet sind, dann sind auch beide Lampen dunkel. Wenn aber Schalter A ein- und Schalter B ausgeschaltet ist, dann leuchtet nur die Lampe a. Und wenn Schalter B ein- und Schalter A ausgeschaltet ist, dann leuchtet nur die Lampe b. Kurz gesagt, jeder Schalter schaltet die zugehörige Lampe. Noch unerwarteter ist aber die Tatsache, daß bei Austausch beider Birnen Schalter A weiterhin die Lampe a schaltet und der Schalter B die Lampe b. Nichts ist in dem hölzernen Brett, auf das Schalter, Lampenfassung und Draht montiert sind, versteckt. Was ist nun das Geheimnis der Konstruktion dieser Schaltung?

Antworten

1. Der Lastwagenfahrer hat unrecht. Das Gewicht des geschlossenen Laderaumes, der einen Vogel enthält, ist gleich dem Gewicht des Laderaums plus dem des Vogels, ausgenommen, wenn der Vogel sich in der Luft befindet und in vertikaler Richtung beschleunigt wird. Eine abwärts gerichtete Beschleunigung verringert das Gewicht des Systems, während eine aufwärts gerichtete dieses erhöht. Wenn der Vogel sich im freien Fall bewegt, wird das Gesamtgewicht um das Vogelgewicht verringert; bei einem horizontalen Flug entstehen durch die Flügelbewegungen kleine Auf- und Abbeschleunigungen. Zweihundert Vögel, die ungleichmäßig im Gepäckraum fliegen, verursachen sehr kleine Änderungen des Gewichtes, aber das Gesamtgewicht des Systems bleibt konstant.

2. Ist die obere Hälfte der Sanduhr mit Sand gefüllt, dann liegt ihr Schwerpunkt sehr hoch, und sie kippt nach einer Seite. Dabei entstehen Reibungskräfte zwischen Zylinder und Sanduhr, die ausreichen, diese am Boden des Zylinders festzuhalten. Erst wenn genügend Sand aus der oberen Hälfte der Sanduhr in ihre untere Hälfte geflossen ist, schwimmt sie nach oben, weil die Reibungskräfte abgenommen haben.

Wenn die Sanduhr ein ganz klein wenig schwerer als das Wasser ist, das sie verdrängt, arbeitet das Spielzeug nach dem umgekehrten Prinzip. Dann verharrt die Uhr normalerweise oben im Zylinderglas, wenn man den Zylinder herumgedreht hat, und sinkt nach einiger Zeit nach unten, wenn die Reibung zwischen Sanduhr und Zylinder kleiner geworden ist. Die Geschäfte in Paris führen das Spielzeug in den beiden Versionen, auch in einer kombinierten Ausführung mit zwei Zylindern, die zusammengebaut sind, so daß die eine Sanduhr immer nach oben steigt, während die andere nach unten sinkt.

Dieses Spielzeug soll von einem tschechischen Glasbläser erfunden worden sein, der es am Stadtrand von Paris herstellt. Der Vorgang ist für einen Physiker meist verblüffender als für andere Leute. Die allgemeine Erklärung, vorgeschlagen von Physikern, ist, daß die Kräfte der herabfallenden Körner die Sanduhr am Boden halten oder zumindestens dazu beitragen. Jedoch ist es nicht schwer nachzuweisen, daß das Nettogewicht der Sanduhr immer das gleiche bleibt, so lange der Sand nicht fließt. Siehe auch: »Weight of an Hourglass« von Walter P. Reid, American Journal of Physics, Band 35, April 1967, Seite 351–352.

3. Wenn ein eiserner Ring sich bei steigender Temperatur ausdehnt, dann behält er seine Form bei, das Loch wird also größer. Es ist das gleiche Prinzip, nach dem die Optiker Linsen aus Brillen herauslösen, indem sie das Brillengestell anwärmen. Das gleiche Prinzip ist auch wirksam, wenn eine Hausfrau den Deckel eines Gefäßes erhitzt, um ein Konservenglas zu öffnen.

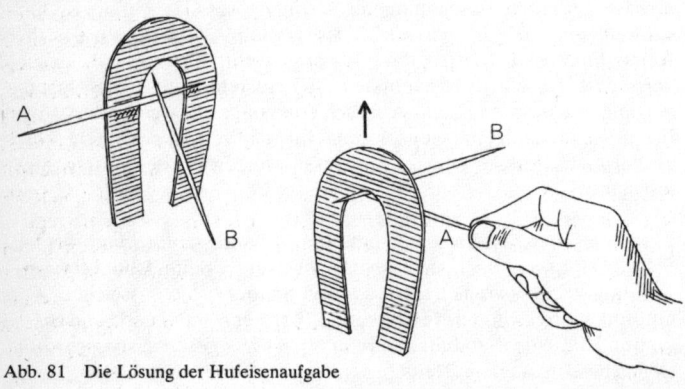

Abb. 81 Die Lösung der Hufeisenaufgabe

4. Man schiebe den Zahnstocher *A* zwischen das Papphufeisen und den Zahnstocher *B*, bewege das Hufeisen gerade so weit in aufrechte Stellung, daß das Ende von Zahnstocher *B* auf dem Zahnstocher *A* ruht (siehe Abbildung 81). Dann manövriere man das Ende von *B* unter das Hufeisen und hebe dann Hufeisen und Zahnstocher hoch, so wie es auf der unteren Zeichnung gezeigt wird.

5. Nur wenn das Wasserglas etwas über seinen Rand hinaus gefüllt ist, schwimmt der Kork zur Mitte der Wasseroberfläche. Diese Oberfläche erhält dann eine leicht konvexe Form. Gene Lindberg und M. H. Greenblatt schlugen eine zweite Methode vor: Man drehe das teilweise gefüllte Glas um seine Vertikalachse, so bildet die Wasseroberfläche eine konkave Form, die den Korken auf dem Boden im Mittelpunkt hält. Noch viel einfacher kann man diese nach unten gekrümmte Oberfläche herstellen, wenn man das Wasser mit einem Löffel umrührt.

6. Das Öl schwimmt über dem Essig. Um es ausgießen zu können, braucht Mr. Smith die Flasche nur zu kippen. Um Essig herauszugießen verkorkt er die Flasche, dreht sie herum und lockert den Korken gerade so viel, daß die gewünschte Menge Essig heraustropfen kann.

7. An Lewis Carrolls »Schiffswagen« ist jedes Paar der ovalen Räder an den gegenüberliegenden Seiten gleicher Achsen so angeordnet, daß zu jedem Zeitpunkt die langen Achsen der Ovale zueinander einen rechten Winkel bilden. Dadurch wird der Rollvorgang erzeugt. Wenn auf jeder Seite des Wagens die langen Achsen der beiden Räder einen rechten Winkel bilden würden, dann könnte der Wagen weder rollen noch stampfen. Er würde sich einfach nur auf und ab bewegen: erst auf zwei diagonal entgegengesetzten Rädern und dann auf den anderen beiden. Doch durch Verdrehen der Vorder- und Hinterräder in der Weise, daß auf jeder Seite des Wagens die beiden Räder in ihren langen Achsen um 45 Grad verdreht sind, kann der Wagen richtig rollen und stampfen. Mit den einzelnen Rädern hebt er sich vom Boden mit einer Vier-Viertel-Sequenz, die sich immer wiederholt, wenn er sich nach vorn bewegt.

Maya und Nicolas Slater schrieben aus London, wenn man Lewis Carrols Bedingungen folgen will – wobei die sich gegenüberstehenden elliptischen Räder um einen rechten Winkel verdreht sind –, dann besteht die Möglichkeit, den Wagen zum Rollen und Stampfen zu bringen, ohne daß ein Rad den Boden verläßt. Die Räder müßten so angebracht werden, daß die sich diagonal gegenüberstehenden Räder mit ihren Halbachsen einen rechten Winkel bilden; unabhängig von der Winkelverdrehung zwischen den beiden Vorderrädern bleiben alle vier Räder immer in Bodenberührung. Wenn die Vorderräder im rechten Winkel angebracht sind, dann rollt der Wagen ohne zu stampfen, und wenn der Winkel 0 Grad beträgt, stampft er ohne zu rollen. Alle Zwischenkombinationen rollen und stampfen zugleich. Slaters schrieben: »Wir bevorzugen einen Verdrehungswinkel von 45 Grad. Unser einziges Problem ist, wie wir unseren Kutscher bei Laune halten können.«

8. Man halte das Ende des einen Stabes an die Mitte des anderen. Wenn es eine magnetische Anziehung gibt, dann ist der Stab, der mit seinem Ende die Mitte des anderen berührt, der Magnet, wenn nicht, dann ist er unmagnetisch.

9. Der Wasserstand bleibt der gleiche. Ein Eiswürfel schwimmt nur, weil sein Wasser sich durch den Kristallisationsvorgang ausgedehnt hat. Das Gewicht des Eiswürfels ist das gleiche wie das des Wassers, aus dem er hergestellt wurde. Da ein schwimmender Körper ein Wasservolumen verdrängt, das seinem Gewicht entspricht, wird der Eiswürfel nach dem Schmelzen die gleiche Menge Wasser einnehmen, aus der er durch Gefrieren entstanden ist.

10. Der Akrobat bindet zuerst die unteren Enden der beiden Seile zusammen. Danach klettert er an Seil A bis zur Decke des Raumes und schneidet Seil B ab, läßt aber von Seil B noch so viel aus der Decke herausragen, um eine Schlinge daraus machen zu können. Danach hängt er sich mit dem einen Arm in diese Schlinge und schneidet Seil A direkt an der Decke ab. Dabei muß er vorsichtig sein, damit er das Seil nicht fallen läßt. Das Ende des Seiles A schiebt er durch die Schlinge und zieht es so weit durch, bis sich der Knoten, mit dem die beiden Seile verbunden sind, an der Schlinge befindet. Nun hängen zwei Seilenden von der Decke herab, an denen er nach unten klettert und anschließend das Seil aus der Schlinge zieht. Somit erhält er die gesamte Länge von Seil A und den größten Teil von Seil B.

Viele Lösungsvorschläge für dieses Problem wurden eingeschickt. Bei einigen Vorschlägen wurde die Verwendung von Knoten vorgeschlagen, die man vom Boden aus wieder lockern kann. Bei anderen schlug man vor, das Seil so anzuschneiden, daß es das Gewicht des herabkletternden Diebes gerade noch hält, und später aber durch einen plötzlichen Ruck abgerissen werden kann. Einige Leser bezweifelten auch, daß der Dieb überhaupt ein Stück des Seiles abschneiden könne, ohne daß die Glocken anfangen würden zu läuten.

11. Die Spitze des Schattens eines Mannes, der an einer Straßenlaterne vorbeiläuft, bewegt sich schneller als der Mann, aber sie hält eine konstante Geschwindigkeit bei, unabhängig von der Länge des Schattens.

12. Gießt man Wasser in den Schlauch, so fließt erst eine gewisse Menge über die erste Windung hinweg und bildet danach ein Luftpolster. Der Wasserzulauf wird durch die zusammengedrückte Luft blockiert. Wenn das Ende mit dem Trichter des leeren Gartenschlauches hoch genug ist, dann kann auch Wasser in mehr als eine Windung laufen und bildet so eine ganze Reihe von Lufteinschlüssen in diesen ersten Windungen. Die maximale Höhe dieser Lufteinschlüsse kann etwa den Spulendurchmesser erreichen. Dieser Durchmesser mal der Anzahl der Windungen ergibt ungefähr die Höhe der Wassersäule, die am Ende des Schlauches vorhanden sein muß, um das Wasser von einem Ende zum anderen Ende zu drücken. (Dies stellten John C. Bryner, Jan Lundberg und J. M. Osborne fest.) W. N. Goddwin fand heraus, daß bei einem Außendurchmesser des Schlauches von $5/8$ Zoll oder weniger, das Schlauchende mit dem Trichter nur zweimal den Windungsdurchmesser betragen muß, um sicherzustellen, daß das Wasser durch eine größere Anzahl von Windungen fließt. Der Grund hierfür ist jedoch bis heute noch nicht geklärt.

13. Zum Entfernen des Eies aus der Flasche drehe man diese zunächst mit der Oberseite nach unten, setze sie an die Lippen und blase sehr stark hinein. Wenn man die Flasche vom Mund wegnimmt, wird die komprimierte Luft das Ei durch den Flaschenhals hinauswerfen.

Ein weit verbreitetes Mißverständnis über diesen Trick ist, daß das Ei durch das bei Verbrennen des Sauerstoffs entstandene Vakuum in die Flasche gezogen wird. Selbstverständlich wird Sauerstoff verbrannt, aber dieser Volumenverlust kann durch die Entstehung von Kohlendioxid und Wasserdampf vollständig ausgeglichen werden. Das Vakuum wird allein durch die schnelle Abkühlung und das Zusammenziehen der Luft nach dem Erlöschen der Flamme gebildet.

14. Die Schrauben und Muttern im Spielzeugschiff verdrängen ein Wasservolumen, das ihrem Gewicht entspricht. Wenn sie aber auf den Boden der Badewanne fallen, dann verdrängen sie eine Wassermenge, die ihrem Volumen entspricht. Da jedes Stück Eisen beträchtlich mehr wiegt als das gleiche Volumen Wasser, wird der Wasserstand, nachdem die Fracht des Spielschiffes in das Wasser geworfen wurde, in der Badewanne sinken.

15. Wenn der geschlossene Wagen nach vorn beschleunigt wird, fließt die Luft infolge ihrer Trägheit in den rückwärtigen Raum des Wagens. Diese hinten im Wagen komprimierte Luft drückt danach den Luftballon nach vorn. Durchfährt der Wagen eine Kurve, dann bewegt sich der Ballon in die Richtung des Kurvenmittelpunktes aus gleicher Ursache.

16. An jedem Punkt innerhalb des ausgehöhlten Asteroiden ist die Gravitationskraft gleich Null. Dafür läßt sich anhand der Gravitationsgesetze eine Erklärung ableiten. (Siehe »The Universe at Large« von Hermann Bondi, Seite 102.)

H. G. Wells, der das Buch »Der erste Mensch auf dem Mond« geschrieben hat, irrte sich bei der Erklärung dieses Phänomens. An zwei Stellen seiner Erzählung läßt er seine Reisenden in der Nähe des Mittelpunktes ihres kugelförmigen Raumschiffes schweben, da er das Schiff als Ursprung der Gravitationskraft ansah. Aber an einer anderen Stelle bemerkte er, daß das vom Schiff gebildete Gravitationsfeld zu schwach sei, um die Reisenden irgendwie zu beeinflussen.

17. Da es keine Mondluft gibt, kann ein Vogel dort überhaupt nicht fliegen. George Milwee schrieb mich an und fragte, ob ich die Idee für diese Aufgabe von Immanuel Kant bekommen hätte. In der Einführung zu seiner »Kritik der reinen Vernunft«, Abschnitt 3, mokiert sich Kant über Plato, der glaubte, er könne einen vermehrten philosophischen Fortschritt dann erreichen, wenn er die physikalische Welt verließe und im leeren Raum der reinen Vernunft flöge. Kant kommentiert diese Stelle mit folgender ergötzlichen Metapher: »Die leichte Taube fühlt bei ihrem freien Flug durch die Luft deren Widerstand und könnte sich dann vorstellen, daß ihr Flug im luftleeren Raum noch leichter sei.«

18. Man betrachte irgendein Partikel k in der Flüssigkeit, bevor das Rohr herumgedreht wird. Vom Nordpol aus betrachtet, dreht sich die Erde gegen den Uhrzeigersinn mit einer Geschwindigkeit von einer

Umdrehung in 24 Stunden. Jeder Punkt im Rohr, der die gleiche Entfernung vom Erdmittelpunkt hat, dreht sich mit der gleichen Geschwindigkeit gegen den Uhrzeigersinn. Daher ist die Drehgeschwindigkeit des betrachteten Partikels k relativ zum Rohr gleich Null. Nach dem Herumdrehen des Ringrohres wird der Partikel k sich weiter gegen den Uhrzeigersinn mit seiner alten Geschwindigkeit bewegen. Da aber das Rohr gedreht wurde, bewegt er sich in Richtung des Uhrzeigersinnes relativ zum Rohr (natürlich nur bei Vernachlässigung der Reibungskräfte) in genau der halben Zeit, die die Erde für eine Umdrehung braucht, nämlich in 12 Stunden.

Diese eigenartige Halbierung der 24 Stunden kann besser verstanden werden, wenn wir ein bestimmtes Partikel, sagen wir an der Spitze des Rohres, betrachten. x sei der Durchmesser der Erde und y der Durchmesser des Ringrohres. Unser Partikel und auch die Rohrspitze bewegen sich in Richtung Osten mit einer Geschwindigkeit von $\pi \cdot (x + 2y)$ pro 24 Stunden. Nach der Drehung des Rohres bewegt sich das Partikel mit der gleichen Geschwindigkeit weiter, befindet sich aber jetzt am Boden, wo das Rohr sich nach Osten mit der kleineren Geschwindigkeit von $\pi \cdot x$ in 24 Stunden bewegt. Die Relativgeschwindigkeit in Richtung Osten beträgt $\pi \cdot (x + 2y) - \pi \cdot x = 2\,\pi y$ in 24 Stunden. Da πy der Umfang unseres Rohres ist, sehen wir, daß unser betrachteter Partikel in 24 Stunden zwei Durchläufe oder eine in 12 Stunden durchführt. Der gleiche Berechnungsansatz gilt natürlich auch für alle anderen Partikel im Rohr.

Die meisten Leute verrechnen sich bei dieser Aufgabe um den Faktor 2 und nehmen an, daß die Umlaufzeit 24 Stunden beträgt. Compton selbst machte diesen Fehler in seiner ersten Veröffentlichung über diese Arbeit (»Science«, Band 37, 23. Mai 1913, Seite 803–806), bei einem Rohrdurchmesser von 1 Meter. Auch bei späteren Veröffentlichungen über eine verbesserte Apparatur tritt dieser Fehler auf (»Physical Review«, Band 5, Februar 1915, Seite 109, und »Popular Astronomy«, Band 23, April 1915, Seite 199.)

Befindet sich der Versuchsstand mit dem Rohr nicht auf dem Äquator, so erreicht man den maximalen Effekt, wenn man die Ebene des Rohres aus der Vertikalen herausdreht, bevor das Rohr um 180 Grad gedreht wird. Je näher man am Pol ist, um so größer muß die Verdrehung zur Vertikalen sein. Damit haben wir nun die Möglichkeit, den Breitengrad des Versuchsortes festzustellen. Am Nord- oder Südpol erhalten wir den größten Effekt bei einer horizontalen Anordnung des Rohres, bevor der Versuch beginnt. Für alle Breitengrade gilt, daß das Rohr vor Versuchsbeginn dann richtig angeordnet ist und der maximale Effekt erreicht wird, wenn ein Partikel in 12 Stunden einmal den Kreisring durchläuft, natürlich unter der Annahme, daß es keinerlei Viskosität in der Flüssigkeit gibt.

Die ganze Geschichte ist doch noch etwas komplizierter, und es gibt einen interessanten Zusammenhang zwischen den Vorgängen in diesem Compton-Rohr und der Induktion elektrischer Ströme, die innerhalb eines leitenden Ringes zirkulieren, wenn dieser in einem magnetischen Feld um 180 Grad gedreht wird. Für die Überlassung von Informationen, auf denen diese kurze Zusammenfassung basiert, bin ich Dave Fultz vom Hydrodynamischen Laboratorium der Universität Chicago, Department für Geophysik, zu Dank verpflichtet. Fultz bevorzugt bei seiner Erklärung die Ausdrücke Winkelgeschwindigkeit und Verdrehung. Dies führt aber zu einigen technisch schwierigen Ausdrücken, daher habe ich meine Erklärungen gelassen wie sie sind, denn sie sind einfacher, durch die Angabe linearer Geschwindigkeiten jedoch etwas ungenauer.

Als ich an der Universität von Chicago anfing, hörte ich eine Vorlesung von Compton, in der er über sein Experiment sprach. Später suchte ich ihn auf und fragte, ob und wie es möglich sei, eine stärkere Zirkulation durch abwechselndes Drehen des Versuchsrohres um seine horizontale und vertikale Achsen aufzubauen. Compton war auf meine Frage hin sehr überrascht, nahm ein Halbdollar-Stück aus seiner Tasche und drehte es zwischen Daumen und Zeigefinger, dabei vor sich hin murmelnd. Schließlich schüttelte er mit dem Kopf und sagte, seiner Meinung nach würde es nicht funktionieren, aber er würde darüber noch einmal nachdenken.

19. Das Gewicht der Schüssel steigt um die durch den eingetauchten Fisch verdrängte Flüssigkeitsmenge an.

20. Zieht man das untere Pedal des Fahrrades nach rückwärts, dann zwingt man das Pedal sich zu drehen, und zwar in die Richtung, in der normalerweise das Fahrrad nach vorn bewegt wird. Aber wenn die Handbremse nicht angezogen ist, wird sich das Fahrrad durch das Ziehen nach rückwärts bewegen. Die großen Abmessungen der Räder und das kleine Übersetzungsverhältnis von Pedalen und Rad ist so, daß das Fahrrad nach rückwärts bewegt wird. Die Pedale bewegen sich nach rückwärts, bezogen auf die Umgebung, obwohl sie sich, bezogen auf das Fahrrad, nach vorwärts bewegen. Wenn das Pedal sich weit genug

bewegt hat, dann greift die Rücktrittsbremse ein, und das Fahrrad bleibt stehen. Für diejenigen Leser, die das nicht glauben, ist es das Einfachste, den Versuch selbst an einem Fahrrad auszuprobieren. In vielen alten Büchern wird dieses scheinbare Paradoxon erklärt. Vor kurzem ist darüber eine Arbeit erschienen D. E. Daykin: »The Bicycle Problem« (Das Fahrradproblem), Mathematics Magazine, Band 45, Januar 1972, S. 1.

21. Ein Ruderboot kann vorwärts bewegt werden durch ruckweises Ziehen an einem am Heck befindlichen Strick. Bei ruhigem Wasser erreicht man mit dieser Methode durchaus eine Geschwindigkeit von einigen Meilen pro Stunde. Wenn der Körper des Mannes sich in Richtung zum Bug hin bewegt, verhindert die Reibung zwischen Boot und Wasser eine ins Gewicht fallende Rückwärtsbewegung des Schiffes. Aber die Beschleunigungskräfte, die beim Rucken auftreten, sind stark genug, um den Reibungswiderstand zwischen Wasser und Boot zu überwinden, und ein Vorwärtsimpuls wird auf dieses übertragen. Nach dem gleichen Prinzip arbeitet ein Junge, der in einem Karton sitzt und sich selbst durch schnelle Vorwärtsbewegungen über einen gebohnerten Fußboden bewegt. Als Antriebsverfahren innerhalb eines Raumschiffes ist natürlich diese Methode nicht anwendbar, weil sich das Raumschiff praktisch in einem absoluten Vakuum befindet, und keine Reibungskraft zwischen ihm und der Umgebung vorhanden ist.

22. Ein Kilogramm von Zehn-Dollar-Stücken enthält zweimal so viel Gold wie ein halbes Kilogramm von Zwanzig-Dollar-Stücken; deshalb ist sein Wert auch doppelt so groß.

23. In den Fassungen der Lampen und in den Schaltern befinden sich kleine Silizium-Gleichrichterdioden – sie sind von außen unsichtbar angeordnet – und erlauben einen Stromfluß jeweils nur in einer ganz bestimmten Richtung. Die Anordnung dieser Dioden ist in Abbildung 82 gezeigt, die Pfeile geben die Richtung des Stromflusses an, der von jedem Gleichrichter zugelassen wird. Bewegt sich der Strom so, daß er entgegen der zulässigen Stromrichtung der Diode, die sich in einer Lampenfassung befindet, gerichtet ist, dann bleibt die Lampe dunkel. Man erkennt nun sehr leicht, daß jeder Schalter nur die Lampe ein- und ausschalten kann, deren Gleichrichter die gleiche Stromrichtung wie die der Lampe besitzt.

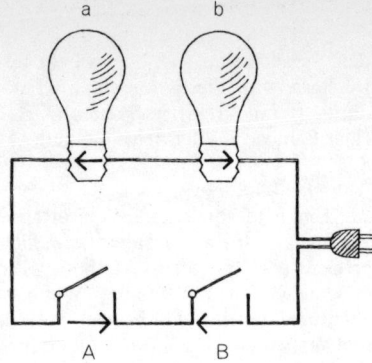

Abb. 82 Lösung zum elektrischen
Paradoxon

Man wird natürlich von dem plötzlichen Auftauchen der Gleichrichter etwas überrascht sein, und der Leser hat vielleicht auch Schwierigkeiten, eine solche winzige Gleichrichterdiode in den Sockel einer Lampe einzubauen. R. Allen Pelton fand es sehr einfach, sich einen Versuchsaufbau wie folgt herzustellen: »Ich brachte die Diode unter dem Lampensockel an und schnitt dazu ein Stück aus dem Holzbrett heraus. Ich darf zwar die Lampen nicht ein- und ausschrauben, aber auf der anderen Seite kann ich für den Versuch beliebige Lampen verwenden. Mein kleines Holzbrett hat bisher jeden, dem ich es vorgeführt habe, in Erstaunen versetzt.«

Pascals Dreieck

Harry Lorayne, von Beruf Zauberer und Gedächtniskünstler in New York, unterhält seine Freunde gern mit ausgefallenen mathematischen Kartentricks. Er gibt einem Zuschauer ein Kartenspiel, aus dem vorher alle Bildkarten und die Zehner entfernt wurden. Dieser wird gebeten, beliebige fünf Karten aufgedeckt in einer Reihe auf den Tisch zu legen. Lorayne findet in dem Stoß sofort eine Karte, die er verdeckt auf eine Stelle oberhalb der Reihe, wie in Abbildung 83 gezeigt, legt. Der Zuschauer baut nun eine Pyramide nach folgender Anordnung auf dem Tisch auf:

Zwei nebeneinander liegende Karten in einer Reihe bilden ein Paar. Ihr Zahlenwert wird nach der Methode »die Neun wird herausgeschmissen« addiert. Ist die Summe beider Karten größer als 9, dann wird eine 9 von der Summe abgezogen. Die Addition erfolgt blitzschnell durch Addieren der beiden Ziffern der Summe. Wir betrachten dazu die ersten beiden Karten der unteren Reihe, die addiert 16 ergeben. Statt von 16 nun 9 zu subtrahieren, erhalten wir das gleiche Ergebnis, indem wir 1 und 6 zur Summe 7 addieren. Daraufhin wird eine 7 oberhalb des ersten Kartenpaares ausgelegt. Die Addition der zweiten und der dritten Karte ergibt 8, und eine Acht wird über die beiden Karten gelegt. Damit fährt man fort und erhält so eine Reihe von vier Karten, und wenn man das weiter wiederholt, liegt zum Abschluß eine Pyramide auf dem Tisch, deren Spitze von der verdeckt liegenden Karte gebildet wird. Dreht man diese Karte herum, dann stellt sich heraus, daß es sich um die richtige Karte handelt, und sie die Summe der zwei darunter liegenden Karten bildet.

Dieser Trick kann mit einer beliebigen Anzahl Karten in der ersten Reihe durchgeführt werden, aber legt man zu viele Karten aus, kann es passieren, daß die Karten eines Kartenspieles zum Aufbau der Pyramide nicht reichen. Natürlich kann man die oberste Karte aus den Karten der untersten Reihe auf einem Stück Papier berechnen. Eine gute Abände-

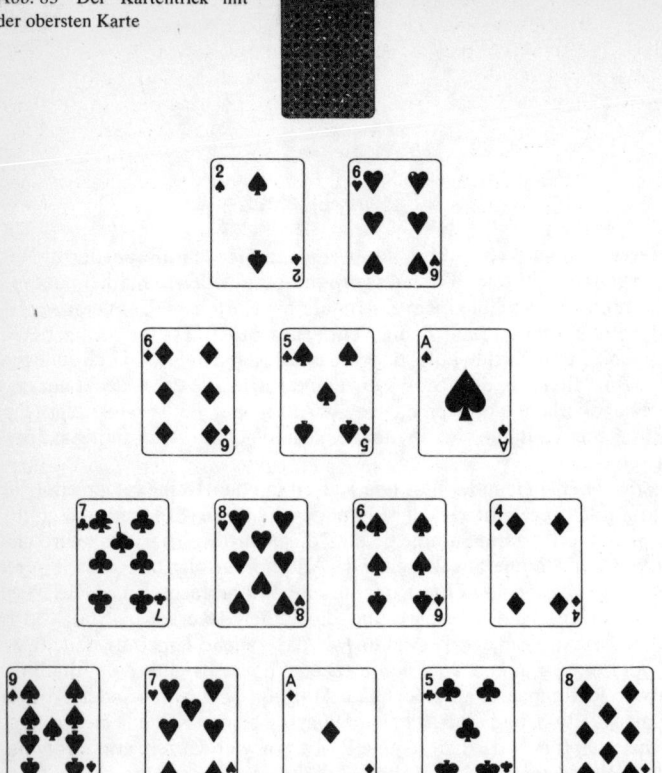

Abb. 83 Der Kartentrick mit der obersten Karte

rung dieses Tricks ist es, jemanden zu bitten, eine Reihe von zehn zufälligen Zahlen aufzuschreiben. Kennt man den richtigen Rechentrick, so läßt sich die Zahl, die den Kopf der Pyramide bildet, blitzschnell errechnen, und sie wird immer die richtige sein. Wie berechnet man nun die Zahl der Kopfkarte? Zuerst könnte man denken, sie sei gleich der Summe der Zahlen der untersten Reihe, reduziert zu einer einzigen Ziffer durch das Herauswerfen der 9 – aber dies ist nicht der Fall.

In Wahrheit arbeitet Lorayne nach einer einfachen Formel, die aus dem berühmtesten Zahlenmuster der Mathematik gewonnen wurde, nämlich aus dem Muster des bekannten Pascalschen Dreiecks. Diese Zahlenanordnung wurde nach Blaise Pascal, einem französischen Mathematiker und Philosophen des 17. Jahrhunderts benannt, der als erster eine Abhandlung darüber geschrieben hat: »Traité du triangle arithmétique«. Doch schon lange vor 1653, vor dem Jahr, als Pascal seine Abhandlung schrieb, war die Zahlenanordnung bekannt. Sie erschien auf der Titelseite eines Arithmetikbuches von Petrus Apianus am Anfang des 16. Jahrhunderts, der Astronom an der Universität von Ingolstadt war. Eine Illustration in einem chinesischen Mathematikbuch aus dem Jahre 1303 zeigt ebenfalls diese Dreiecksanordnung, und die neuesten Erkenntnisse führen in noch frühere Zeiten zurück. So kannte bereits im Jahre 1100 der Mathematiker, Poet und Philosoph Omar Khayyám diese Anordnung und erhielt seine Informationen wahrscheinlich aus noch älteren chinesischen oder indischen Quellen.

Das Muster ist selbst für ein zehnjähriges Kind einfach; es könnte es sofort niederschreiben. In ihm sind so viele unausschöpfliche mathematische Beziehungen enthalten, und es führt zu so vielen Aspekten der Mathematik, daß es mit Sicherheit eine der elegantesten Zahlenanordnungen ist. Das Dreieck beginnt mit einer 1 an der Spitze (siehe Abbildung 84). Alle anderen Zahlen darunter sind jeweils die Summe von zwei direkt darüberliegenden Zahlen. Die Einsen am Rande des Dreiecks erhält man durch Addition der darüber stehenden 1 und einer gedachten Null, die nicht aufgeschrieben wird. Die Anordnung ist unendlich und bilateral symmetrisch. In der Zeichnung sind die Reihen und Diagonalen nach üblicher Weise numeriert. Bei dieser Numerierung beginnt man mit der 0 statt einer 1 und kann so einige grundlegende Eigenschaften des Dreiecks besser erklären.

Die Diagonalreihen parallel zu den Seiten des Dreiecks geben die Dreieckszahlen und ihre Analogien in den Räumen für alle Dimensionen wieder. Eine Dreieckszahl ist die Kardinalzahl von einem Punktesatz, der eine Dreieck-Anordnung bildet. Die Reihe der Dreieckszahlen (1,3,6,10,15 . . .) findet sich in der zweiten Diagonale des Dreiecks. (Zu bemerken ist, daß jedes benachbarte Zahlenpaar zusammenaddiert jeweils eine Quadratzahl ergibt.) Die erste Diagonale besteht aus den natürlichen Zahlen, die eine Analogie für die Dreieckszahlen im eindimensionalen Raum bilden. Die Nulldiagonale ist die Analogie für den nulldimensionalen Raum, in dem der Punkt selbst offensichtlich die einzig mögliche Anordnung darstellt. Die dritte Diagonale enthält

Abb. 84 Pascals Dreieck

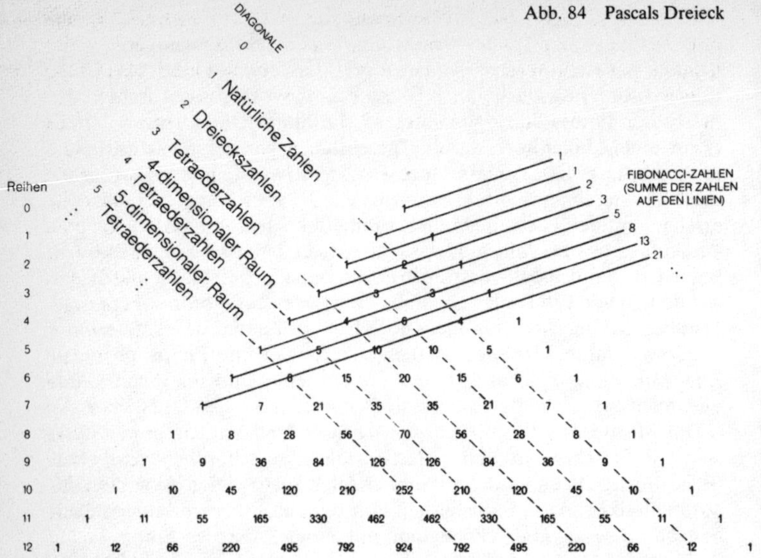

DIAGONALE
0
1 Natürliche Zahlen
2 Dreieckszahlen
3 Tetraederzahlen
4 4-dimensionaler Raum Tetraederzahlen
5 5-dimensionaler Raum Tetraederzahlen

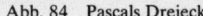

FIBONACCI-ZAHLEN
(SUMME DER ZAHLEN
AUF DEN LINIEN)

1
1
2
3
5
8
13
21 ...

Reihen													
0	1												
1	1	1											
2	1	2	1										
3	1	3	3	1									
4	1	4	6	4	1								
5	1	5	10	10	5	1							
6	1	6	15	20	15	6	1						
7	1	7	21	35	35	21	7	1					
8	1	8	28	56	70	56	28	8	1				
9	1	9	36	84	126	126	84	36	9	1			
10	1	10	45	120	210	252	210	120	45	10	1		
11	1	11	55	165	330	462	462	330	165	55	11	1	
12	1	12	66	220	495	792	924	792	495	220	66	12	1

Tetraederzahlen: Die Kardinalzahlen eines Satzes von Punkten, die eine Tetraeder-Anordnung im dreidimensionalen Raum bilden. Die vierte Diagonale gibt die Zahlen von Punkten an, die im vierdimensionalen Raum Hypertetraeder-Anordnungen bilden usw., für noch höher-dimensionale Räume in den anderen Diagonalen bis zur Unendlichkeit. Die $n$te Diagonale gibt die $n$te Raumanalogie der Dreieckszahlen an.

Mit einem Blick können wir nun sehen, daß zehn Kanonenkugeln sowohl eine Tetraederpyramide als auch ein flaches Dreieck bilden können. Weiter ist ersichtlich, daß die 56 »Hyperkanonenkugeln« als fünfdimensionales Tetraeder aufgebaut werden können und auch in einer Hyperebene ein Tetraeder bilden. (Aber wenn wir versuchen, diese auf einer Ebene als Dreieck anzuordnen, dann wird eine Kugel übrigbleiben.)

Um die Summe aller Zahlen in einer beliebigen Diagonalen aufzufinden bis herab zu einem bestimmten Platz in einer Reihe braucht man sich nur die Zahl links unterhalb der letzten zu berücksichtigen Zahl anzusehen. Zum Beispiel zur Beantwortung der Frage nach der Summe der natürlichen Zahlen von 1 bis 9 gehe man die erste Diagonale bis zur 9 und dann nach links unten; die Zahl 45 ist die Antwort. Was ist die Summe der ersten acht Dreieckszahlen? Suche die achte Zahl in der zweiten Diagonale auf, gehe von dieser Zahl nach links unten – 120 ist die Antwort. Wenn wir nun alle Bälle, die wir benötigen, um die ersten acht möglichen Dreiecke aufzubauen, zusammenlegen wollen, dann erhalten wir 120 Bälle, aus denen auch eine Tetraederpyramide aufgebaut werden kann. Die Summe der weniger stark geneigten Diagonalen, die man an den ausgezogenen Linien erkennt, bilden die bekannte Sequenz der Fibonacci-Zahlen 1,1,2,3,5,8,13 . . . Sie ist dadurch gekennzeichnet, daß jede Zahl die Summe der zwei vorangehenden Zahlen ist. Diese Fibonacci-Reihe wird oft bei der Berechnung von Kombinationsproblemen verwendet. Als Beispiel dafür betrachte man eine Reihe von n Stühlen. Die Frage ist: Wie viele Möglichkeiten gibt es, Männer und Frauen auf diese Stühle zu setzen unter der Voraussetzung, daß niemals zwei Frauen nebeneinander sitzen? Wenn $n = 1,2,3,4$ . . . ist, so sind die Antworten 2,3,5,8 . . . entsprechend der Fibonacci-Reihe. Pascal wußte anscheinend nicht, daß die Fibonacci-Reihe in seinem Dreieck enthalten ist; auch scheint dies bis zum Ende des 19. Jahrhunderts nicht bekannt gewesen zu sein.

Erst vor kurzem wurde entdeckt, daß man durch Wegnehmen der Diagonale von der linken Seite des Dreiecks die Partialsummen der Fibonacci-Reihen erhält. Diese Entdeckung machte Verner E. Hoggatt, ein Mathematiker am San Jose State College, der »The Fibonacci Quaterly« herausgibt, eine faszinierende Zeitschrift, in der schon viele Artikel über das Pascalsche Dreieck veröffentlicht wurden. Nimmt man die nullte Diagonale an der linken Seite des Dreiecks weg, so ergeben die Fibonacci-Diagonalen Summen, die die Partialsummen der Fibonacci-Serien darstellen $(1 = 1; 1 + 1 = 2; 1 + 1 + 2 = 4; 1+1 + 2 + 3 = 7$ usw.). Werden die Diagonalen 0 und 1 an der linken Seite eliminiert, dann ergeben die Fibonacci-Diagonalen die Partialsummen der Partialsummen $(1 = 1; 1 + 2 = 3; 1 + 2 + 4 = 7$ usw.). Allgemein kann man sagen, wenn k Diagonale von der linken Seite des Dreiecks entfernt werden, dann ergeben die Fibonacci-Diagonalen die k-fachen partialen Summen der Fibonacci-Reihen. Jede Horizontalreihe des Pascalschen Dreiecks gibt die Koeffizienten in der Entwicklung des Binominalausdruckes $(x + y)^n$ an. Zum Beispiel $(x + y)^3 = x^3 + 3 x^2 y + 3xy^2 + y^3$. Die Koeffizienten dieser Entwicklung sind 1,3,3,1 (der Koeffizient 1 wird gewöhnlich beim Schreiben des Terms weggelassen);

hier handelt es sich um die dritte Reihe des Dreiecks. Um die Koeffizienten von $(x + y)^n$ aufzusuchen, schaut man in die $n$te Reihe des Pascalschen Dreiecks. Diese grundlegende Eigenschaft des Dreiecks macht es zu einem gut anwendbaren Rechenhilfsmittel für die Gebiete Kombinatorik und Wahrscheinlichkeitstheorie. Nehmen Sie als Beispiel an, irgendein arabischer Würdenträger bietet Ihnen drei seiner sieben Frauen zur Auswahl an. Wie viele unterschiedliche Auswahlen können Sie treffen? Man sucht dazu nun den Schnittpunkt der Diagonale 3 und der Horizontalreihe 7 auf und erhält als Antwort: 35. Sollte man vor Aufregung einen Fehler machen und den Schnittpunkt der Diagonalen 7 mit Reihe 3 suchen, dann wird man feststellen, daß kein Schnittpunkt vorhanden ist, wodurch dieser Irrtum nicht auftreten kann. Allgemein gesagt: Die Zahl der Möglichkeiten, aus einem Satz von n Elementen einen Satz von r bestimmten Elementen auszuwählen, wird durch den Schnittpunkt der Diagonalen n mit der Reihe r bestimmt.

Um eine Anwendung des Pascalschen Dreiecks auf dem Gebiet der Wahrscheinlichkeitsrechnung zu zeigen, betrachten wir den Vorgang des Wurfes von drei Geldmünzen. Es gibt dann acht gleich wahrscheinliche Möglichkeiten, daß Kopf bzw. Zahl der geworfenen Münzen oben liegen: *KKK, KKZ, KZK, KZZ, ZKK, ZKZ, ZZK, ZZZ*. An dieser Reihe sieht man, daß man einmal drei Münzen mit dem Kopf nach oben erhalten kann, zwei Möglichkeiten hat mit zweimal den Kopf, drei Möglichkeiten mit einmal Kopf und eine Möglichkeit, daß kein Kopf oben liegt. Diese Zahlen 1,3,3,1 sind natürlich wieder die Zahlen der dritten Reihe des Dreiecks. Will man wissen, wie groß die Wahrscheinlichkeit ist, daß fünf Köpfe oben liegen, wenn man zehn Münzen in die Luft wirft, dann bestimmt man zunächst, nach wie vielen Möglichkeiten fünf Münzen aus zehn ausgewählt werden können. Der Schnittpunkt der Diagonale 5 mit Reihe 10 gibt die richtige Anzahl: 252. Als nächstes werden die Zahlen der 10. Reihe addiert, um die Anzahl der gleich möglichen Fälle zu erhalten. Wie bereits oben erwähnt, kann diese Addition abgekürzt werden, da die Summe der $n$ten Reihe des Pascalschen Dreiecks immer gleich 2^n ist. (Die Summe von jeder Reihe ist zweimal der Summe der vorangehenden Reihe, da jede Zahl zweimal durch Addition mit ihren benachbarten Zahlen in der gleichen Reihe auf die darunterliegende Reihe übertragen wird, infolgedessen entsprechen die Summen der Reihen der Verdopplungsreihe: 1,2,4,8 . . .). 2^{10} ist gleich 1024. Die Wahrscheinlichkeit, bei einem Wurf von zehn Münzen fünfmal Kopf zu erhalten, ist also 252/1024 oder 63/256. Bekannt ist eine mechanische Anordnung, um diese Wahrscheinlichkeit zu demonstrieren, man findet sie in naturwissenschaftlichen Museen oder auch in Lehrmittelsammlungen. Es handelt sich um ein Nagelbrett; die Nägel sind nach einem Dreiecksgitter so angeordnet, daß eine Metallkugel, die von oben auf das Brett gelegt wird, immer auf einen Nagel trifft und dabei mit gleicher Wahrscheinlichkeit rechts oder links an ihm vorbeirollt. Diese Bretter besitzen oft Hunderte von Nägeln in einer hexagonalen Anordnung. Am Ende des Brettes treten die Kugeln in Schlitze ein und bilden, wenn genügend Kugeln hindurchgerollt sind, näherungsweise die glockenförmige Kurve einer Normalverteilung. Im September 1964 erschien in der Zeitschrift »Scientific American« ein Artikel von Mark Kac über die »Wahrscheinlichkeit«. In diesem Artikel ist dieses Gerät abgebildet und der Zusammenhang mit dem Pascalschen Dreieck erklärt. Wenn wir jede Zahl des Pascalschen Dreiecks durch einen kleinen Punkt darstellen, und zwar: durch einen schwarzen Punkt, wenn die Zahl nicht ohne Rest durch eine bestimmte positive ganze Zahl teilbar ist, und durch einen hellen Punkt für die übrigen Zahlen, dann erhalten wir als Ergebnis immer eine verblüffende strickmusterähnliche Darstellung aus Dreiecken. In diesen so erhaltenen Mustern stecken viele Überraschungen. Betrachten wir das Binärmuster, das wir erhalten, wenn der Divisor gleich 2 ist (siehe Abbildung 85). Geht man die Mittellinie des Dreieckes herab, dann sind nur graue Dreiecke vorhanden, deren Größe ansteigt. Sie beginnen immer mit Reihen, die mit geraden Zahlen numeriert sind. An der Spitze befindet sich ein Dreieck, bestehend aus einem Punkt, und die Reihe wird kontinuierlich fortgesetzt mit Dreiecken, bestehend aus 6, 28, 120, 496 . . . Punkten. Drei dieser Zahlen – 6, 28 und 496 – sind als sogenannte perfekte Zahlen bekannt, da jede die Summe aller Divisoren, einschließlich ihrer selbst, ist (z. B.: $6 = 1 + 2 + 3$). Es ist nicht bekannt, ob es unendlich viele dieser perfekten Zahlen gibt oder ob eine von ihnen eine ungerade ist. Euklid gelang jedoch der Beweis, daß jede Zahl der Form $2^{n-1}(2^n - 1)$, wenn (2^n-1) eine Primzahl ist, eine gerade, perfekte Zahl ist. Viel später zeigte Leonhard Euler, daß alle geraden, perfekten Zahlen der Gleichung Euklids entsprechen. Die Formel ist äquivalent dem Ausdruck

$$\frac{P(P + 1)}{2},$$

worin P eine Mersenne Primzahl (d. h. eine Primzahl der Form $2^p - 1$, wobei p eine Primzahl ist) darstellt. Dieser Ausdruck gilt auch als Formel für eine Dreieckszahl. Mit anderen Worten, wenn die Seite einer

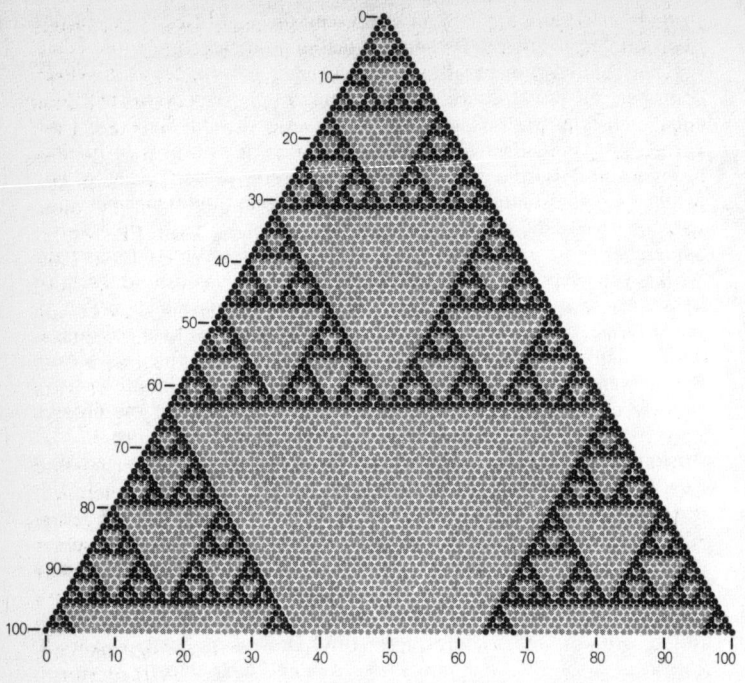

Abb. 85 Pascals Dreieck, in dem die Zahlen durch Punkte ersetzt sind – ungerade Zahlen werden durch schwarze Punkte angezeigt

Dreieckszahl eine Mersenne Primzahl ist, dann ist die Dreieckszahl ebenfalls eine perfekte Zahl. Geht man zurück zu dem Pascalschen Dreieck, dann kann gezeigt werden, daß die Gleichung für die Anzahl der Punkte im $n$ten zentralen Dreieck, wenn man sich von der Spitze nach unten bewegt, gleich $2^{n-1}(2^n-1)$ ist, was auch der Formel für die perfekten Zahlen entspricht. Daher erscheinen auch alle geradzahlig perfekten Zahlen in dem Muster als Anzahl von Punkten im $n$ten zentralen Dreieck immer, wenn $2^n - 1$ eine Primzahl ist. Das vierte graue Dreieck von oben ist nicht perfekt, da hier wegen $2^4 - 1 = 15$ keine Primzahl vorhanden ist. Das fünfte Dreieck mit 496 Punkten ist wiederum perfekt, da $2^5 - 1 = 31$ eine Primzahl ist. Das sechste graue Dreieck ist nicht perfekt, aber das siebente mit 8128 ist es.

Zum Ende noch eine Kuriosität. Wenn man die Reihen 1 bis 5 so liest, als seien es jeweils einzelne Zahlen (1, 11, 121, 1331, und 14 641), dann handelt es sich um die ersten fünf Potenzen von 11, beginnend mit $11^0 = 1$. Die fünfte Reihe müßte nun $11^5 = 161\,051$ sein, aber sie ist es nicht. Man kann nun sehen, daß das die erste Reihe ist, in der zweistellige Zahlen auftreten. Wenn wir diese Zahlen jedoch nach einer anderen Dezimalnotation mit dem Mehrfachen ihres Platzwertes interpretieren, so können wir für die fünfte Reihe, von rechts nach links gelesen, schreiben: $(1 \times 1) + (5 \times 10) + (10 \times 100) + (10 \times 1000) + (5 \times 10\,000) + (1 \times 100\,000)$, wodurch wir den korrekten Wert von 11^5 erhalten. Interpretiert man die anderen Reihen in der gleichen Form, dann gilt für jede $n$te Reihe 11^n. (Drei Veröffentlichungen über das Pascalsche Dreieck und die Exponentialzahlen von 11 sind erschienen in »Mathematics Teacher«, Band 57 [1964], S. 392; Band 58 [1965], S. 425, und Band 59 [1966], S. 461.)

So kann jeder das Pascalsche Dreieck noch weiter untersuchen und noch weitere Zusammenhänge entdecken, es ist aber unwahrscheinlich, daß diese Entdeckungen neu sein werden, da das, was wir hier gesagt haben, nur die Oberfläche einer Literaturflut berührt. In einer seiner Abhandlungen über das Pascalsche Dreieck sagte Pascal selbst, daß er mehr weggelassen habe, als was beigefügt sei. »Es ist ein sehr seltsames Ding«, erklärt er, »wie reichhaltig ist es in seinen Beziehungen!« Auch gibt es endlose Variationen über das Dreieck und viele Möglichkeiten, diese allgemein darzustellen, sowie Arbeiten über eine Tetraederform, indem man die Koeffizienten für trinominale Entwicklungen gibt.

Der Leser kann sein Verständnis für die Struktur des Dreiecks erfolgreich vertiefen, wenn er sich mit den folgenden fünf elementaren Problemen beschäftigt und diese lösen kann:

1. Nach welcher Formel kann man die Summe aller Zahlen oberhalb der Reihe n berechnen? (Die Reihen sind, wie in Abbildung 84 gezeigt, beginnend mit Null für die Spitze des Dreiecks, numeriert.)

2. Wie viele ungerade Zahlen gibt es in der Reihe 255?

3. Wie viele Zahlen in Reihe 67 sind ohne Rest durch 67 teilbar?

4. Wenn ein Damestein auf eines der vier schwarzen Felder in der ersten Reihe eines sonst leeren Damebrettes gestellt wird, dann kann sie auf irgendeins der vier schwarzen Quadrate der letzten Reihe auf einer Vielzahl verschiedener Wege gezogen werden. Für ein bestimmtes Anfangsfeld und ein bestimmtes Endfeld gibt es immer ein Maximum der

Anzahl der verschiedenen Bewegungsmöglichkeiten. Um welches Anfangs- und Endfeld handelt es sich, bei dem die Zahl der Zugvariationen ein Maximum ist?

5. Gegeben ist eine Anfangsreihe von *n* Spielkarten, wie im Pyramidentrick, der am Anfang dieses Kapitels beschrieben wurde. Wie kann man nun eine einfache Formel für die Berechnung des Zahlenwertes für die oberste Karte des Dreiecks mit Hilfe des Pascalschen Dreiecks erhalten?

Anhang

Die Antwort 5 im folgenden Abschnitt zeigt, wie Pascals Dreieck für die Lösung des Pyramidentricks angewendet werden kann. Um zu verstehen, wie die Gleichung arbeitet, betrachten wir das in Abbildung 83 gezeigte Dreieck noch einmal und nehmen weiter an, daß benachbarte Karten summiert sind, ohne die neun herauszustreichen. Die Pyramide ist dann:

$$
\begin{array}{ccccccccc}
 & & & & 71 & & & & \\
 & & & 38 & & 33 & & & \\
 & & 24 & & 14 & & 19 & & \\
 & 16 & & 8 & & 6 & & 13 & \\
9 & & 7 & & 1 & & 5 & & 8
\end{array}
$$

Die Schlüsselreihe von Pascals Dreieck ist 1, 4, 6, 4, 1. Die Einsen an ihrem Ende geben uns an, daß – wenn wir uns bei der Durchführung der Additionen nach oben bewegen – der Wert jeder Endkarte in der unteren Reihe nur einmal in der Endsumme erscheint. Das kommt daher, weil es nur einen Weg von jeder dieser Karte aus von der unteren Karte nach der Spitze gibt. Die Vierer – das sind die zweiten Karten von den Enden der Schlüsselreihe – sagen uns, daß der Wert jeder dieser zweiten Karten viermal in der Endsumme erscheint, da es vier gabelförmige Wege von jeder dieser Karten nach der Spitze gibt. Die mittlere 6 sagt uns, daß es sechs Wege von der mittleren Karte bis zur Spitze gibt; daher ist der Wert dieser Karte sechsmal in der Endsumme enthalten, und nun können wir die oberste Summe berechnen: $(1 \times 9) + (4 \times 7) + (6 \times 1) + (4 \times 5) + (1 \times 8) = 71$. Da dieses Vorgehen zu der gleichen Summe an der Spitze der Pyramide führt, muß man diese auch erhalten können, wenn die Neunen herausgekürzt werden.

Die Kartenkünstler nennen diesen Trick »Apex« oder »Spitze«. Er wurde von dem deutschen Magier Franz Braun etwa 1960 in seiner regelmäßigen Spalte über mathematische Tricks in der deutschen Zeitschrift »Magie« veröffentlicht. (Siehe auch Ronald Wohls Notiz darüber in: »The Pallbearers Review«, Juni 1967, S. 105.)

Führt man diesen Trick mit Karten aus, so sollte man ein zweites Kartenspiel bereithalten für den Fall, daß die Pyramide mehr als vier Karten mit gleichem Wert fordert. Das kann sich schon bei sehr kleinen Pyramiden, z. B. einer untersten Reihe von 4,5,4,5, ereignen; zum Auslegen dieser Pyramide sind sechs Karten vom Wert Neun erforderlich.

C. J. H. Wevers, ein Leser aus Holland, stellte ein interessantes Problem vor. Wenn wir die Bilderkarten und die Zehnen aus einem normalen Kartenspiel wegnehmen, so verbleiben 36 Karten, und 36 ist eine Dreieckszahl. Ist es nun möglich, so fragt Wevers, acht Karten in einer Reihe so auszulegen, daß mit den verbleibenden Karten ein Dreieck vollständig aber regelgerecht aufgelegt werden kann? »Es ist klar«, schrieb Wevers, »dies ist kein leichtes Problem, wenn es überhaupt lösbar ist. Ich bin überzeugt, daß es leicht sein sollte, ein Computerprogramm für diese Lösung zu schreiben . . .«

Ich fand heraus, daß diese Frage eine elegante Lösung besitzt. Der Leser sollte sich den Spaß machen, sie zu suchen. Wenn man Umkehrungen ausschließt, gibt es dann mehr als eine Lösung?

Antworten

1. Die Summe aller Zahlen oberhalb der Reihe n ist $2^n - 1$.

2. Alle Zahlen der Reihe n sind ungerade, wenn und nur wenn n eine Quadratzahl von 2 minus 1 ist. Da $255 = 2^8 - 1$ ist, sind alle diese Zahlen ungerade.

3. Alle Zahlen in Reihe 67, außer den beiden Einsen an ihren Enden, sind genau teilbar durch 67. Alle Zahlen in der Reihe n sind genau teilbar durch n wenn, und nur wenn n eine Primzahl ist. Ein Beweis dafür ist zu finden in: Stanley Ogilvy »Through the Mathescope«, S. 137.

4. Das Dame-Problem ist schnell gelöst, wenn man zunächst die Felder, wie in Abbildung 86 gezeigt, numeriert. Für jede Startposition bilden die Zahlen ein invertiertes Pascalsches Dreieck, aber modifiziert durch die Seitenbegrenzung des Spielbretts. Jede Zahl gibt die Anzahl

Abb. 86   Lösungen zur Dameaufgabe

der verschiedenen Wege an, auf denen ein Damestein dieses Feld von der Startposition aus erreichen kann. Die maximale Zahl möglicher Wege, nämlich 35, erhält man, wenn der Damestein vom dritten schwarzen Quadrat in der unteren Reihe startet.

5. Der Weg der obersten Karte in Harry Loraynes Trick wird wie folgt bestimmt: n sei die Zahl von Karten in der Anfangsreihe. Diese Zahl n der Reihe in Pascals Dreieck bestimmt die Gleichung, nach der der Wert der obersten, also der Karte auf der Spitze des Dreiecks, zu berechnen ist. An einigen Beispielen kann dies erklärt werden.

Nehmen Sie an, es liegen sechs Karten in der untersten Reihe mit den Werten 8,2,9,4,6,7. Die korrespondierende Reihe von Pascals Dreieck ist 1,5,10,10,5,1. Reduzieren Sie die beiden 10 zu ihrer Quersumme (durch Addition ihrer Ziffern), damit erhält man 1,5,1,1,5,1. Diese Zahlen werden als Multiplikatoren für diese sechs Karten verwendet. Die Karten, die als zweite von den Enden liegen, sind mit 5 zu multiplizieren, zusammenzuzählen, und dann werden sie addiert zu den Werten der vier verbleibenden Karten. Die Endsumme, reduziert zu ihrer Quersumme, ist der Wert der oberen Karte. Das kann man leicht im Kopf errechnen, da man die Quersummen nacheinander reduzieren kann. Wenn die zweite Karte von den Enden mit 5 multipliziert ist, um die Zahlen 10 und 30 zu erhalten, so können diese sofort reduziert werden zu ihren Quersummen 1 und 3, was als Summe 4 ergibt. Zur 4 müssen nun die Werte der verbleibenden 4 Karten addiert werden; dabei wird wieder jede Zwischensumme zu ihrer Quersumme reduziert. Das Endresultat 5 ist der Wert der obersten Karte.

Für die Pyramide, in Abbildung 83 mit fünf Karten in der untersten Reihe, zeigt uns die fünfte Reihe des Pascalschen Dreiecks, daß hier folgender Schlüssel gilt: 1,4,6,4,1. Die oberste Karte ist die Quersumme der Summe der untersten Karten, nachdem die Mittelkarte mit 6 und jede ihrer Nachbarkarten mit 4 multipliziert wurden. Hierzu ist etwas mehr Kopfarbeit zur Berechnung erforderlich als bei einer unteren Reihe mit sechs Karten, aber die Zuschauer benötigen weniger Arbeit zum Nachrechnen. Nebenbei gesagt, das Entfernen der Bilderkarten und der Zehner aus dem Spiel erfolgt ebenfalls nur, damit die Zuschauer leichter nachrechnen können. Der Trick funktioniert ebenso gut, wenn das vollständige Kartenspiel verwendet wird, und zwar mit den Werten 11, 12 und 13 für Bube, Dame und König.

Die Bestimmung des Wertes der obersten Karte ist am leichtesten für eine Reihe aus zehn Gliedern. In diesem Fall ist die korrespondierende Reihe von Pascals Dreieck reduziert zu ihrer Quersumme 1,9,9,3,9,9,3,9,9,1. Die Zahl 9 ist die gleiche wie 0 (Modulo 9), so daß wir die Gleichung schreiben können: 1,0,0,3,0,0,3,0,0,1. Um die oberste Karte zu bestimmen, müssen wir nur die vierten Zahlen von jedem Ende mit 3 multiplizieren, die beiden Endkarten hinzuaddieren und die Quersumme bilden. Die anderen sechs Zahlen können vollständig ignoriert werden! Eine gute Vorführung (vorgeschlagen von L. Vosburgh Lyons) erreicht man, indem man den Zuschauer selbst den Wert der obersten Karte vorschlagen läßt; dabei kann jede beliebige Zahl genannt werden. Danach schreibt er eine Reihe von neun Zufallszahlen und erlaubt, eine beliebige zehnte Zahl an einem Ende der Reihe hinzuzufügen. Man addiere die drei Schlüsselnummern der

Gleichung in der gewöhnlichen Art und Weise und füge dann eine vierte Zahl so hinzu, daß die Spitze den Wert erhält, der verlangt wurde.

Der Trick braucht nicht auf die Addition mit dem Herausstreichen der Neunen begrenzt zu werden. Irgendeine ganze Zahl kann herausgestrichen werden. Pascals Dreieck mit seinen Zahlen, reduziert durch die gleiche Art des Kürzens, gibt die erforderlichen Gleichungen. Nehmen Sie z. B. an, der Trick beginne mit acht Zahlen, und die Pyramide werde aufgebaut durch Herausstreichen der Sieben. Die achte Zahlenreihe von Pascals Dreieck, reduziert durch Herausstreichen der Sieben, ist 1,0,0,0,0,0,0,1. Zur Bestimmung der obersten Karte addiere man einfach die beiden Endzahlen, und – wenn notwendig – reduziere man auf eine Ziffer durch Herausstreichen der Sieben. Ich überlasse es dem Leser zu bestimmen, warum das Dreieck für alle diese Fälle die erforderlichen Gleichungen liefert.

Jam, Hot und andere Spiele

In diesem Kapitel werden wir abwechslungsreiche Spiele für zwei Personen kennenlernen. Einige von ihnen sind alt, andere neu, und man kennt ihre mathematischen Spielstrategien. Als erstes betrachten wir ein Trio einfacher Spiele, die – was man nicht erwarten würde – miteinander verwandt sind.

1. Neun Spielkarten mit den Werten As bis Neun liegen aufgedeckt auf dem Tisch. Die Spieler nehmen der Reihe nach Karten auf. Der erste, der drei Karten hat, die zusammenaddiert 15 ergeben, ist der Gewinner.

2. Auf einer Straßenkarte nach Abbildung 87 machen die Spieler das Spiel, indem sie eine der numerierten Straßen sperren. Dies geschieht durch Anmalen einer Straße in ihrer ganzen Länge, auch dort, wo sie durch ein oder zwei Städte (Kreise) läuft. Unterschiedliche Farbstifte müssen verwendet werden, um die Züge der beiden Spieler unterscheiden zu können. Der erste Spieler, der drei Straßen, die in eine Stadt münden, angemalt hat, ist der Sieger. Der holländische Psychologe John A. Michon, der dieses Spiel erfand, nannte es »Jam«, was einmal seine Initialen sind, und was andererseits das Ziel des Spieles, die Kreuzungen durch Blockieren der Hauptstraßen zu verstopfen (to jam), kennzeichnet.

3. Jedes der folgenden amerikanischen Wörter wird auf eine Karte geschrieben: hot, hear, tied, form, wasp, brim, tank, ship, woes. Diese neun Karten werden mit der Schrift nach oben auf den Tisch gelegt. Die Spieler nehmen der Reihe nach jeweils eine Karte auf. Gewinner ist der erste Spieler, der drei Karten hält, die einen gemeinsamen Buchstaben besitzen. Der kanadische Mathematiker Leo Moser, der dieses Spiel erfand, nannte es »Hot«.

Zu jedem dieser Spiele stellt sich nun die Frage: Wenn beide Spieler optimal ziehen, gewinnt dann der erste oder der zweite, oder bleibt das Spiel unentschieden? Vielleicht hat der Leser schon einmal das erlebt, was die Gestaltpsychologen einen »closure« nennen und bereits erkannt, daß alle drei Spiele dem Ticktacktoe (ein mühleähnliches Spiel) entsprechen!

Daß dies so ist, ist leicht ersichtlich. Für das erste Spiel stellen wir eine Liste aller Dreiergruppen der verschiedenen Zahlen von 1 bis 9, die zusammen 15 ergeben, auf. Es existieren genau acht solcher Dreiergruppen. Sie können auf einem Ticktacktoe-Brett, wie in Abbildung 88 zu sehen, geschrieben werden und bilden das bekannte magische Quadrat dritter Ordnung, indem jede Reihe, jede Säule und die Hauptdiagonalen eine der Dreiergruppen bilden. Jede numerierte Karte, die von einem Spieler gezogen wird, korrespondiert mit dem Ticktacktoe-Spiel auf den Feldern des magischen Quadrats, in denen sich die Zahlen befinden. Jeder Dreiersatz, der beim Kartenspiel gewinnt, korrespondiert mit einer gewinnenden Ticktacktoe-Reihe auf dem magischen Quadrat. Jeder, der fehlerfrei Ticktacktoe spielen kann, und der sich auch an das magische Quadrat erinnert, spielt sofort vollendet diese Kartenspiele.

Die Straßenkarte nach Abbildung 87 entspricht topologisch der symmetrischen Zeichnung links in Abbildung 89; diese entspricht wiederum einer Zeichnung, die man erhält, wenn die Mittelpunkte der neun Felder eines Ticktacktoe-Brettes so miteinander verbunden werden, wie dies rechts im Bild zu sehen ist. Jedes numerierte Feld des magischen Quadrats korrespondiert mit einer Hauptstraße der Karte, und jede Stadt auf der Karte korrespondiert mit einer Reihe oder Hauptdiagonalen des magischen Quadrats. Auch hier gibt es die äquivalenten Beziehungen zwischen dem Spiel auf der Straßenkarte und beim Ticktacktoe.

Die Gleichheit von Mosers Wortspiel mit Ticktacktoe wird aus Abbildung 90 ersichtlich. Hier sind die neun Worte in die Felder des Ticktacktoe-Brettes eingetragen. Jede Gruppe von drei Wörtern besitzt einen gemeinsamen Buchstaben, und auch hier gibt es keine anderen Wortgruppen als die acht, die dargestellt sind. Auch hier kann jeder geübte Ticktacktoespieler, wenn er die Wortanwendung im Gedächtnis hat, sofort perfekt das Spiel »Hot« spielen. Da Ticktacktoe, wenn es mit Verstand gespielt wird, immer unentschieden endet, gilt dies auch für diese drei äquivalenten Spiele, obwohl der erste Spieler natürlich einen großen Vorteil gegenüber dem zweiten hat, besonders dann, wenn dieser nicht merkt, daß er ein verkapptes Ticktacktoe spielt, oder es nicht perfekt spielen kann.

Jeder, der die grundlegende Identität dieser drei Spiele versteht, hat

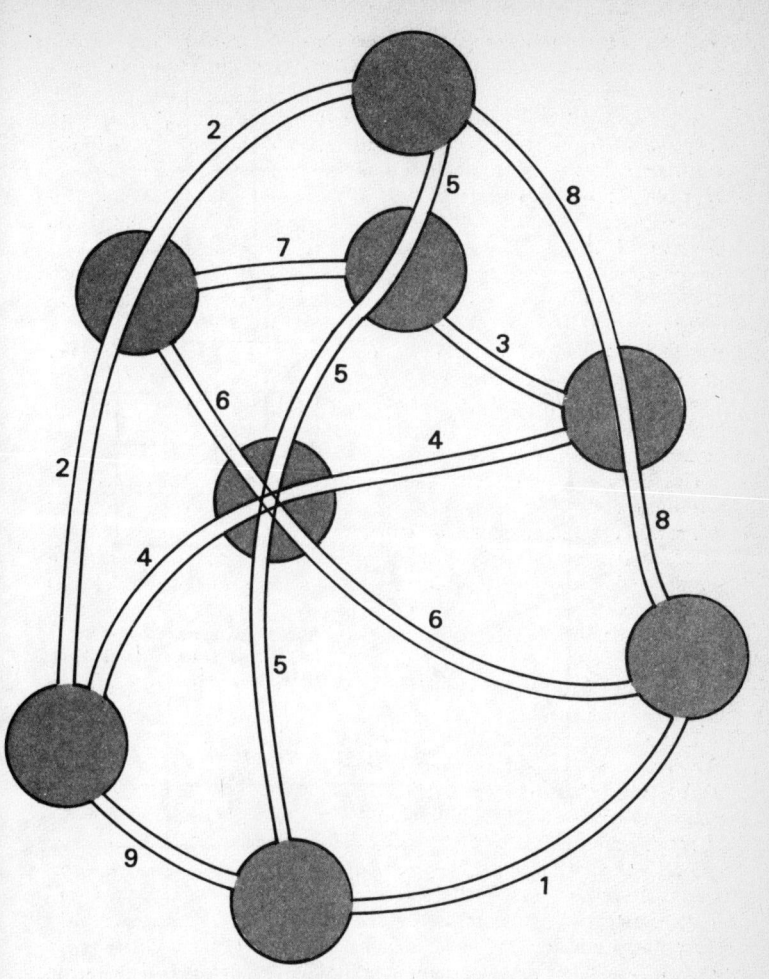

Abb. 87 Straßenkarte zum Jam-Spiel

Abb. 88   Ticktacktoe-Version des Kartenspiels

2	9	4
7	5	3
6	1	8

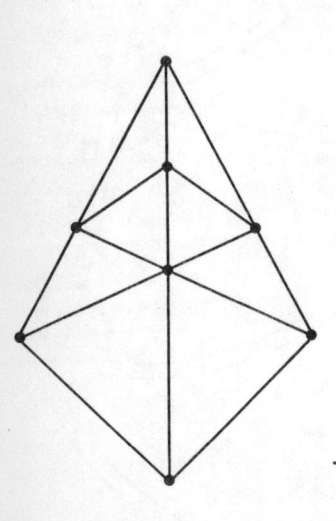

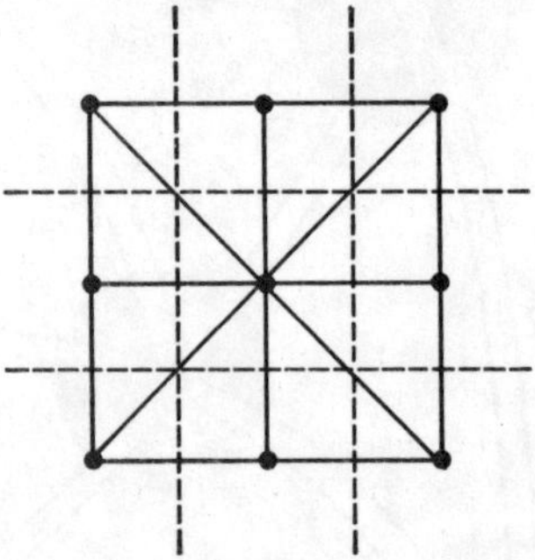

Abb. 89   Graph der Jam-Karte (links) und seine Ticktacktoe-Darstellung (rechts)

Abb. 90   Schlüsselworte für das Spiel Hot

HOT	FORM	WOES
TANK	HEAR	WASP
TIED	BRIM	SHIP

einen wertvollen Einblick erhalten. Mathematik und Spiele scheinen im ersten Augenblick wenig miteinander zu tun zu haben, und doch sind es nur unterschiedliche Symbole und Regeln zum Spiel des gleichen Spiels. Geometrie und Algebra z. B. sind auch zwei Möglichkeiten, um exakt

216

das gleiche Spiel zu spielen, wie Descartes große Entdeckung der analytischen Geometrie zeigt.

In der Gruppe der »Wegnehmspiele« gibt es viele, bei denen die Spieler abwechselnd ein Element oder eine Teilmenge aus einer Menge wegnehmen. Die Person gewinnt dabei, die das letzte Element wegnehmen kann. Das bekannteste Spiel dieser Art ist »Nimm«, das mit einer Menge Spielmarken in einer beliebigen Anzahl von Reihen, mit beliebiger Anzahl von Spielmarken in jeder Reihe, gespielt wird. Wenn ein Spieler am Zuge ist, kann er so viele Spielmarken wie er will wegnehmen, vorausgesetzt, sie liegen alle in der gleichen Reihe. Die Person, die die letzte Spielmarke wegnimmt, gewinnt das Spiel. Eine vollendete Strategie kann leicht im Binärsystem formuliert werden, wie dies in dem Buch: »The Scientific American Book of Mathematical Puzzles and Diversions« erklärt wird.

Eine Ausgangsposition für »Nimm«, so wie es in dem Film »Letztes Jahr in Marienbad« gespielt wurde, ist in Abbildung 91 zu sehen. Siebzehn Karten sind in vier Reihen – eine, drei, fünf und sieben Karten – aufgelegt. (Die dreieckige Form symbolisiert das Dreiecksverhältnis dieses Films.) Um festzustellen, ob der erste oder der zweite Spieler gewinnen kann, schreiben wir die Anzahl der Karten jeder Reihe im Binärsystem untereinander und addieren das ganze:

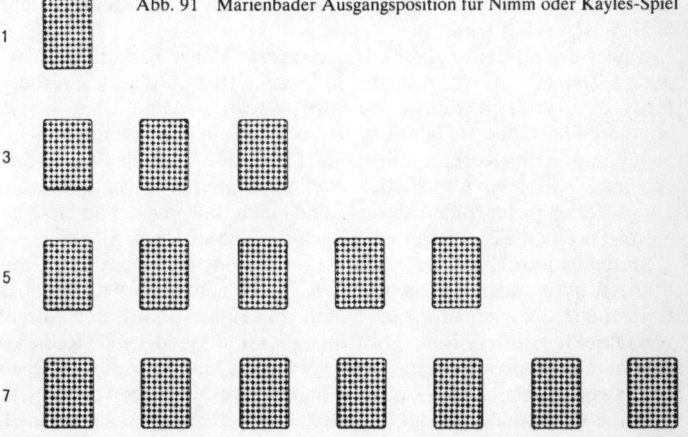

Abb. 91   Marienbader Ausgangsposition für Nimm oder Kayles-Spiel

$$
\begin{array}{cc}
1 & 1 \\
3 & 11 \\
5 & 101 \\
7 & \underline{111} \\
& 224
\end{array}
$$

Wenn die Summe in jeder Spalte eine gerade Zahl ist (oder Null bei Addition im Binärsystem) wie in diesem Fall, so wird das Kartenmuster als sicher bezeichnet. Das bedeutet, daß der erste Spieler sicher gegen einen Experten verliert, denn gleichgültig wie er spielt, wird er eine unsichere Kartenordnung zurücklassen; mindestens eine Säule weist eine ungerade Summe auf, und der zweite Spieler kann beim nächsten Zug dies wieder in eine sichere Anordnung bringen. Wenn er so spielt, daß er ein sicheres Kartenmuster zurückläßt, dann ist er sicher, die letzte Spielmarke wegnehmen zu können. (Im Film wird die umgekehrte Form gespielt: Der letzte, der eine Spielmarke nehmen kann, verliert. Dies verlangt nur eine einfache Änderung der Strategie am Ende eines Spiels: Der Gewinner geht von der normalen Strategie ab, wenn es möglich ist, eine ungerade Anzahl von Spielmarkenreihen zurückzulassen.)

Michel Hénon, ein Mathematiker am »Centre National de la Recherche Scientifique« in Paris, erdachte sich eine kurzweilige Variante des Nimm-Spieles, das mit Schere und Bindfaden gespielt wird. Sie ist aber besser zu verstehen, wenn zuerst eine ältere Variante von Nimm, die »Kayles« genannt wird, und die dem Fadenspiel sehr ähnlich ist, erklärt wird.

Kayles erfand der englische Rätselexperte Henry Ernest Dudeney, der es erstmals als 73. Aufgabe in seinem Buch: »The Canterbury Puzzles« (1907) vorführte. Es wird Kayles genannt nach einem populären Spiel des 14. Jahrhunderts, bei dem ein Ball gegen nebeneinander aufgestellte Kegel gerollt wurde. Die Größe des Balles war so, daß er einen einzelnen Kegel oder zwei benachbarte Kegel umwerfen konnte. Die Spieler rollten abwechselnd einen Ball, und der Spieler, der als letzter einen Kegel (oder ein Kegelpaar) umwarf, war Sieger.

Mathematisch spielt man Kayles am besten auf einem Tisch mit Münzen oder anderen Gegenständen, indem man diese willkürlich in Reihen anordnet, genau wie in »Nimm« mit einer willkürlichen Anzahl von Objekten in einer Reihe. Nun müssen wir uns jedoch jede Reihe als eine miteinander verbundene Kette vorstellen. Man kann nur ein Glied oder zwei nebeneinanderliegende Glieder entfernen. Wenn das Objekt oder das Objektpaar von der Innenseite der Kette weggenommen wird, entstehen aus einer Kette zwei einzelne Ketten. Wenn z. B. der erste Spieler die mittlere Karte aus der unteren Reihe der Marienbader Anordnung wegnimmt, bricht die siebenteilige Kette in zwei getrennte Ketten mit je drei Gliedern auseinander. Damit ist es wahrscheinlich, daß die Anzahl der Ketten im Verlauf eines Spiels ansteigt. Die Person, die zuletzt spielt, gewinnt.

Auch Kayles eignet sich für eine binäre Analyse, aber nicht so direkt wie Nimm. Jeder Kette ordnen wir eine Binärzahl zu, aber diese Zahl (außer für die drei kleinsten Fälle) ist nicht die gleiche wie die Dezimalzahl für die Karten in einer Reihe. Die Liste, wie in Abbildung 92 gezeigt, entwickelt von Hénon, gibt die erforderliche Binärzahl, hier K-Nummer genannt, für die ganzen Zahlen 1 bis 70 an. Für Zahlen größer als 70 entsteht seltsamerweise eine Periodizität einer Zwölf-Zahlen-Gruppe. Ist die Zahl größer als 70, dann teile man sie durch 12 und merke den Rest, und verwende danach die Liste rechts unten in Abbildung 92. Um zu entscheiden, ob ein Kayles-Muster sicher oder unsicher ist, verwendet man die K-Zahlen wie beim Nimm-Spiel die Binärzahlen.

Betrachten wir die Marienbader Ausgangsposition, die im Nimm-Spiel als sicher gilt, weil sie einen Gewinn für den zweiten Spieler verspricht. Ist sie auch sicher bei Kayles? Verwenden wir die K-Zahlen, dann finden wir:

1	1
3	11
5	100
7	10
	122

Die Summen sind nicht alle geradzahlig, und damit handelt es sich beim Kayles um eine unsichere Position. Nur ein Zug des ersten Spielers kann eine sichere Position und damit einen Gewinn garantieren. Kann der Leser diesen Zug erkennen?

Die Ableitung der K-Zahlen ist zu kompliziert, um sie hier erklären zu können. Der interessierte Leser findet sie ausführlich in Veröffentlichungen von R. K. Guy und C. A. Smith in »Proceedings of the Cambridge Philosophical Society«, Band 52, und von Thomas H. O'Beirne in »Puzzles and Paradoxes«, Oxford University Press, 1965. Man beachte, daß keine K-Zahl mehr als vier Stellen besitzt. Als Ergebnis können sechzehn unterschiedliche Kombinationen aus vier Termen, gerader und ungerader, als Spaltensumme auftreten, nur eine

Anzahl der Spielmarken in der Reihe	K-Zahl	Anzahl der Spielmarken in der Reihe	K-Zahl	Anzahl der Spielmarken in der Reihe	K-Zahl
1	1	31	10	61	1
2	10	32	1	62	10
3	11	33	1000	63	1000
4	1	34	110	64	1
5	100	35	111	65	100
6	11	36	100	66	111
7	10	37	1	67	10
8	1	38	10	68	1
9	100	39	11	69	1000
10	10	40	1	70	110
11	110	41	100		
12	100	42	111		
13	1	43	10		
14	10	44	1		
15	111	45	1000		
16	1	46	10		
17	100	47	111	Anzahl über 70	
18	11	48	100	Rest	K-Zahl
19	10	49	1	0	100
20	1	50	10	1	1
21	100	51	1000	2	10
22	110	52	1	3	1000
23	111	53	100	4	1
24	100	54	111	5	100
25	1	55	10	6	111
26	10	56	1	7	10
27	1000	57	100	8	1
28	101	58	10	9	1000
29	100	59	111	10	10
30	111	60	100	11	111

Abb. 92   Binäre K-Zahlen zum Kayles-Spiel

von diesen ist eine gerade-gerade-gerade-gerade-Kombination. Wie Hénon feststellt, versetzt uns dies in die Lage, mit einem höheren Grad von Genauigkeit zu schließen, daß bei einer zufälligen Wahl einer Startposition im Kayles-Spiel die Wahrscheinlichkeit für ein sicheres Muster ca. $^1/_{16}$ ist. (Die Wahrscheinlichkeit erreicht den Wert $^1/_{16}$ sehr schnell, wenn die Anzahl der Reihen ansteigt.)

Es gibt einige nützliche Regeln, denen ein Kaylesspieler folgen kann, ohne alle Muster analysieren zu müssen. Zwei gleich lange Ketten sind sicher, da, was auch immer der Gegenspieler mit einer unternimmt, man das gleiche mit der anderen machen kann. Wenn es sich z. B. um zwei Reihen zu je fünf Karten handelt, und er nimmt die zweite Karte von der einen, dann nehmen Sie die zweite Karte von der anderen. Die verbleibenden Ketten haben das Muster 1,1,3,3. Wenn er zwei Karten aus einer Drei-Glieder-Kette nimmt, so nehmen Sie zwei Karten von der anderen Kette. Wenn er die Kette mit der einen Karte nimmt, nehmen Sie die andere. Daraus folgt: Ist die Startposition eine einzelne Kette, dann gewinnt der erste Spieler leicht; besteht die Kette aus ein oder zwei Karten, dann nimmt er sie. Besitzt sie aber mehr als zwei Karten, so nimmt er eine oder zwei aus der Mitte und hinterläßt zwei gleichlange Ketten und spielt weiter wie erklärt. Besteht ein Muster aus einer geraden Anzahl gleicher Ketten, so ist die Position selbstverständlich ebenfalls sicher, da – was auch immer der erste Spieler mit einer Kette unternimmt – der zweite das gleiche an ihrem Zwilling tut.

Es ist auch gut, sich das folgende sichere Muster einzuprägen, das für zwei oder drei Reihen mit jeweils nicht mehr als neun Karten in jeder Reihe gilt. Die sicheren Dubletten (abgesehen von zwei gleichen Ketten, die immer sicher sind) sind 1–4, 1–8, 2–7, 3–6, 4–8 und 5–9. Sichere Dreiergruppen können im Kopf errechnet werden, wenn man sich dazu folgende drei Zahlengruppen merkt: 1,4,8; 2,7 und 3,6. Jede beliebige Dreiergruppe, bestehend aus einer Zahl von jeder Gruppe, ist sicher.

Nun wollen wir uns Hénons Fadenspiel für zwei Personen zuwenden. Wir verfügen über eine beliebige Anzahl von Fäden mit jeweils beliebiger Länge. Die Spieler schneiden abwechselnd von irgendeinem Faden Stücke von einem Zoll Länge ab. Ein solches Stück kann von einem Ende oder auch aus der Mitte eines Fadens abgeschnitten werden. Im zweiten Fall entstehen aus einem Faden zwei. Ein Faden von einem Zoll Länge kann natürlich ohne abzuschneiden weggenommen werden. Die Person, die das letzte Ein-Zoll-Stück nimmt, ist Gewinner.

Die Länge der Fäden braucht nicht rational zu sein. In Abbildung 93

Abb. 93 Hénons Fadenspiel

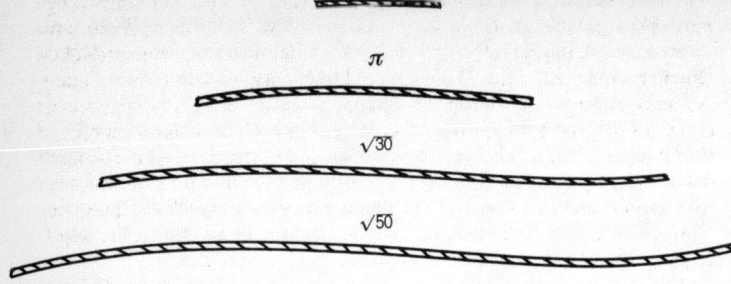

beginnt ein Spiel mit vier Fäden der Längen 1, *Pi*, der Quadratwurzel aus 30 und der Quadratwurzel aus 50. Wer gewinnt, wenn beide Spieler überlegt spielen? Das erscheint zunächst eine enorm schwierige Frage zu sein, aber mit der richtigen Einsicht ist sie verblüffend leicht. Zur Lösung der Aufgabe ziehen wir vier gerade Linien von ungefähr der geforderten Länge. Wenn jedes Ein-Zoll-Segment ausradiert ist, wird an jede verbleibende Linie die korrekte Länge geschrieben.

Das Spiel kann auch mit geschlossenen Fadenringen gespielt werden. Nehmen Sie an, es beginnt mit sieben solcher Ringen, jeder länger als zwei Zoll. Welcher Spieler gewinnt nun, wenn man nichts über die Länge der Fäden weiß? Beschreitet man den richtigen Lösungsweg, so ist diese Frage sogar noch leichter als die vorhergehende zu beantworten.

Unser letztes Spiel entnahmen wir dem Buch von Rufus Isaacs »Differential Games« (Wiley, 1965). Liebhaber der Unterhaltungsmathematik werden sich erinnern, daß Isaacs die ausgezeichneten Illustrationen für James R. Newmans »Mathematics and the Imagination« lieferte, aber auch den Mathematikern ist er bestens als Operation-Research-Experte bekannt. Sein Buch ist gefüllt mit originellen Lösungsmethoden für knifflige Konfliktspiele der Art, wie sie oft in militärischen Situationen auftreten, hauptsächlich Spiele, die mit Verfolgung und Gefangennahme zu tun haben. Dabei werden einige dieser Spiele zu einfachen, diskreten Versionen aufbereitet, so daß sie auch für den Hobby-Mathematiker sehr interessant sind.

Eines der Hauptziele des Buches, das Isaacs vollständig analysiert hat, ist ein Spiel, das er selbst »Der Chauffeur als Mörder« nannte. Stellen

Sie sich einen Mörder hinter dem Steuer eines Wagens vor, der auf einer unendlichen Ebene fährt. Er bewegt sich mit konstanter Geschwindigkeit und kann die Stellung seines Steuerrades augenblicklich ändern, aber der Einschlag der Vorderräder ist begrenzt. Auf dieser unendlichen Ebene befindet sich auch ein einsamer Fußgänger. Er kann sich in jedem Augenblick in jede Richtung bewegen. Seine Geschwindigkeit ist ebenfalls konstant, aber langsamer als die des Wagens. Unter welchen Bedingungen kann der Wagen (angenommen, daß die Abmessungen des Fahrzeuges festgelegt sind) den Fußgänger anfahren? Unter welchen Bedingungen kann der Fußgänger entkommen? Wie kann der Verfolger die Zeit minimalisieren, die notwendig ist, um seine Jagdbeute, wenn dies möglich ist, zu erlegen?

Glücklicherweise werden wir nicht mit diesen schwierigen Fragen, sondern mit etwas Einfacherem befaßt sein, nämlich mit einem ähnlichen Spiel, das Isaacs »Der behinderte Streifenwagen« nannte. Dazu nehmen wir eine Stadt mit unbegrenzter Ausdehnung an, in der sich Straßen, die ein regelmäßiges quadratisches Muster bilden, befinden. Ein Streifenwagen steht auf einer Kreuzung, auf einer anderen steht ein Wagen mit Verbrechern. Der Streifenwagen bewegt sich zweimal so schnell wie das Verbrecherauto, ist aber behindert, da es die städtischen Verkehrsregeln zu beachten hat. Nach diesen Regeln sind Linksabbiegen und Kehrtwendungen verboten, so daß der Streifenwagen nur geradeaus fahren oder rechts abbiegen kann. Das Verbrecherauto beachtet diese Einschränkungen nicht, es kann sich an jeder Kreuzung in alle vier Richtungen bewegen.

Für das Spiel werden die Kreuzungen durch die Quadrate eines unendlich großen Schachspielbrettes ersetzt. Eine Spielmarke, auf die ein Richtungspfeil gezeichnet wurde, symbolisiert den Streifenwagen und zeigt an, in welche Richtung er sich bewegt. Der Wagen der Verbrecher wird durch eine nicht markierte Spielmarke dargestellt. Die Spieler ziehen ihre Marke abwechselnd, und der Streifenwagen beginnt mit dem ersten Zug. Alle Züge sind wie die Züge des Turms beim Schach: rauf, runter, links oder rechts, aber niemals diagonal. Die Verbrecher bewegen sich bei jedem Zug um ein Quadrat, während der Streifenwagen sich zwei Quadrate immer geradeaus, entweder in die Richtung, in der er schon fuhr, oder in die er sich nach einer Rechtsabbiegung bewegt. Er kann nicht ein Quadrat nach vorn und dann ein Quadrat nach rechts fahren. Er fängt die Verbrecher, wenn er auf dem Quadrat landet, auf dem sich diese befinden oder auf einem rechtwinklig oder diagonal danebenliegenden Quadrat.

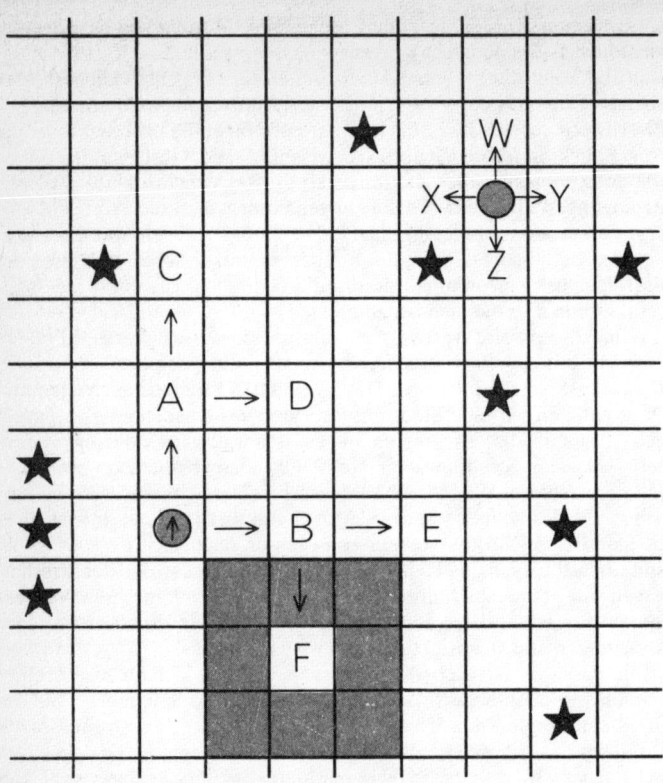

Abb. 94   Isaacs Streifenwagen-Spiel

Die Regeln sind in Abbildung 94 illustriert. Der Streifenwagen kann sich bei seinem ersten Zug nach Quadrat *A* oder *B* bewegen. Von *A* kann er dann nach *C* oder *D*, von *B* nach *E* oder *F* weiterziehen. Nach jedem Zug kann er (wenn nötig) gedreht werden, so daß sein Pfeil in die Richtung zeigt in die er zuletzt gefahren ist. Die Verbrecher können sich zu den Quadraten *W*, *X*, *Y* oder *Z* bewegen. Wenn der Streifenwagen auf *F* wäre, und die Verbrecher wären auf dem gleichen Feld oder auf einem der acht schattierten Quadrate, die *F* umgeben, so würden sie als gefangen betrachtet werden. Von welchen Startpositionen aus können die Verbrecher gefangen werden? Isaacs zeigt, daß es um den Startpunkt des Streifenwagens herum ein assymmetrisches, zusammenhängendes Gebiet von genau 69 Quadraten gibt, die für den Verbrecherwagen als Startpunkt tödlich sind. Starten sie auf einem Quadrat irgendwo außerhalb dieses Gebietes, dann können sie (bei unbegrenztem Spielfeld) immer entfliehen.

Der Leser sollte sich ein großes Damespiel von sagen wir 50 x 50 Quadraten aufzeichnen (vielleicht findet er auch einen Raum mit einem Fußbodenmuster, das für dieses Spiel geeignet ist). Der Startpunkt des Streifenwagens sollte in der Mitte des Spielfeldes liegen, und nun sollte er versuchen, ob er die 69 für die Verbrecher fatalen Anfangsquadrate herausfinden kann. So lange man das Spiel nicht vollständig analysiert hat, macht es viel Spaß. Der Spieler, der den Verbrecherwagen bewegt, kann seinen Startpunkt wählen und dann sehen, ob er die Grenze erreicht, bevor er gefangen wird. Hat man das Spiel lange genug gespielt, wird man sicher das für die Verbrecher zum Verhängnis werdende Gebiet feststellen können, aber es gibt auch für diese Feststellung einen einfacheren Weg, und man wird jedem Quadrat innerhalb des Gebietes eine Nummer geben, die angibt, wie viele Streifenwagenzüge bis zur Gefangennahme notwendig sind, wenn beide Seiten in der richtigen Spielstrategie vorgehen. Für Leser, die keine vollständige Analyse machen wollen, hier eine einfachere Aufgabe: Nehmen Sie an, der Streifenwagen startet von der Position, wie sie auf dem Bild gezeigt ist. Die Verbrecher können von einem der zehn mit einem Stern bezeichneten Quadrate starten. Von allen außer einem dieser Quadrate können sie immer entkommen. Welches ist das für die Verbrecher fatale mit einem Stern versehene Quadrat, und nach wie vielen Zügen werden die Verbrecher gefangen sein – vorausgesetzt, daß beide Seiten jeweils die besten Züge wählen?

Anhang

John Horton Conway von der Universität Cambridge berichtet, daß er und einige Freunde sich den Spaß machen, neue Gruppen von neuen Wörtern zum Hot spielen zu finden, die man sich gut merken kann, und die sich zu einem sinnvollen Satz zusammenstellen lassen. Noch mehr, die Wörter sollen so kurz wie möglich sein. Vier Buchstaben für das Wort auf dem Mittelfeld des Ticktacktoe-Brettes, drei Buchstaben für jedes Wort eines Eckfeldes und zwei Buchstaben für jedes Wort eines Seitenfeldes. Conway hatte den Satz: »For stir not so, as if fat ran in«, aber er hielt den Vorschlag von Anna Duncan für besser: »Spit not so, fat fop, as if in pan.« Dem Leser wird es leichtfallen, diese Wörter richtig in das Muster einzutragen.

Was ich für das Kayles-Spiel als K-Zahlen bezeichnete, sind Grundy-Zahlen oder Grundy-Funktionen, nach P. M. Grundy benannt.

Abb. 95 Marienbader Version von Nimm (oben) und Kayles (unten)

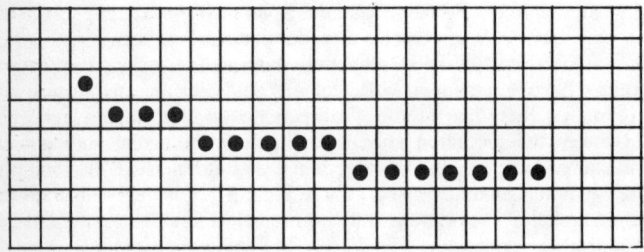

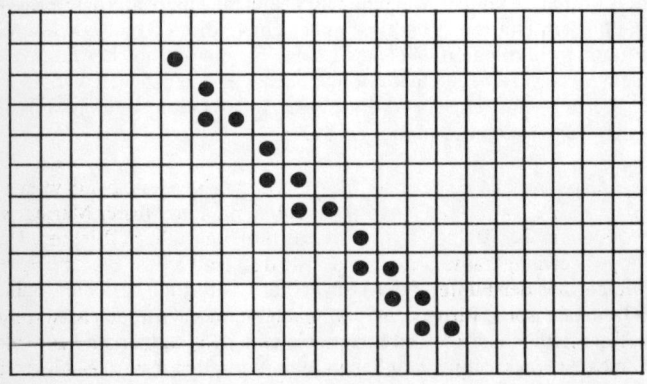

Er war einer der ersten, die zeigten, wie mit diesen Zahlen eine Strategie für die große Familie der nimmähnlichen Spiele aufgestellt werden kann.

Rufus Isaacs stellte fest, daß es zur Verallgemeinerung der Wegnehmspiele vorteilhaft ist, sich ein großes Quadratgitter vorzustellen, auf dem sich die Spielmarken, je eine auf einem Quadrat, in jedem gewünschten Muster als Anfangsplazierung befinden können. Zwei Spieler nehmen abwechselnd eine Gruppe von Spielmarken weg, vorausgesetzt, diese befinden sich jeweils in der gleichen Reihe oder Spalte. Eine große Familie dieser Wegnehmspiele kann nun als Untergruppierung dieses Spieles betrachtet werden. Wenn die Anfangsposition wie oben in Abbildung 95 gezeigt ist, dann haben wir das Marienbad-Nimm-Spiel. Ist die Anfangsposition wie darunter gezeigt, dann haben wir ein Marienbad-Spiel von Kayles. Ist die Startposition ein Quadrat, und die entfernten Spielmarken müssen rechtwinklig bei jedem Zug benachbart sein, dann handelt es sich um Piet Heins »tac-tix« (siehe das von mir verfaßte Buch: Scientific American Book of Mathematical Puzzles und Diversions«, Kap. 25). Wenn nur zwei rechtwinkelig aneinanderliegende Spielmarken bei jedem Zug genommen werden dürfen, dann handelt es sich um »Cram« (siehe Scientific American, Februar 1974.) Das Spiel kann natürlich weiter verallgemeinert werden, auf andere Gitteranordnungen und auf n Dimensionen, wodurch wir eine endlose Vielfalt des Nimm-Spiels erhalten.

Einige Leser wiesen mich auf die Tatsache hin, daß das Fadenspiel, gespielt mit einer einzelnen, geschlossenen Schlinge dem »Sam-Loyd's-Daisy«-Spiel entspricht (siehe: »Mathematical Puzzles of Sam Loyd«, 2. Band, S. 40, Dover 1960).

Antworten

Die Leser wurden gebeten, den Zug des ersten Spielers, bei dem er im Kayles-Spiel gewinnt, zu suchen und dabei mit dem Muster Marienbad anzufangen: Vier Reihen mit eins, drei, fünf und sieben Objekten. Der einzige gewinngarantierende Zug ist das Entfernen des mittleren Objektes aus der Fünferreihe.

Das Fadenspiel, für das zwei Aufgaben gestellt wurden, ist systemgleich mit Kayles! Unvernünftige Fadenlängen scheinen das Spiel komplizierter zu gestalten, aber in Wirklichkeit tun sie dies nicht, da jede Fadenlänge, die über ein ganzzahliges Vielfaches von einem Zoll hinausgeht, ignoriert werden kann. Betrachten wir den Faden der Länge $6^{1}/_{2}$ Zoll. Wenn man jedesmal ein Zoll von einem Ende abschneidet, ist dies das gleiche, wie wenn man ein Objekt von einem Ende einer Reihe von sechs Objekten beim Kayles-Spiel wegnimmt. Die verbleibende Länge – in diesem Fall $^{1}/_{2}$ Zoll – spielt keine Rolle mehr. Wenn man ein Zoll aus der Mitte einer Schnur herausschneidet, und man beginnt dabei, sagen wir $^{3}/_{4}$ Zoll vom Ende (oder auch bei irgendeinem Abstand zwischen $^{1}/_{2}$ und 1 Zoll), dann gleicht dies dem Wegnehmen von zwei Objekten am Ende einer Sechserreihe bei Kayles. Offensichtlich spielt das $4^{3}/_{4}$-Zoll-Stück keine weitere Rolle mehr in diesem Spiel, und es verbleibt ein Stück von $4^{3}/_{4}$ Zoll Länge, das einer Viererreihe im Kayles-Spiel entspricht. Schneidet man ein Ein-Zoll-Stück aus dem Inneren des $6^{1}/_{2}$ Zoll langen Fadens, beginnend bei einem ganzzahligen Abstand von einem Ende, dann entspricht das dem Wegnehmen von einem Objekt aus dem Inneren einer Sechserreihe des Kayles-Spiels. Das Abschneiden eines mittleren Zolls, d. h. aus einer ganzzahligen Anzahl von Zoll plus einem Bruchteil zwischen $^{1}/_{2}$ und 1 vom Ende des $6^{1}/_{2}$ Zoll langen Stückes, entspricht dem Wegnehmen zweier benachbarter Objekte aus der Mitte einer Sechserreihe im Kayles-Spiel.

Durch ein wenig Nachdenken und einige Versuche kann man sich davon überzeugen, daß zu jedem Zug im Kayles ein Gegenstück im Fadenspiel existiert und umgekehrt. Jedes Stück Faden entspricht einer Reihe mit einer Anzahl Objekte im Kayles-Spiel, die gleich der Anzahl in ganzen Zoll der Länge des Fadens ist.

Hat man die Gleichheit beider Spiele erkannt, dann ist die erste Frage über das Fadenspiel sofort beantwortet. Haben die Fäden die Länge 1, *Pi* (3,14), der Quadratwurzel von 30 (5,47) und der Quadratwurzel von 50 (7,07), so entsprechen die Fäden dem Marienbad-Muster mit Reihen aus eins, drei, fünf und sieben Objekten; daher kann der erste Spieler – wie bereits erklärt – gewinnen: Er schneidet ein Zoll, beginnend bei zwei Zoll Entfernung von einem Ende des Fadens ab, der 5,7 Zoll lang ist, und spielt weiter, wobei er sich an die oben erklärte Kayles-Strategie hält.

Spielt man das Fadenspiel mit einer beliebigen Anzahl geschlossener Ringe, jeder länger als zwei Zoll, dann kann der zweite Spieler leicht gewinnen. Wann immer sein Gegenspieler einen Ring öffnet, um einen Zoll herauszuschneiden, muß der zweite Spieler ein Zoll genau aus der Mitte des gleichen Fadens entfernen. Damit bleiben zwei gleichlange Stücke zurück. Genau wie in Kayles ist das ein sicheres Muster, denn

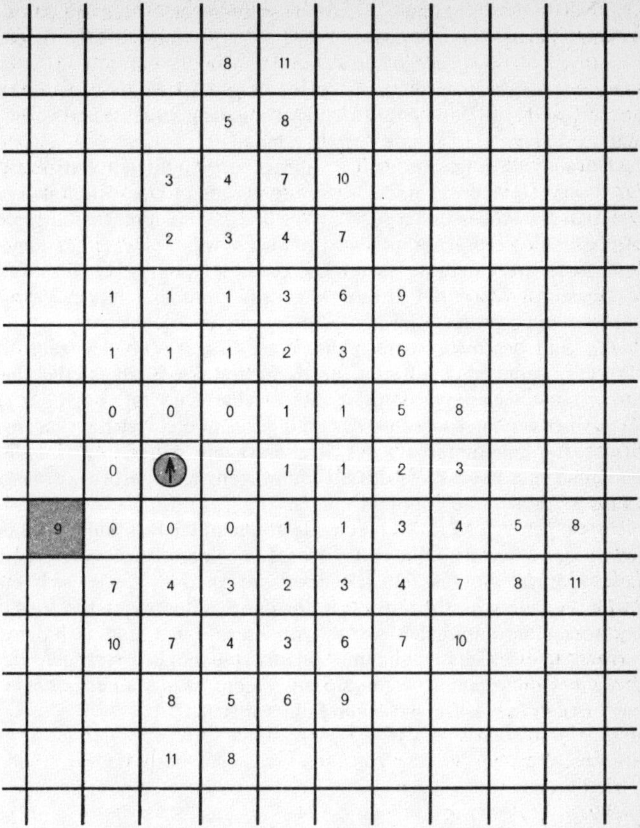

			8	11					
			5	8					
		3	4	7	10				
		2	3	4	7				
	1	1	1	3	6	9			
	1	1	1	2	3	6			
	0	0	0	1	1	5	8		
	0	↑	0	1	1	2	3		
9	0	0	0	1	1	3	4	5	8
	7	4	3	2	3	4	7	8	11
	10	7	4	3	6	7	10		
		8	5	6	9				
		11	8						

Abb. 96   Lösungen zum Streifenwagen-Spiel

alles was der Gegenspieler an einem Stück unternimmt, der zweite Spieler unternimmt es an dem anderen. Damit wird das Muster schnell zu einer Gruppe gleichlanger Fadenpaare, und damit kann der zweite Spieler mit Sicherheit das letzte Ein-Zoll-Stück wegnehmen.

229

Enthält das Anfangsmuster einen geschlossenen Fadenring, mindestens 1 Zoll lang, aber nicht länger als 2, dann gewinnt der erste Spieler, wenn er 1 Zoll davon wegschneidet und danach der Strategie folgt, die gerade beschrieben wurde. Es ist leicht zu sehen, daß der erste Spieler gewinnt, wenn die Zahl dieser kleinen Ringe ungerade ist und verliert, wenn es sich um eine gerade Anzahl handelt.

Abbildung 96 zeigt die für das Verbrecherauto fatalen Startpositionen im Spiel »Der behinderte Streifenwagen«. Der Streifenwagen startet an der Stelle, an der sich die Spielmarke mit dem Richtungspfeil befindet. Das Verbrecherauto wird gefangen, wenn es von irgendeinem der numerierten Quadrate startet. Die Zahl auf jedem der Quadrate gibt die Anzahl der Züge des Streifenwagens bis zum Einfang der Verbrecher an, vorausgesetzt, daß beide Seiten mit Überlegung spielen. Das gleiche Bild beantwortet auch die letzte Frage: Von den zehn mit Sternen versehenen Quadraten, die als Startpunkte für das Verbrecherauto vorgeschlagen wurden, ist das einzige Quadrat, bei dem die Verbrecher gefangen werden, das grau gezeichnete, welches sich einen Springerzug links unterhalb des Streifenwagens befindet. Zur Gefangennahme sind neun Züge des Streifenwagens erforderlich, vorausgesetzt, daß beide Seiten optimal spielen.

Ein einfacheres Verfahren zum Bestimmen der Positionen und der Anzahl der Züge schildert Rufus Isaacs in seinem Buch »Differential Games«, Seite 56 bis 62. Ich überlasse es dem Leser, sich eine Spielstrategie auszuarbeiten, nach der der Streifenwagen die Verbrecher nach einer minimalen Anzahl von Zügen fängt, und nach der die Verbrecher ihre Gefangennahme so lange wie möglich verzögern oder permanent entkommen, wenn sie aus einem nicht numerierten Feld starten, oder die Polizei gar einen Fehler macht.

Cooks und Quibble-Cooks
oder »Viele Köche verderben den Brei«

Wenn ein mathematisches Rätselspiel einen größeren Fehler enthält, wenn die Antwort falsch ist, wenn es keine Antwort gibt, wenn entgegen der allgemeinen Meinung es mehr als eine Antwort gibt oder eine bessere Antwort vorhanden ist, so sagt man, das Rätsel sei »gecookt«. (Dieser Ausdruck wurde aus dem Schachjargon übernommen. Das Oxford English Dictionary aus dem Jahr 1899, schreibt über Schachaufgaben: »Wenn es zwei entscheidende Züge gibt, dann ist die Aufgabe gecookt.«)

Man könnte ein ganzes Buch schreiben über die mehr erheiternden Beispiele von Schachaufgaben und Spielanalysen von Experten, die später von anderen Experten gecookt wurden. In dem Buch: »Curious Chess Facts« (Black Knight Press, 1937) zitiert Irving Chernev einen der unglaublichsten Fehler beim Schachspiel, der jemals in Druck gegangen ist. Die achte Auflage eines populären deutschen Handbuches vom Ende des 19. Jahrhunderts über Eröffnungen von Jean Dufresne und Jacques Mieses gab folgende Aufstellung für ein Damen-Gambit an.

Weiß	Schwarz
1. d 4	d 5
2. c 4	e 6
3. Sc 3	c 5
4. Sf 3	Bd 4 +
5. Sd 4 +	e 5
6. Sb 5	e 4
7. Se 5	Sa 6
8. Da 4	Ld 7
9. e 3	Se 7

Schwarz, so schreiben die Autoren, hat eine überragende Position. Tatsache ist jedoch, daß Weiß Schachmatt mit dem nächsten Zug bieten kann. Die Leser können sich den Spaß machen, diese Position aufzubauen.

Turnierspiele zwischen Großmeistern wurden oft gewonnen, weil es einem der Spieler gelang, die Entwicklung einer Standarderöffnung zu cooken, was er so lange für sich behielt, bis er den Cook an einem würdigen Gegner anwenden konnte. Das Damenspiel ist so erschöpfend analysiert, daß die meisten Spiele zwischen Experten unentschieden enden. Wenn doch einer gewinnt, ist das gewöhnlich das Ergebnis eines neu entdeckten, bisher nicht bekannten und unveröffentlichten Cooks.

Auch die Wissenschaft macht natürlich durch eine nie endende Kette von Cooks ihre Fortschritte. Tatsächlich ist, wie der Philosoph Karl Popper betonte, eine wissenschaftliche Theorie »leer«, wenn es keinen denkbaren Weg für einen Cook gibt. Je mehr Wege es gibt, auf denen eine Theorie gecookt werden kann, um so stärker ist diese Theorie, wenn sie schließlich alle Tests passiert hat. Die Mathematik wird oft angesehen, als habe sie eine eiserne Gewißheit, die die Wissenschaft nicht besitzen kann, aber Mathematiker können Fehler machen, und sogar in der Mathematik muß ein Beweis durch den sozialen Prozeß einer Bestätigung durch andere untermauert werden. Die Geschichte der Mathematik ist angefüllt mit »Beweisen« hervorragender Mathematiker, die später gecookt wurden. Dies gilt besonders für die Hobby-Mathematik, ein Gebiet, das von Amateuren beherrscht wird.

Sam Loyd, der größte der amerikanischen Rätsel-Erfinder, veröffentlichte eine solche Flut von Schach- und mathematischen Aufgaben, daß es nicht überrascht, wenn viele seiner scharfsinnigen Schöpfungen fehlerhaft waren. Einer seiner größten Fehler war seine Lösung einer Aufteilungsaufgabe, die auf Seite 27 seiner »Cyclopedia of Puzzles« abgebildet ist. Es handelt sich um die linke Figur in Abbildung 97, ein Quadrat, in dem ein Viertelsektor fehlt. Der Leser war gebeten, diese Figur in die kleinste Anzahl von Stücken zu zerschneiden, aus denen ein perfektes Quadrat zusammengelegt werden kann. Loyds Vier-Stücke-Antwort ist durch die gestrichelte Linie in der Figur links und in ihrer neuen Zusammenlegung rechts gezeigt. Dazu schrieb Loyd: »Es gibt verschiedene Möglichkeiten, dieses Kunststück mit fünf bis zu einem Dutzend Stücken auszuführen, aber die vorgestellte Antwort ist sowohl schwierig als auch wissenschaftlich.«

Es war der britische Rätselexperte Henry Ernest Dudeney, ein besserer Mathematiker als Loyd, der diese Aufgabe cookte. Das Verpacken der kleinen Dreiecke in das »Tal« formt ein Rechteck, das dann anschließend durch ein Treppenstufenprinzip in ein Quadrat

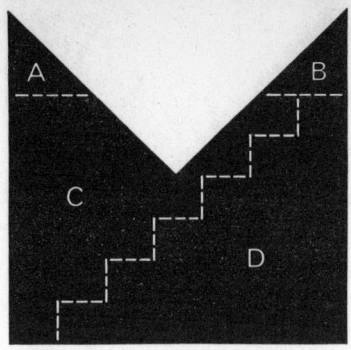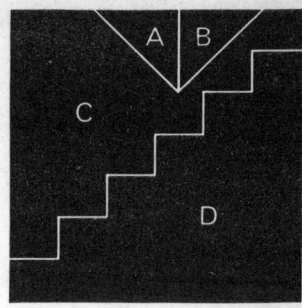

Abb. 97   Loyds Lösungsvorschlag, der von Dudeney gecookt wurde

verwandelt wurde. Aber das Treppenprinzip führte den Trick nur aus, wenn die Seiten des Rechtecks in einem bestimmten Verhältnis zueinander sind und das Verhältnis in diesem Fall (drei zu vier) gehört nicht zu den zugelassenen (siehe: Dudeney, »Amusements in Mathematics«, Aufgabe 150 und »Modern Puzzles«, Aufgabe 115). Loyds klevere Unterteilung ergibt kein Quadrat, sondern ein Rechteck. Dudeney präsentierte eine korrekte Aufteilung in fünf Stücke (siehe Abbildung 98). Man glaubte daß es keine Lösung bei einer Einteilung in nur vier Stücke gibt, aber Harry Lindgren zeigte in seinem herrlichen

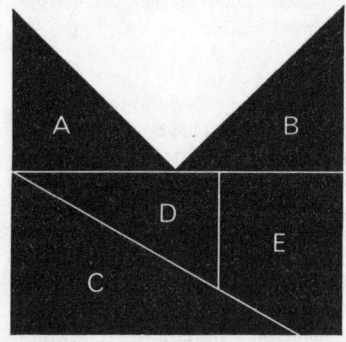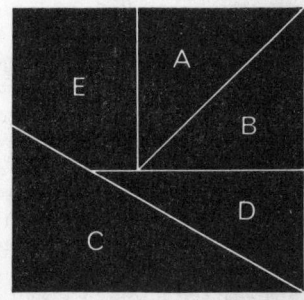

Abb. 98   Dudeneys korrekte Lösung

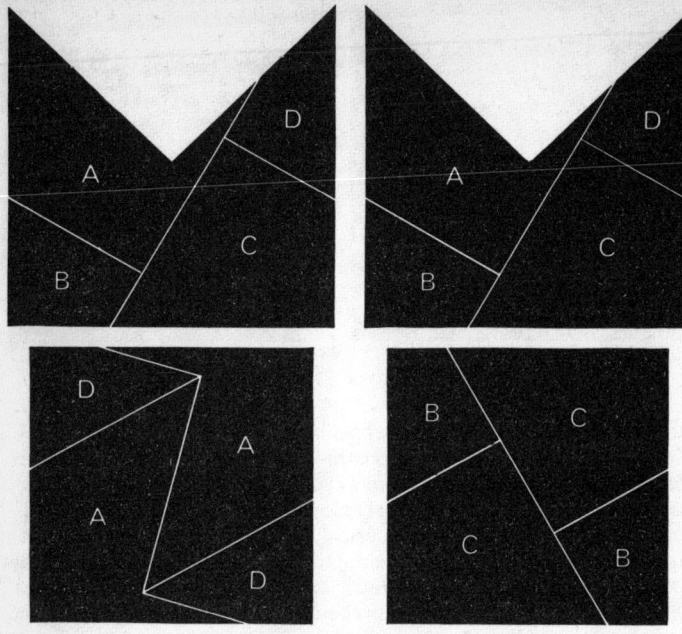

Abb. 99 Lindgrens Aufteilung von zwei Flächen, die zu zwei Quadraten zusammengesetzt werden können

Buch »Recreational Problems in Geometric Dissections« (Dover,
1972), wie zwei der mitraförmigen Stücke, jedes nach der gleichen Art
und Weise in vier Teile geschnitten werden kann, wobei acht Stücke
dann zwei kongruente Quadrate (siehe Abbildung 99) ergeben.

Manchmal wird ein Rätsel gecookt und dann der Cook nochmals
gecookt. Angelo Lewis, ein Engländer, der Bücher über Zauberei und
Rätsel unter dem Pseudonym »Professor Hoffmann« schrieb, gab in
seinem Buch »Puzzles Old and New« (1893) ein Rätsel mit zwanzig
Spielmarken auf. Wie viele unterschiedliche Quadrate mit jeweils vier
Spielmarken an ihren Ecken können in der Formation nach Abbildung 100 entdeckt werden? Siebzehn sagte Hoffmann. In einem Artikel

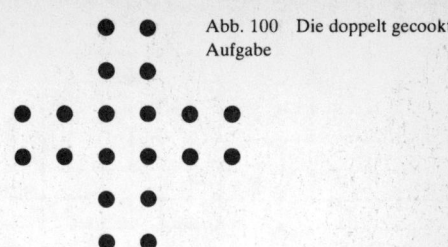

Abb. 100 Die doppelt gecookte Aufgabe

mit dem Titel: »The Best Puzzles with Coins« (The Strand Magazine, 1909) cookte Dudeney diese Behauptung, indem er neunzehn unterschiedliche Quadrate aufführte. In Wirklichkeit gibt es einundzwanzig. Dudeney verwendete die korrekte Figur, als er sie in einem seiner Bücher nachdruckte. Der Leser sollte keine Schwierigkeiten haben, die einundzwanzig Quadrate aufzufinden, aber der zweite Teil dieses alten Rätsels ist weniger leicht: Entferne sechs Spielmarken so, daß kein Quadrat irgendeiner Größe übrigbleibt, an dem sich vier Spielmarken an den Ecken befinden!

Die meisten Fehler Dudeneys wurden durch Leser seines Magazins und seiner Zeitungsspalte entdeckt. Daher war er in der Lage, diese zu korrigieren, bevor sie als Buch erschienen. Aber sogar sein Buch enthält noch viele cookbare Aufgaben. Betrachte die folgende Aufgabe nach der Art eines Turm-Zuges, die in »Amusements in Mathematics« (Aufgabe 244) und »Modern Puzzles« (Aufgabe 161) erschienen ist: Ein Wagen A startet am Rand eines quadratischen Startgebietes mit sieben Häuserblocks als Seitenlänge (Abbildung 101). Alternativ dazu könnte man einen Turm auf das Königsquadrat eines Schachbrettes stellen, denn die Züge auf den Feldern des Spielbrettes vereinfachen die Frage nach dem zurückgelegten Weg. Der Wagen muß den längstmöglichen Weg zurücklegen, ohne mehr als 15mal die Richtung zu ändern und ohne eine Wegstrecke doppelt zu benutzen. Beim Erreichen der maximalen Entfernung soll er die größte Zahl von Schnittpunkten berührt haben.

Eine schwächere Lösung (links in Abbildung 101) wurde in den beiden Dudeney-Büchern vorgestellt: Ein Weg von 70 Blöcke Länge läßt neunzehn Gitterpunkte unberührt. Dudeney selbst verbesserte dies durch den Weg, der auf dem mittleren Bild zu sehen ist. (Lösung von Frage 269 in seinem späteren Buch: »Puzzles and Curious Problems«.)

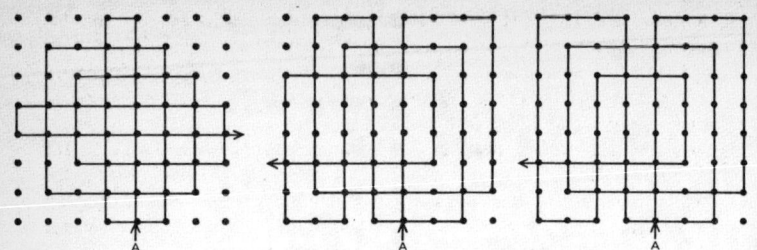

Abb. 101   Erste Lösung einer Aufgabe (links) und zwei Cooks

Ist das die letzte Antwort zu dieser Aufgabe? Nein, Victor Meally aus Dublin County in Irland schickte mir den Weg, der rechts in Abbildung 101 zu sehen ist: 76 Blöcke lang, 15 Wendungen und nur eine Ecke unbesucht! Ob es wohl möglich ist, diese Frage noch einmal zu verbessern, indem man einen Weg mit 15 Wendungen findet, der länger als 76 Abschnitte ist, oder einen Weg, der 76 Blöcke lang ist und alle Scheitelpunkte berührt? Wahrscheinlich nicht, aber soweit ich weiß, ist Meallys Lösung noch nicht endgültig gesichert.

Die Aufgabe 57 in »Puzzles and Curious Problems« zeigt ein Uhrenziffernblatt mit römischen Ziffern und fragt, wie es so in vier Stücke geschnitten werden kann, daß jedes Stück Ziffern enthält, die addiert den Wert 20 ergeben. Da die Zahlen 1 bis 12 zusammenaddiert die Zahl 78 ergeben, mußte ein Mittel gefunden werden, um die Summe auf 80 zu erhöhen. Dudeneys etwas schwerfällige Idee war, die römische IX gedreht als XI zu lesen, und damit ermöglichte er die Unterteilung, die links in Abbildung 102 zu sehen ist. Loyd hob diesen Fehler wieder auf durch die Einteilung, die rechts abgebildet ist. (Er berichtete darüber in seinem Buch »Sam Loyd and His Puzzle« 1909). Doch Loyd übersah wiederum ein Dutzend andere ebenso perfekter Lösungen, von denen keine etwa forderte, man müsse eine Zahl verkehrt herum lesen. Der Leser sollte neun solcher Lösungen ohne große Anstrengung finden. Aber drei sind außerordentlich schwer zu entdecken. Man muß wissen, daß nach der üblichen Sitte der Uhrmacher die 4 mit der römischen Ziffer IIII statt der IV geschrieben wird. Außerdem müssen die Ziffern als unverrückbar am Rand des Zifferblattes betrachtet werden, das bedeutet, eine Teilungslinie darf zwar durch eine der Stundenzahlen laufen, es ist aber nicht erlaubt, eine Schleife rund um irgendeine Zahl zu ziehen, die diese vom Rand trennen würde. Wäre dies erlaubt, so wäre die Aufgabe uninteressant, weil dann Hunderte von Lösungen möglich wären.

Bei der Überarbeitung von Loyds umfangreicher »Cyclopedia« für zwei Paperbacks bei Dover entdeckte ich Hunderte von Fehlern, die meisten waren Druckfehler. Unter den verschiedensten gerechtfertigten Cooks, die ich stehenließ, war einer, der mich doch etwas verwirrte (dieser Zustand war von der Art, wie er Leute dauernd plagen muß, die Aufzeichnungen von künstlichen Satelliten erhalten). Es hatte mit Loyds Adler-Aufgabe auf Seite 117 der Cyclopedia zu tun, auf die ich erstmals von D. H. Wheeler aus Minneapolis hingewiesen wurde. Genau bei Sonnenaufgang startet ein amerikanischer Adler von der Kuppel des Capitols in Washington in Richtung Ost, bis die Sonne im Zenit steht, und ändert seine Flugrichtung genau nach Westen, bis er die Sonne untergehen sieht. Da der Adler und die Sonne während der Morgenstunden des Fluges sich in entgegengesetzte Richtung bewegen, aber während des Nachmittagfluges die gleiche Richtung haben, ist klar, daß der Nachmittagsflug länger sein wird. Der Adler beendet seinen Flug an einem Ort, der westlich von seinem Startpunkt liegt. Der Adler ruht sich bis zum Sonnenaufgang aus und wiederholt diese Flugfolge. Er fliegt Richtung Ost, bis die Sonne im Mittag steht, fliegt Richtung West,

Abb. 102   Dudeneys Antwort auf die Uhrenaufgabe (links) und Loyds Cook (rechts)

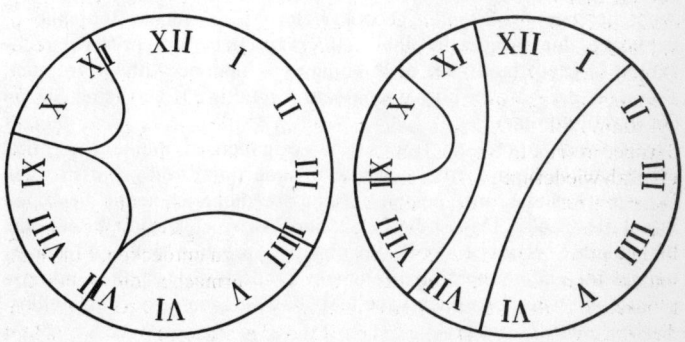

bis er die Sonne untergehen sieht, und ruht sich dann wieder bis zum nächsten Sonnenaufgang aus, bis er sich schließlich um die Erde herumgearbeitet hat und in Washington eintrifft. Es wird vorausgesetzt, daß der Umfang des Flugkreises von der Kuppel rund um die Erde auf einem Ost-West-Kurs zurück zur Kuppel genau 19 500 Meilen beträgt. Ferner wird vorausgesetzt, daß der Adler am Ende jedes »Tages«, wie er vom ihm beobachtet wird, seinen Flug 500 Meilen westlich von dem Ort, an dem er bei Sonnenaufgang startete, beendet. Wie viele Tage sind vergangen – gezählt von irgendeiner Person in Washington – bis der Adler zum Capitol zurückkommt? Die Antwort 38 Tage, angegeben in der ersten der beiden Paperback-Ausgabe, ist falsch. Wie kann der Leser dies berechnen?

Geographie spielt ebenfalls eine Rolle in einem der brillantesten aller Puzzle-Cooks. Ein Forschungsreisender befindet sich an einem bestimmten Ort auf der Erde. Er blickt genau nach Süden und sieht einen Bären in 100 Meter Entfernung. Der Bär läuft 100 Meter genau nach Osten, während der Forschungsreisende stillsteht. Der Reisende richtet sein Gewehr genau nach Süden, schießt und tötet den Bären. Wo steht der Mann? Die ursprüngliche Antwort war natürlich: Am Nordpol. Wie in »The Scientific American Book of Mathematical Puzzles and Diversions« (Simon Schuster, 1959) erklärt, gibt es jedoch auf diese Frage eine andere Antwort. Der Mann kann sehr nahe am Südpol gestanden haben, so nahe, daß – wenn der Bär nach Osten läuft – ihn in 100 m lange Weg einmal um den Pol führt und dann zurück zu seinem Ausgangspunkt. Tatsächlich gibt es eine unendliche Gruppe von Antworten dieser Art, da der Mann noch enger am Südpol stehen könnte, so daß der Bär diesen zwei-, dreimal usw. umrundet. Ist die Aufgabe damit vollständig gecookt? Bei weitem nicht. Benjamin L. Schwartz, der darüber in einer mathematischen Zeitschrift vor sechs Jahren schrieb, fand zwei noch völlig verschiedene Antwortgruppen. Lesen Sie die Aufgabe noch einmal sehr sorgfältig und versuchen Sie, ob Sie darauf kommen!

Zusätzlich zu echten Cooks der Aufgaben in meiner Scientific American Kolumne erhalte ich auch manchmal von scharfsinnigen Lesern etwas, das einen besseren Namen verdient, ich nenne dies einen »Quibble-Cook«. Das ist ein Cook, der Wortspiele ausnützt oder eine mangelnde Sorgfalt bei der Festlegung der Aufgaben bloßlegt. Ich habe einmal folgende Scherzfrage in einem Kinderbuch gestellt: Umkreise sechs Zahlen der folgenden Tabelle so, daß die Summe der eingeschlossenen Zahlen 21 ergibt:

```
9 9 9
5 5 5
3 3 3
1 1 1
```

Meine Antwort war, die Tabelle umzudrehen und die drei Sechsen und die drei Einsen einzukreisen. Howard R. Wilkerson aus Silver Spring, Md., »quibble-cookte« elegant diese Aufgabe, indem er eine viel bessere Lösung fand. Ohne die Seite auf den Kopf zu stellen, umrandete er jede 3, umkreiste die 1 links, dann zog er den Kreis um die anderen beiden Einsen. Die Summe der umrandeten Zahlen 3, 3, 3, 1, 11 ergibt ganz offensichtlich 21.

Anhang

Kein Leser fand einen Weg mit fünfzehn Wendungen des Turms, der länger als 76 Blöcke war oder einen 76-Block-Weg, der alle Kreuzungen berührt. Viele Leser sandten 75-Block-Wege mit fünfzehn Abbiegungen, bei denen keine Kreuzung ausgelassen wurde. Nebenbei bemerkt, wurde schon lange festgestellt, daß vierzehn Abbiegungen das Minimum für den Weg des Turmes sind, damit er alle Kreuzungen berührt, und fünfzehn, wenn der Turm das Spielfeld verläßt.

Die Aufgabe mit der Bärenjagd brachte eine Anzahl von Briefen, die andere Lösungen vorschlugen: Der Forscher blickt nach Süden in einen Spiegel; der Forscher steht »still« auf einem sich bewegenden Fahrzeug oder Boot; der Bär bleibt am gleichen Ort, während er auf einer sich bewegenden Eisscholle läuft; die Gewehrkugel umkreist die Erde usw. usw. Der folgende Brief von R. S. Burton aus Shepperton, England wurde in der Spalte für Leserbriefe des Oktoberheftes von *Scientific American* 1966 abgedruckt:

Sehr geehrte Herren,
In Zusammenhang mit der Bärenjagd möchte ich Ihnen eine andere zahlenmäßig unbegrenzte Gruppe von Antworten unterbreiten . . . Mein Vorschlag verringert etwas die Frustration, die bei einer derartigen Jagd in der antarktischen Region wegen des Mangels der Tiergruppe Ursus in diesen Breitengraden vorherrscht. Obwohl der Bär sich bei mir auch in der südlichen Hemisphäre aufhalten muß, ist mein Vorschlag der: Der Forschungsreisende befindet sich irgendwo auf der Erdoberfläche, aber

auf dem gleichen Längengrad wie das bedauernswerte Tier, das er in beliebiger Entfernung, aber mit einem Schuß nach Süden, erschießt.

Diese Methode basiert auf der Tatsache, daß eine östliche Geschwindigkeitskomponente auf eine aus einem Gewehr in südliche Richtung abgefeuerte Kugel wirkt, hervorgerufen durch die Erddrehung. Diese Komponente ist gleich der Umfangsgeschwindigkeit der Erde am Äquator mal dem Sinus des Breitengrades, auf dem sich der Forschungsreisende befindet. Vorausgesetzt, der Bär befindet sich auf einem größeren Breitengrad, also südlicher als der Forschungsreisende, und die Reichweite der Waffe des letzteren ist ausreichend, und/oder das Geschoß hat eine kleine Anfangsgeschwindigkeit, so wird der Bär erschossen werden. Als Beispiel: Befindet sich der Forscher auf dem 89. Längengrad Süd und der Bär beim 89. Grad 10 Minuten Süd (das ist etwa 15 km entfernt), dann wird eine direkt nach Süden mit einer Geschwindigkeit von etwa 300 Kilometer pro Stunde abgeschossene Kugel den Bären noch treffen, wenn er sich 100 Meter nach Osten bewegt hat. Kleinere Entfernungen und/oder Längengrade, bei denen der Forscher und der Bär aufeinander treffen, benötigen eine Waffe mit kleinerer Anfangsgeschwindigkeit und umgekehrt.

In diesem Zusammenhang ist interessant, daß während des ersten Weltkrieges die Deutschen mit ihren weitreichenden »Pariser Kanonen« die Längengrad-Differenz berücksichtigen mußten, indem sie beim Zielen ihre Kanonen etwas mehr nach Osten richteten, um dem Effekt der Erdrotation begegnen zu können.

Und nun folgt die unveröffentlichte Antwort von Benjamin Schwartz auf diesen Brief:

Lieber Herr Burton,
Ich würdige Ihre Bereicherung der Literatur über die Bärenjagd. Aber mit aller Hochachtung weise ich darauf hin, daß Sie in Wirklichkeit die Regeln für die Lösung der Aufgabe bei Ihrem Vorschlag vertauscht haben. In meiner Veröffentlichung im Jahre 1960 machte ich deutlich, daß diese Aufgabe nichts anderes als eine Übung in sphärischer Mathematik ist. Sie wurde sprachlich als Bärenjagd verkleidet, um interessanter zu sein, aber sie ist grundsätzlich eine Übung in Geometrie. Beachten Sie bitte die unterstrichenen Passagen der beiglegten Kopie.

Damit Ihre Version wohlbegründet wird, muß die Diskussion auch die Dynamik mit einschließen. Und wenn Sie dies tun, sind Sie das Ziel eines neuen Angriffs. Da ist z. B. die geringe Anfangsgeschwindigkeit, von der Sie sprechen, wobei das Erreichen einer bestimmten Entfernung vorausgesetzt wird. Denken Sie an die Erdanziehung! Für das Beispiel, das Sie in Ihrem Brief angeben, müßte der Schuß aus einer Höhe von 75 000 Meter abgefeuert werden, nur um zu vermeiden, daß die Kugel auf die Erde aufschlägt, bevor sie die 15 km in horizontaler Richtung zurückgelegt hat; dabei habe ich noch den Luftwiderstand vernachlässigt. Nun, dazu brauchte man einen recht großen Jäger, ich glaube, Sie müssen mir zustimmen.

Ein Weg aus dieser Schwierigkeit wäre die Festlegung, der Jäger schießt in einem steilen Winkel aufwärts, so daß die Horizontalkomponente der Geschwindigkeit 300 km pro Stunde ist, wie von Ihnen angegeben, und die Vertikalkomponente so gewählt, daß die Kugel zur Erde gerade im richtigen Augenblick zurückkommen muß. Ich fürchte jedoch, wenn wir das vorschlagen, dann fordert der nächste Cook eine zusätzliche Betrachtung von Luftwiderstand und die Berücksichtigung des ballistischen äußeren Weltraums. Sie sehen, in welches Wespennest Sie gestochen haben.

Verzichten wir auf den Coriolis-Effekt, betrachten wir das Problem theoretisch. Wie finden Sie folgende Lösung? Die Kugel besitzt eine Anfangsgeschwindigkeit von ca. 3000 km pro Stunde, die gerade ausreicht, um sie auf einen Erdumlauf in einer Höhe von 1,5 m über den Boden zu halten. Sie umkreist die Erde ohne Einschränkung, driftet dabei nach Westen, bis sie (mit der Wahrscheinlichkeit von 1) irgendeinen Bären, der größer als 1,5 m und genügend breit ist, trifft. (Merke: Nach dem Schuß wird dem Jäger empfohlen, sich zu ducken.)

Antworten

1. Weiß bietet Schachmatt mit Springer nach d6.

2. Abbildung 103 zeigt, wie man sechs (grau) der zwanzig Spielmarken entfernen muß, damit danach keins der einundzwanzig Quadrate übrigbleibt, dessen Ecken durch vier Steine gekennzeichnet sind. Diese Lösung, sieht man von Rotationen und Spiegelungen ab, ist die einzig mögliche.

3. Neben Sam Loyds Lösung für das Uhrenspiel gibt es zwölf andere perfekte Lösungen, die in Abbildung 104 dargestellt sind. Jedes Zifferblatt ist in vier Teile geteilt, und die Summe der Ziffern in jedem Teil ergibt 20. Die letzten drei Lösungen sind am schwierigsten zu finden.

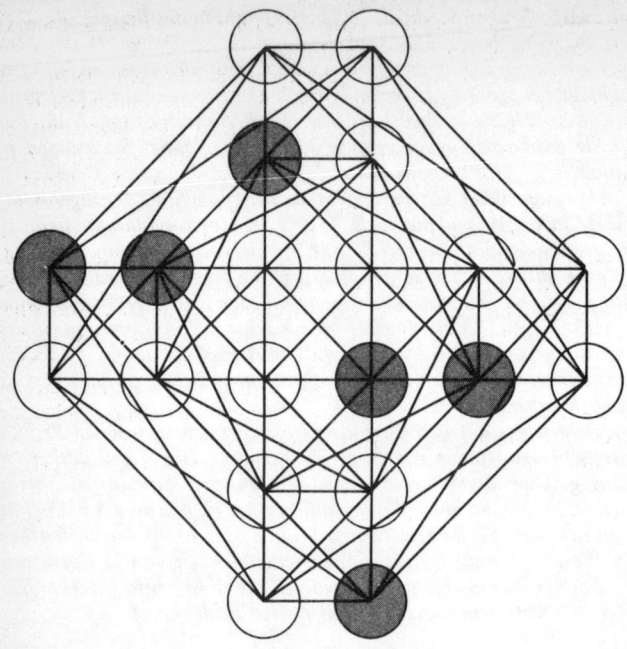

Abb. 103   Lösung der 20-Spielmarken-Aufgabe

4. Loyds Adler beendet seinen Flug bei Sonnenuntergang nach $39^{1}/_{2}$ Tagen, in Washington gezählt. Der Adler hat jedoch $38^{1}/_{2}$ Tage erlebt (gemessen an den Sonnenauf- und -untergängen, die er beim Flug beobachtete), aber da er einmal die Erde entgegen der Erddrehung umkreiste, verlor er einen Tag, verglichen mit der inzwischen vergangenen Anzahl der Tage in Washington.

5. Nehmen wir an, Forscher und Bär befinden sich nahe dem Südpol. Der Bär ist 100 Meter südlich des Mannes an einem Punkt, der – wenn er 100 Meter in östliche Richtung läuft – sich exakt gegenüber dem Mann auf der anderen Seite des Südpols befindet. Zielt der Forscher mit seinem Gewehr genau nach Süden, dann fliegt die Kugel über den Südpol hinweg und wird den Bären treffen. Es gibt eine endlose Gruppe von Lösungen, denn der Bär kann sich noch enger am Pol befinden, so

242

daß sein Weg ihn eineinhalb- oder zwei- oder zweieinhalbmal um den Pol herumführt usw.

Die zweite Art von Antworten, die man leicht übersieht, hängt an der Aussage, daß der Mann genau nach Süden blickt und einen Bären 100 Meter entfernt sieht. Selbstverständlich können Mann und Bär Ausgangspositionen innehaben, die auf entgegengesetzten Seiten des Südpoles sind, aber immer nur 100 Meter auseinander. Der Mann soll weiter vom Pol entfernt sein als der Bär. Nachdem der Bär 100 Meter genau nach Osten gelaufen ist, hat er einen halben Kreis zu einem Ort zurückgelegt, der direkt südlich des Mannes liegt und nun auf der gleichen Seite des Pols. Natürlich kann der Mann etwas weiter vom Pol entfernt sein, daß der Bär einen vollständigen Rundweg oder anderthalb oder zwei Runden durchführt usw., was nun eine neue Gruppe unendlicher Lösungen erzeugt, die ihre Grenze besitzt, wenn der Mann 100 Meter vom Pol entfernt ist. Dabei wird der Weg des Bären zu einer Pirouette auf dem Pol selbst. Beide Gruppen dieser wenig bekannten Lösungen veröffentlichte Benjamin Schwartz in seinem Artikel »Welche Farbe hatte der Bär?« im »Mathematics Magazine«, Band 34.

Abb. 104 Lösungen der Zifferblattaufgabe

Piet Heins Superellipse

Um den zivilisierten Menschen herum spielt sich – von ihm kaum bemerkt – innerhalb und außerhalb seines Hauses ein Konflikt zwischen den beiden uralten Gestaltungsformen ab: dem Eckigen und dem Runden. Fahrzeuge mit runden Rädern, gelenkt von Hand mit rundem Steuer, bewegen sich auf Straßen, die wie die Linien eines rechtwinkligen Gitters unterteilt sind. Bauwerke und Häuser bestehen meist aus rechten Winkeln, gelegentlich wird ihre Form etwas durch runde Kuppeln und Fenster gemildert. Wir essen an rechteckigen und runden Tischen mit rechteckigen Servietten auf unserem Schoß, essen von runden Tellern und trinken aus Gläsern mit runden Querschnitten. Wir zünden zylindrische Zigaretten mit Streichhölzern aus einer rechteckigen Packung an und bezahlen die rechteckige Rechnung mit rechteckigen Banknoten und runden Münzen.

Sogar unsere Spiele verbinden das Rechteckige mit dem Runden. Die meisten Spiele im Freien werden mit runden Bällen auf rechteckigen Feldern gespielt. Vom Billard bis zum Damespiel sind es ähnliche Kombinationen des Runden mit dem Rechteckigen. Rechteckige Spielkarten werden aufgefächert in runder Anordnung gehalten. Allein die Buchstaben auf dieser rechteckigen Seite sind eine Kombination rechteckiger Winkel und runder Bögen. Wohin man auch blickt, die Szene ist von Quadraten und Kreisen bevölkert, auch mit den ihnen verwandten gestreckten Formen: Rechtecken und Ellipsen. (In einer bestimmten Weise ist die Ellipse allgemeiner als der Kreis, da jeder Kreis bei seitlicher Betrachtung wie eine Ellipse erscheint.) Auf den Gemälden der Op-Art und bei Entwürfen für Stoffmuster stehen sich Quadrate, Kreise, Rechtecke und Ellipsen wie im täglichen Leben unverträglich gegenüber.

Der dänische Schriftsteller und Erfinder Piet Hein warf kürzlich die faszinierende Frage auf: Was ist die einfachste und auch angenehmste geschlossene Kurve, die genau in der Mitte zwischen diesen beiden gegenüberstehenden Tendenzen liegt? Piet Hein (man spricht von ihm immer mit seinen beiden Namen) ist vom Ursprung her ein Wissenschaftler, gut bekannt in Skandinavien und den Englisch sprechenden Ländern wegen seiner außerordentlich populären Bände reizender aphoristischer Gedichte (die Kritiker mit den Epigrammen von Martial vergleichen) und wegen seiner Schriften über wissenschaftliche und humanistische Themen. Als Hobby-Mathematiker gilt er als Erfinder der Spiele »Hex«, »Soma-Würfel« und anderer bemerkenswerter Spiele und Puzzles. Er war ein Freund von Norbert Wiener, dessen letztes Buch »God and Golem« ihm gewidmet ist.

Die Frage, die sich Piet Hein selber stellte, erwuchs aus einer komplizierten Stadtplanaufgabe im Jahre 1959 in Schweden. Stockholm hatte viele Jahre vorher schon entschieden, einen überfüllten Stadtteil mit alten Häusern und engen Straßen im Herzen der City abzureißen und neu aufzubauen. Nach dem Zweiten Weltkrieg wurde das umfangreiche und kostspielige Programm begonnen. Zwei neue breite Verkehrsadern, die von Nord nach Süd und Ost nach West laufen, werden durch das Stadtzentrum gelegt. An ihrer Schnittstelle war ein großer rechteckiger Platz geplant, der jetzt Sergels-Platz heißt. In seinem Mittelpunkt befindet sich ein ovales Becken mit Fontänen, umringt von einem ovalen Teich mit einigen hundert kleineren Fontänen. Durch den lichtdurchlässigen Boden des Teiches dringt das Tageslicht in ein ovales Selbstbedienungsrestaurant, das unter Straßenniveau liegt und das von einem ovalen Ring von Säulen und Läden umrundet wird. Noch zwei weitere Stockwerke mit Restaurants und Tanzlokalen sowie Toiletten und Küchen befinden sich darunter.

Beim Entwurf der genauen Form des Zentrums gerieten die schwedischen Architekten in unerwartete Schwierigkeiten. Eine elliptische Form wurde verworfen, da ihre spitzen Enden einen reibungslosen Verkehrsfluß störten. Auch harmonierte die Form nicht mit dem rechteckigen Platz. Die Stadtplaner sahen dann einen Verlauf vor, der aus acht runden Bögen bestand, was aber zusammengeflickt aussah, da er häßliche Übergänge an den Verbindungsstellen der acht Bögen besaß. Zusätzlich verlangten die Pläne ineinanderliegende ovale Formen unterschiedlicher Größe, wobei die acht bogenförmigen Krümmungen ein harmonisches Wechselspiel verhinderten.

Bei diesem Stand der Dinge konsultierte das Architektenteam, das für dieses Projekt verantwortlich war, Piet Hein. Es war gerade die richtige Aufgabe für seine aus Mathematik und Kunst kombinierte Vorstellungskraft, seinen Sinn für Humor, sein Geschick, in unüblichen Richtungen schöpferisch zu denken. Welche Art Krümmung, weniger spitz als die einer Ellipse, würde er entwickeln, die ein angenehmes Zusammenwirken und ein harmonisches Einpassen in den rechteckigen offenen Platz im Herzen von Stockholm ermöglichte?

Um Piet Heins neuartige Antwort zu verstehen, müssen wir zunächst die Ellipsen – wie er es auch tat – als einen speziellen Fall einer Gruppe von Kurven betrachten, deren mathematische Beschreibung in kartesischen Koordinaten mit der Gleichung

$$\left|\frac{x}{a}\right|^n + \left|\frac{y}{b}\right|^n = 1$$

erfolgt. Darin sind a und b unterschiedliche Parameter (beliebige Konstanten), die die beiden Halbachsen der Kurve darstellen, und n ist irgendeine positive reale Zahl. Die senkrechten Klammern zeigen an, daß jeder Bruch als Absolutwert, d. h. ohne Berücksichtigung seines Vorzeichens, behandelt werden muß. (Auf diese Klammern wird bei einigen später angegebenen Gleichungen verzichtet; nehmen Sie aber an, daß Absolutwerte gemeint sind.)

Wenn $n = 2$ ist, dann bestimmen die Realwerte von x und y die Punkte der Kurve, die eine Ellipse darstellen mit ihrem Mittelpunkt im Ursprung der beiden Koordinaten. Wenn n kleiner wird von 2 nach 1, wird das Oval mehr an den Enden ausgeprägt (Subellipsen, wie Pit Hein sie nennt). Für $n = 1$ wird die Figur ein Parallelogramm. Wenn n kleiner als 1 ist, dann werden die vier Seiten konkave Kurven, deren Krümmung immer stärker wird, je mehr n sich Null nähert. An der Stelle $n = 0$ degeneriert die Kurve zu zwei gekreuzten geraden Linien.

Läßt man n größer als 2 werden, dann flachen die Seiten des Ovals immer stärker ab, und die Kurve wird mehr und mehr einem Rechteck ähnlich. Selbstverständlich ist das Rechteck der Grenzwert für den Fall von n gleich unendlich. An welchem Punkt ist nun eine solche Kurve für das Auge am angenehmsten? Piet Hein bestimmte dafür $n = 2^{1/2}$. Mit Hilfe eines Computers wurden 400 Koordinatenpaare bis zur 15. Dezimalstelle berechnet und viele größere Kurven, alle mit dem gleichen Höhen-Breiten-Verhältnis, in unterschiedlichen Größen präzise aufgezeichnet. (Das Höhen-Breiten-Verhältnis entsprach den Proportionen des noch nicht gebauten Platzes im Zentrum Stockholms.) Die Kurven erwiesen sich als eigenartig aber doch befriedigend, weder zu rund noch zu rechteckig, eine glückliche Mischung von elliptischer und rechteckiger Schönheit. Wirken mehrere solcher Kurven, wie in Abbildung 105 und 106 zu sehen, zusammen, so vermitteln sie ein starkes Gefühl von Harmonie und Parallelismus zwischen den konzentrischen Ovalen. Piet

Hein nennt solche Kurven mit Exponenten über 2 »Superellipsen«. Stockholm akzeptierte ohne Zögern die Superellipse mit dem Exponenten $2\frac{1}{2}$ als Grundmotiv für sein neues Zentrum. Wenn das ganze Zentrum schließlich fertiggestellt ist, wird es sicher eine der größten Attraktionen Schwedens für Touristen werden (ganz gewiß auch für Mathematiker). Schon das große superelliptische Wasserbecken verlieh der Stadt Stockholm ein ungewöhnliches mathematisches Flair ähnlich den großen Kurven der Abspannseile des »Gateway Arch« in St. Louis, die die Skyline dieser Stadt beherrschen.

Inzwischen hat Bruno Mathsson, der bekannte schwedische Möbeldesigner, die Superellipse des Piet Hein mit Begeisterung übernommen. Zuerst stellte er Schreibtische in superelliptischer Form her, die jetzt in den Büros vieler schwedischer Persönlichkeiten stehen. Danach folgten superelliptische Tische, Stühle und Betten. (Wer braucht die Ecken?) Dänische, schwedische, norwegische und finnische Industriefirmen wendeten sich bei der Lösung verschiedener Probleme der Fragen rechteckig gegen kreisförmig an Piet Hein, und so entwarf dieser in den

Abb. 105   Konzentrische Superellipsen

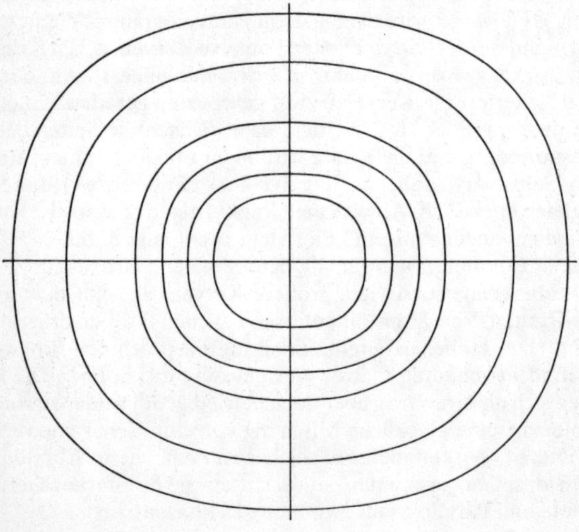

vergangenen Jahren superelliptische Möbel, Eßgeschirre, Servierbretter, Lampen, Silberwaren, Stoffmuster usw. Die Tische, Stühle und Betten sind mit einer weiteren Erfindung von Piet Hein versehen: Mit neuartigen, selbst arretierenden Beinen, die sehr leicht entfernt und wieder angebracht werden können.

»Die Superellipse besitzt die gleiche überzeugende Einheitlichkeit wie Kreis und Ellipse, doch ist sie weniger augenfällig und weniger banal«, schrieb Piet Hein kürzlich in dem führenden dänischen Magazin, das sich mit angewandter Kunst und Industriedesign beschäftigt. (Das

Abb. 106   Karte von Stockholms Untergrund-Restaurant und dem Wasserbecken
darüber

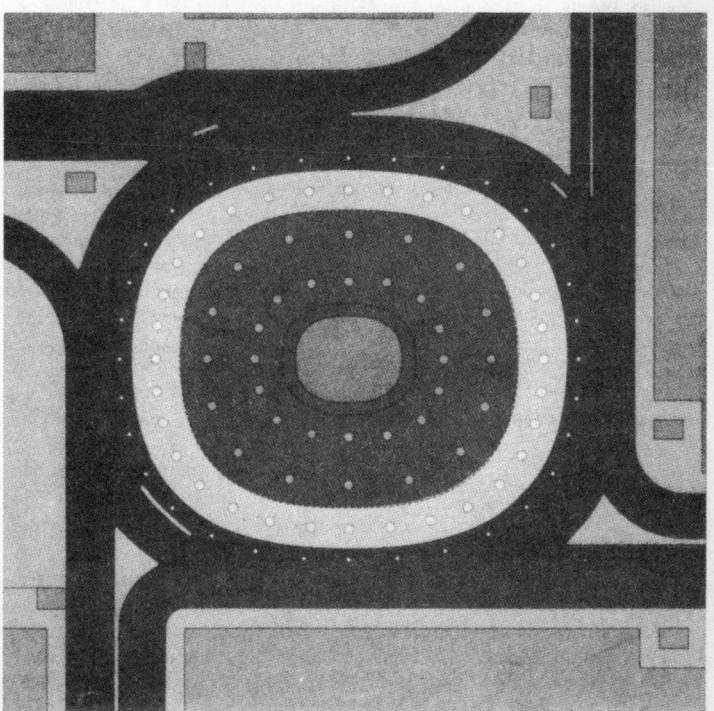

weiße Titelblatt dieser Ausgabe des Magazins zeigt nur die schwarze Linie einer Superellipse, unterschrieben mit der Gleichung für die Kurve.) »Die Superellipse ist mehr als eine neue Modetorheit«, fährt Piet Hein fort, »sie ist eine Befreiung aus der Zwangsjacke der einfacheren Kurven erster und zweiter Potenz, der geraden Linie und konischer Abschnitte.« Übrigens darf die Superellipse von Piet Hein nicht mit den außerordentlich ähnlichen, kartoffelförmigen Kurven verwechselt werden, die man oft sieht, besonders an der Frontseite von Fernsehapparaten. Sie sind selten mehr als ein ovales Flickwerk aus unterschiedlichen Arten von Bögen und entbehren auch irgendeiner Formel, die ihnen eine ästhetische Einheit gäbe.

Wenn die Achsen einer Ellipse gleich sind, so ist diese natürlich ein Kreis. Wenn in der Gleichung für einen Kreis $x^2 + y^2 = 1$ der Exponent 2 durch eine höhere Zahl ersetzt wird, wird die Kurve zu dem, was Piet Hein »Superkreis« nennt. Bei dem Exponenten $2^{1/2}$ ist dieser ein »genialer quadrierter Kreis« in dem Sinn, daß ein künstlerischer Mittelweg zwischen diesen beiden Exponenten gefunden wurde. Die unterschiedlichen Kurven, gezeichnet nach der allgemeinen Gleichung $x^n = y^n = 1$, für n von 0 bis unendlich, sind in Abbildung 108 dargestellt. Könnte man die Zeichnung gleichmäßig entlang einer Achse (eine der affinen Transformationen) ausdehnen, dann würde sie auch die Kurvengruppen von Ellipsen, Subellipsen und Superellipsen zeigen.

In gleicher Weise kann man die Exponenten der korrespondierenden Gleichungen für Kugeln und Ellipsoide im kartesischen Koordinatensystem vergrößern und erhält das, was Piet Hein »Superkugeln« und »Superellipsoide« nennt. Wenn ihr Exponent $2^{1/2}$ ist, dann erhalten wir Kugeln und Ellipsoide, die auf halbem Wege zu Würfeln bzw. Quadern sind.

Das echte Ellipsoid mit drei ungleichen Achsen wird durch die Gleichung

$$\frac{x^2}{a^2} + \frac{y^2}{b^2} + \frac{z^2}{c^2} = 1$$

beschrieben. Darin sind a, b, und c unterschiedliche Parameter; sie entsprechen der halben Länge einer jeden Achse. Sind diese drei Parameter gleich, dann ist der Körper eine Kugel. Sind zwei Parameter gleich, so ist der Körper ein Rotationsellipsoid oder ein Sphäroid. Man erhält sie durch Rotation einer Ellipse um eine ihrer Achsen. Erfolgt die Rotation um ihre längere Achse, so erhält man ein langes Sphäroid, eine Art von Eiform mit kreisförmigen Querschnitten senkrecht zu seiner Achse.

Es zeigt sich, daß ein massives Modell eines gestreckten Sphäroids gleichmäßiger Dichte ebenso wenig wie ein Hühnerei auf einer seiner Seite stehen kann, wenn man nicht einen Kunstgriff anwendet, der gewöhnlich Kolumbus zugeschrieben wird. Kolumbus kehrte 1493, nachdem er Amerika entdeckt hatte, nach Spanien zurück. Er glaubte aber, das neue Land sei Indien gewesen und daß ihm der Beweis gelungen wäre, daß die Erde sei rund. In Barcelona wurde ein Bankett zu seinen Ehren gegeben. So erzählte Girolamo Benzoni in seinem 1565 in Venedig erschienenen Buch »Die Geschichte der Neuen Welt« (ich zitiere aus einer alten englischen Übersetzung):

Kolumbus nahm an einer Gesellschaft zusammen mit vielen spanischen Adligen teil . . . und einer von diesen wagte zu fragen: »Señor Christopher, auch wenn Sie nicht die Inder gefunden hätten, würden wir nicht unbeeindruckt von einem Mann sein, der die gleichen Dinge unternommen hätte, wie Sie sie taten, hier in unserem eigenen Vaterland Spanien, das voll großer Männer, Könner auf dem Gebiet der Kosmographie und Literatur ist?« Kolumbus antwortete auf diese Worte zunächst nichts und bat nur, man solle ihm ein Ei bringen. Er legte es vor sich auf den Tisch

Abb. 107   Hölzernes Superei;
es kann auf beiden Enden stehen

251

und sagte: »Meine Herren, ich möchte eine Wette mit jedem von Ihnen machen, daß er es nicht fertigbringen wird, das Ei so wie es ist und ohne Hilfsmittel zum Stehen zu bringen.« Sie versuchten es alle und keiner hatte Erfolg, das Ei aufzustellen. Nachdem das Ei die Runde gemacht hatte und wieder in die Hände von Kolumbus kam, stellte er es hin, indem er es auf dem Tisch aufschlug, und das Ei an einem Ende einknickte. Alle waren betroffen, da sie verstanden, was er damit sagen wollte: Nachdem eine große Tat vollbracht ist, weiß jeder Mann, wie es gemacht wird.

Die Geschichte mag wahr sein, aber eine verdächtig ähnliche Geschichte ist fünfzehn Jahre früher von Giorgio Vasari in seinem berühmten Buch: »Das Leben der wichtigsten Maler, Bildhauer und Architekten (Florenz, 1550) erzählt worden. Der junge Filippo Brunelleschi, der italienische Architekt, hatte für die Kathedrale Santa Maria del Fiore in Florenz eine ungewöhnlich große und schwere Kuppel entworfen. Die Vertreter der Stadt baten, sein Modell zu sehen, was er aber ablehnte. »Er schlug statt dessen vor, wer auch immer ein Ei aufrecht auf ein glattes Stück Marmor stellen könne, der solle die Kuppel bauen, weil dadurch jedermanns Intellekt erkennbar würde.« Deshalb nahmen alle jene Meister ein Ei und versuchten, es aufrecht zu stellen, aber keinem gelang es. Nachdem Filippo dazu aufgefordert wurde, es hinzustellen, nahm er es anmutig in die Hand, gab einem Ende einen Schlag und stellte es so aufrecht hin. Die Handwerker protestierten, sie hätten das auch tun können, aber Filippo antwortete lachend, daß sie ebenso das Kuppelgewölbe aufrichten könnten, wenn sie das Modell oder den Entwurf gesehen hätten. Und so wurde beschlossen, daß er den Auftrag für diese Arbeit erhielt.

Die Geschichte hat aber noch eine Pointe. Als die Kuppel endlich vollendet war (viele Jahre später, aber Jahrzehnte vor der ersten Reise von Kolumbus) besaß sie die Form eines halben Eies, abgeflacht am oberen Ende.

Was hat dies nun mit den Supereiern zu tun? Nun, ich habe die Geschichten von Kolumbus und Brunelleschi erzählt, da Piet Hein entdeckte, daß ein fester Körper mit dem Exponenten $2^1/_2$ – tatsächlich ein Superei mit beliebigen Exponenten – wenn nicht zu hoch in bezug auf seine Breite, sofort auf jedem seiner Enden ohne zusätzliche List stehen kann. Tatsächlich stehen heute Dutzende dieser prallen hölzernen und silbernen Supereier sicher und dauerhaft auf ihren Enden überall in Skandinavien. Betrachten wir das hölzerne Superei in Abbildung 107. Es genügt einer Gleichung mit dem Exponenten $2^1/_2$

und einem Höhen-Breiten-Verhältnis von 4 : 3. Es sieht aus, als würde es umkippen, aber es tut es nicht. Diese gespenstische Stabilität, die das Superei auf beiden Seiten besitzt, kann als Symbolik des superelliptischen Gleichgewichts zwischen dem Rechteckigen und dem Runden angesehen werden und gilt wiederum als ein schönes Symbol für das ausgeglichene Wesen von Menschen wie Piet Hein einer ist, die ein erfolgreiches Bindeglied zwischen G. P. Snows »zwei Kulturen« bilden.

Anhang

Die Familie der ebenen Kurven, die durch die Gleichung $|x/a|^n + |y/b|^n = 1$ beschrieben wird, wurde erstmalig von Gabriel Lamé, einem französischen Physiker des 19. Jahrhunderts, erkannt und untersucht. Er schrieb darüber 1818. In Frankreich werden sie courbes de Lamé, in Deutschland Lamésche Kurven genannt. Die Kurven sind algebraisch, wenn n rational, und transzendent, wenn n irrational ist.

Ist $n = {}^2\!/_3$ und $a = b$ (siehe Abbildung 108), dann ist die Kurve ein Astroid. Das ist jene Kurve, die von einem Punkt eines Kreises erzeugt wird, der ein Viertel oder drei Viertel des Radius eines größeren Kreises besitzt, indem der kleinere auf dessen Innenseite abgewälzt wird. Solomon W. Golomb wies auf die Tatsache hin, daß bei ungeraden Exponenten n, und wenn die Zeichen für den Absolutwert nicht berücksichtigt werden, man in der Gleichung der Laméschen Kurven eine Familie von Kurven erhält, zu denen die berühmten Zauberkurven von Agnesi gehören. (Die Zauberkurve entspricht $n = 3$.) William Hogan schrieb und teilte mit, daß er und auch andere Ingenieure oftmals Parkplatzkurven als Lamésche Kurven mit den Exponenten 2,2 realisieren. In den dreißiger Jahren nannte man diese, wie er sagt, »2,2-Ellipsen«.

Wenn eine Superellipse (eine Lamékurve mit einem Exponenten größer als 2) auf ein vorgegebenes Objekt angewendet wird, dann können natürlich sowohl der Exponent als auch die Parameter a und b an gegebene Umstände und an das ästhetische Empfinden angepaßt werden. Für den Stockholmer Verkehrsknotenpunkt verwendete Piet Hein die Parameter $n = 2^1\!/_2$ und $a/b = 6/5$. Wenige Jahre später benutzte der Architekt Gerald Robinson aus Toronto die Superellipse für das Parkhaus eines Einkaufszentrums in Peterborough, einem Torontoer Vorort. Länge und Breite sollten das Verhältnis $a/b = 9/7$

haben. Dabei zeigte eine Untersuchung, daß ein Exponent, wenig größer als 2,7, eine Superellipse ergab, die den besten künstlerischen Eindruck hervorrief. Robinson empfahl *e* als Exponent (da *e* gleich 2,718 . . . ist). Dies hat die Konsequenz, schreibt Norman T. Gridgman in seinem informativen Artikel über Lamésche Kurven, daß jeder Punkt des Ovals außer den vier Punkten, die auf den Achsen liegen, transzendental ist.

Einige Leser empfahlen andere Parameter. J. D. Turner schlug den Mittelwert der Flächen zwischen den Grenzwerten Kreis und Quadrat oder Rechteck und Ellipse vor, indem er den Exponenten so wählte, daß eine Fläche entstand, die exakt in der Mitte zwischen den beiden Extremflächen lag. D. C. Mandeville fand heraus, daß der Exponent

Abb. 108 Superkreise und dazugehörige Kurvenscharen

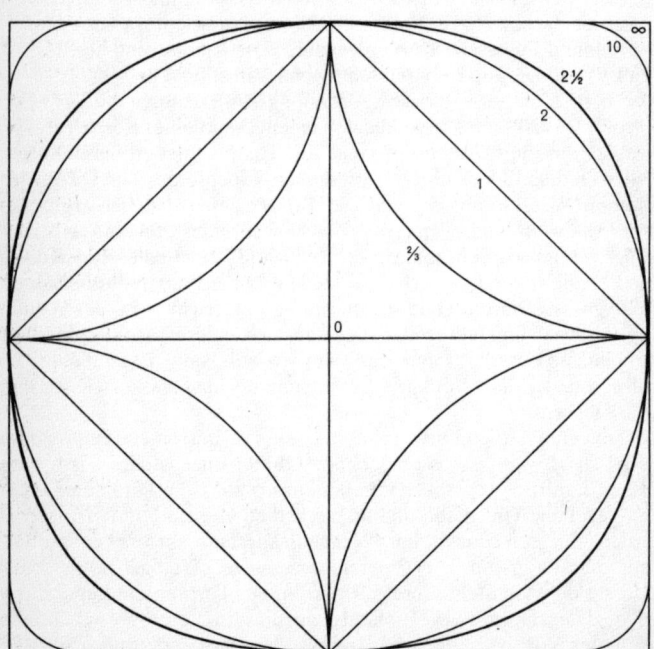

einer Kurve, der die Flächen von Kreis und Quadrat halbiert, sehr nahe bei *Pi* liegt und er sich fragt, ob es nicht in Wirklichkeit *Pi* ist. Unglücklicherweise ist dies nicht der Fall. Norton Black, der einen Computer benutzte, wies nach, daß dieser Wert ein wenig größer als 3,17 ist. Turner schlug auch einen Mittelwert zwischen Rechteck und Ellipse vor durch Wahl eines Exponenten, bei dem die Kurve durch den Mittelpunkt einer Verbindungslinie zwischen der Ecke des Rechtecks und dem korrespondierenden Punkt auf der Ellipse verläuft.

Turner und Black schlugen eine Konstruktion der Superellipse durch Anwendungen des ästhetisch angenehm wirkenden »goldenen Schnittes« vor, indem sie das Verhältnis *a/b* der Regeln des goldenen Schnittes entsprechend bestimmten. Turner wählte zur gefälligsten Superellipse das Oval mit den Parametern *a/b* im goldenen Verhältnis und *n* = *e*. Michael L. Balinski und Philetus H. Holt empfahlen in ihrem Brief, den die New York Times im Dezember 1968 veröffentlichte, eine goldene Superellipse mit $n = 2^{1/2}$ als beste Form für einen Verhandlungstisch in Paris. Es war zur Zeit, als die Diplomaten die Friedenskonferenz über Vietnam vorbereiteten und sich über die Form des Verhandlungstisches stritten. Balinski und Holt schrieben dazu, man solle die Diplomaten, wenn sie sich nicht über einen Tisch einigen könnten, in ein hohles Superei stecken, und sie so lange schütteln, bis sie sich in »superelliptischer Übereinstimmung« befänden.

Der Sergels-Platz oder Sergel's Torg, wie er auf Schwedisch heißt, ist noch im Bau. Die Straßenebene des Platzes mit dem See und den Springbrunnen ist bereits fertiggestellt. Voraussichtlich wird die Piet-Hein-Arkade darunter mit den Geschäften und Restaurants 1979 vollendet.

Das Superei ist ein Sonderfall unter den Festkörpern, die man Superellipsoide nennt. Die Gleichung für das Superellipsoid ist:

$$\left|\frac{x}{a}\right|^n + \left|\frac{y}{b}\right|^n + \left|\frac{z}{c}\right|^n = 1.$$

Ist *a* = *b* = *c*, dann bildet der Körper eine Superkugel, deren Form durch Variation der Exponenten zwischen Kugel und Würfel verändert werden kann. Ist *a* = *b*, dann bildet der Körper ein Superei. Seine Gleichung ist:

$$\left|\frac{x}{a}\right|^n + \left|\frac{y}{a}\right|^n + \left|\frac{z}{b}\right|^n = 1.$$

Die Gleichung für die Supereier mit kreisförmigen Querschnitten kann auch in folgender Form geschrieben werden:

$$\left| \frac{\sqrt{x^2 + y^2}}{a} \right|^n + \left| \frac{z}{b} \right|^n = 1.$$

Als ich meinen Artikel über die Superellipse schrieb, glaubte ich, daß jedes massive Superei, basierend auf einem Exponenten größer als 2 und kleiner als unendlich, vorausgesetzt, seine Höhe übertrifft seine Breite nicht zu stark, auf seinen Enden fest stehen würde. Natürlich kann ein massives Superei mit einem unendlich großem Exponenten, das die Form eines Kreiszylinders besitzt, im Prinzip unabhängig von seinem Höhen-Breiten-Verhältnis auf seinen flachen Enden stehen. Aber abgesehen von diesem Sonderfall schien es gefühlsmäßig klar zu sein, daß für jeden Exponenten ein kritisches Verhältnis von Höhe und Breite existiert, von dem an das Ei instabil wird. Tatsächlich veröffentlichte ich sogar für diesen Fall folgenden Beweis:
Wenn der Schwerpunkt *CG* eines Eies unterhalb des Mittelpunktes der Krümmung *CC* der Eigrundfläche am Mittelpunkt der Grundfläche liegt, dann wird das Ei im Gleichgewicht sein. Es ist im Gleichgewicht, da bei jedem Antippen des Eies sich *CG* nach oben bewegt. Erreicht *CG* eine Höhe oberhalb *CC*, so wird das Ei instabil, weil bereits durch das leichteste Antippen *CG* verschoben werden kann. Um sich das klar zu machen, betrachte man zunächst die Kugel links in Abbildung 109. In der Kugel befinden sich *CG* und *CC* am gleichen Punkt: dem Zentrum der Kugel. Für irgendeine Superkugel mit einem Exponenten größer als 2, gezeigt als zweites Bild von links, liegt *CC* oberhalb von *CG*, da die Krümmung der Basis des Körpers geringer ist. Je höher der Exponent, um so geringer die Krümmung der Basis, um so höher liegt *CC*.

Nun nehme man an, daß die Superkugel gleichmäßig aufwärts entlang ihrer vertikalen Koordinate ausgedehnt wird und sich dabei zu einem Rotationssuperellipsoid verformt, zu dem was Piet Hein Superei nennt. Bei dieser Ausdehnung bewegt sich *CC* nach unten und *CG* nach oben. Selbstverständlich muß es einen Punkt *X* geben, bei dem *CC* und *CG* die gleiche Höhe haben. Bis zum Erreichen dieses entscheidenden Punktes ist das Superei stabil – dritte Skizze von links. Hinter diesem Punkt wird das Superei instabil – rechte Skizze.
C. E. Gremer, ein ehemaliger U.S.-Navy-Kommandant, war der erste von vielen Lesern, die mich über meine fehlerhafte Beweisführung informierten. Im Gegensatz zu meiner Intuition ist der Krümmungsradius an der Basis aller Supereier unendlich groß! Wenn wir die Höhe

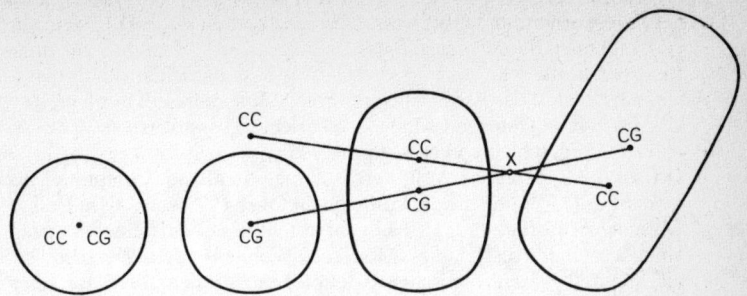

Abb. 109   Darstellung eines falschen Beweises für die Instabilität eines Supereies

eines Supereies ansteigen und seine Breite dabei konstant lassen, bleibt die Krümmung am Fußpunkt flach. Die deutschen Mathematiker nennen diesen Punkt »Flachpunkt«. Die Superellipse besitzt einen ähnlichen Flachpunkt an ihren Enden. Mit anderen Worten: Alle Supereier, unabhängig von ihrem Höhen-Breiten-Verhältnis, sind theoretisch stabil! Wenn ein Superei größer und dünner wird, gibt es natürlich ein kritisches Verhältnis, bei dem eine Auslenkung, die nötig ist, um es umzuwerfen, nahe an Null kommt, für das Faktoren wie inhomogenes Material, unebene Oberfläche, Vibrationen, Luftströmungen usw. es praktisch unstabil machen. In einem mathematisch idealen Sinn gibt es kein kritisches Höhe-Breite-Verhältnis. Und Piet Hein hat es so ausgedrückt: Theoretisch kann man beliebig viele Supereier, jedes drei Zentimeter breit und so hoch wie das Empire State Building, eins über das andere, Ende auf Ende stellen, und sie werden nicht fallen. Die Bestimmung genauer Kippwinkel, bei denen ein bestimmtes Superei nicht mehr im Gleichgewicht bleiben kann, ist eine knifflige Aufgabe der Berechnung. Viele Leser führten diese durch und schickten ihre Ergebnisse.

Wenn man vom Ausbalancieren von Eiern spricht, so wissen die Leser vielleicht nicht, daß man eigentlich jedes Hühnerei mit seinem breiten Ende auf eine weiche Oberfläche aufstellen kann, wenn man eine ruhige Hand hat und genügend Geduld aufwendet. (Man erreicht nichts, wenn man das Ei zuerst schüttelt, um Eigelb mit Eiweiß zu vermischen.) Noch rätselhafter ist ein Trick, bei dem man ein Ei auf seinem spitzen Ende aufstellen kann. Man streue heimlich eine kleine Menge Salz auf den Tisch und balanciere das Ei darauf aus, aber blase, bevor die Zuschauer gerufen werden, die überschüssigen Salzkörner weg. Die wenigen verbleibenden Salzkörner, die das Ei halten, sind – besonders auf einer weißen Oberfläche – kaum sichtbar. Aus irgendwelchen sonderbaren Gründen wurde das Ausbalancieren von Hühnereiern auf ihren breiten Enden 1945 in China zur Mode – so berichtete es wenigstens »Life« in einer Bildergeschichte vom 9. April 1945.

Das größte Superei der Welt, hergestellt aus Stahl und Aluminium und beinahe eine Tonne schwer, wurde im Oktober 1971 vor Kelvin Hall in Glasgow zu Ehren von Piet Hein aufgestellt, als er dort einen Vortrag anläßlich einer Ausstellung »Modernes Wohnen« hielt. Zweimal war die Superellipse auf dänischen Briefmarken zu sehen: 1970 auf einer blauen Zwei-Kronen-Marke zu Ehren Bertel Thorwaldsens und 1972 auf einem Weihnachtsstempel zusammen mit Portraits der Königin und des Prinzgemahls.

Überall in der Welt werden in Läden, die sich auf ungewöhnliche Geschenkartikel spezialisiert haben, Supereier mannigfacher Größe und Materials verkauft. Die kleinen massiven Stahleier kennt man auch unter dem Namen »Beamtenspielzeug«. Der beste Spieltrick ist, sie auf einem Ende aufzustellen, sie leicht anzustoßen, und zu bewirken, daß sie sich zunächst ein-, zwei- oder dreimal umdrehen, bevor sie auf dem anderen Ende stehenbleiben. Hohle Supereier, mit Salzlösungen gefüllt, werden als Getränkekühler verkauft, größere Supereier wurden als Zigarettenetuis entworfen. Auch kostbare Supereier, die allein als Kunstwerke dienen, wurden hergestellt. Informationen darüber, wie man diese Supereier bekommen kann, ebenso wie Möbel, Geschirr und andere Produkte mit superelliptischem Design, erhält man von Piet Hein Information Center Finsenvej 33, DK-2000 Kopenhagen F, Dänemark.

Die Dreiteilung des Winkels

Eine der ersten Konstruktionen mit Zirkel und Lineal, die ein Kind in Geometrie lernt, ist die Halbierung eines Winkels und die Teilung einer Strecke in eine bestimmte Anzahl gleicher Stücke. Beides ist so leicht durchzuführen, daß viele Schüler es kaum glauben können, daß es keine Möglichkeit gibt, mit diesen beiden Instrumenten, nämlich Zirkel und Lineal, einen Winkel in drei gleiche Teile zu teilen. Tatsächlich sind es gewöhnlich Studenten und Schüler mit hoher mathematischer Begabung, die dies als Herausforderung betrachten und sofort den Beweis anstellen wollen, daß der Lehrer unrecht habe.

So ähnlich wie hier beschrieben, haben sich auch die Mathematiker in den Kinderjahren der Geometrie verhalten. Bereits im 5. Jahrhundert vor Christi Geburt verschwendeten Geometer viel Zeit, indem sie einen Weg suchten, durch gerade Linien und Kreise einen Schnittpunkt zu erhalten, mit dem man jeden beliebigen Winkel dreiteilen kann. Sie wußten natürlich, daß ganz bestimmte Winkel dreigeteilt werden konnten. Für den rechten Winkel ist das sehr einfach. Man hat nur, wie in Abbildung 110 gezeigt, den Bogen AB zu ziehen, dann den Zirkel, ohne ihn zu verstellen, in den Punkt B einzusetzen und einen Kreis zu schlagen, der den anderen an der Stelle C schneidet. Die Linie 0 bis C drittelt den rechten Winkel. (Die Leser möchte ich hiermit einladen, ihre Geometriekenntnisse aufzufrischen und die Dreiteilungen dieses Kapitels zu beweisen. Alle beruhen auf einfachen Gesetzen.) Ein 60°-Winkel wiederum teilt den gestreckten Winkel von 180° in drei Teile und durch Halbierung des 30°-Winkels erhält man den Winkel, der den 45°-Winkel drittelt. Eine unendliche Anzahl spezieller Winkel kann offensichtlich unter den klassischen Bedingungen dreigeteilt werden, also nur durch Benutzung von Zirkel und Lineal, aber was die griechischen Geometer suchten, war eine allgemeine Methode, die bei jedem beliebigen Winkel anwendbar ist. Zusammen mit der Verdopp-

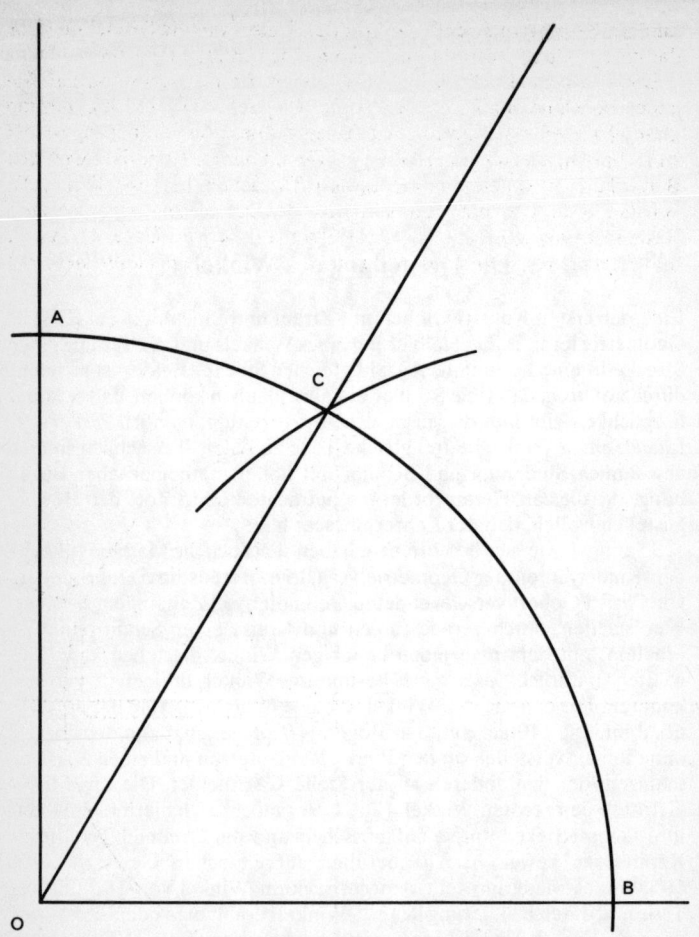

Abb. 110   Dreiteilung eines rechten Winkels

lung des Würfels und der Quadratur des Kreises war die Dreiteilung eins der drei großen Konstruktionsprobleme der antiken Geometrie.

Dieser Zustand währte bis 1837, als ein französisches Journal den ersten vollständigen Beweis von P. L. Wantzel veröffentlichte, der die Unmöglichkeit einer Dreiteilung darlegte. Diese Beweisführung ist viel zu technisch, als daß man sie hier erklären könnte. Aber die folgenden Bemerkungen sollen die wichtigsten Tatsachen herausstellen. (Die vollständigste und nicht zu komplizierte Darstellung einer solchen Beweisführung kann in »Was ist Mathematik?« von Richard Courant und Herbert Robbins auf den Seiten 127 bis 138 nachgelesen werden.)

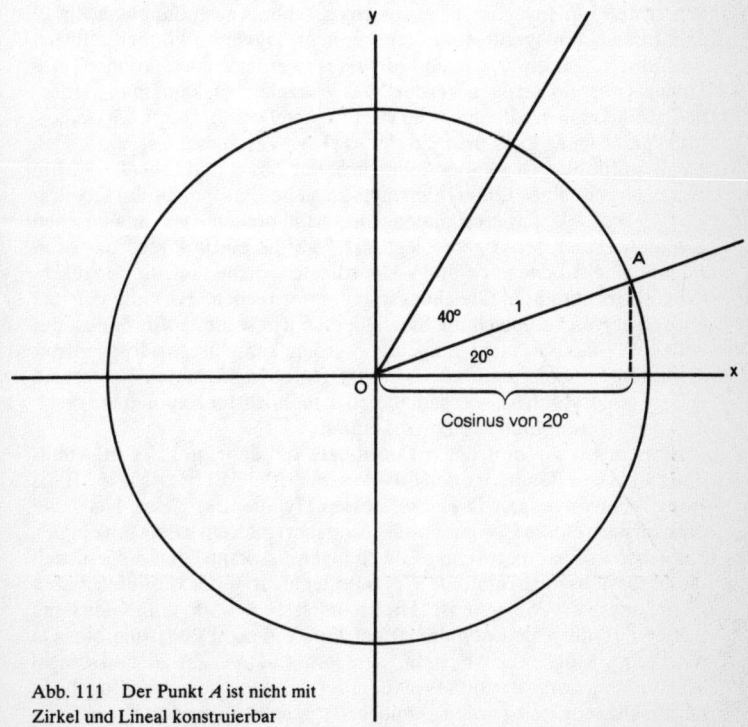

Abb. 111   Der Punkt *A* ist nicht mit
Zirkel und Lineal konstruierbar

261

Betrachten Sie einen 60°-Winkel, dessen Schenkel vom Ursprung eines kartesischen Koordinatensystems ausgehen (siehe Abbildung 111). Zeichnen Sie einen Kreis mit seinem Zentrum bei 0, und nehmen Sie an, der Radius des Kreises sei gleich 1. Die Linie, die den 60°-Winkel drittelt, wird den Kreis an der Stelle A schneiden. Ist es mit Zirkel und Lineal möglich, den Punkt A festzulegen? Wenn dies nicht der Fall ist, so kann mindestens ein Winkel nicht gedrittelt werden, und deshalb wird es auch keine Methode mit allgemeiner Gültigkeit geben.

Da gerade Linien im kartesischen Koordinatensystem Kurven sind, die durch lineare Gleichungen beschrieben werden, während Kreise Kurven sind, die durch quadratische Gleichungen beschrieben werden, läßt sich zeigen, daß es fünf und nur fünf Operationen gibt, die an einem gegebenen Liniensegment bei ausschließlicher Anwendung von Zirkel und Lineal durchgeführt werden können: Segmente können addiert, subtrahiert, multipliziert und dividiert werden, auch können ihre Quadratwurzeln gezogen werden. Das Wurzelziehen kann man wiederholen, und man erhält damit die vierte Wurzel von n. Durch wiederholtes Wurzelziehen kann man jede Wurzel der Verdopplungsreihe 2, 4, 8, 16 . . . auffinden. Es ist aber unmöglich, mit Zirkel und Lineal die dritte Wurzel irgendeines Liniensegmentes zu ziehen, da 3 nicht das Quadrat von 2 ist. All das zusammen mit Argumenten der analytischen Geometrie und der Algebra legt fest, daß die einzig konstruierbaren Punkte einer Ebene mit x-und y-Koordinaten solche sind, die den realen Wurzeln bestimmter Gleichungstypen entsprechen. Es muß sich um eine algebraische Gleichung handeln, die nicht weiter auflösbar ist, das bedeutet, daß sie nicht aufgelöst werden kann in Ausdrücken mit kleineren Exponenten, daß sie weiter reale Koeffizienten besitzt und daß sie quadratisch ist, was bedeutet, daß ihr höchster Exponent in der 2, 4, 8 usw. Verdopplungsreihe vorkommt.

Betrachten wir nun die x-Koordinate für den Punkt A in Abbildung 111, den Punkt, der den 60°-Winkel drittelt. Er begrenzt die Basis eines rechtwinkeligen Dreiecks, dessen Hypotenuse gleich 1 ist, und entspricht so einem Cosinus von 20°. Jongliert man ein wenig mit einigen einfachen trigonometrischen Gleichungen, so kann man zeigen, daß dieser Cosinus die irrationale Wurzel einer nicht weiter vereinfachbaren Gleichung $8x^3 - 6x = 1$ ist. Hier handelt es sich um eine Gleichung dritter Ordnung, und deshalb ist der Punkt A nicht konstruierbar. Da nun keine Möglichkeit besteht, den Punkt A mit Zirkel und Lineal aufzufinden, kann der 60°-Winkel unter den klassischen Bedingungen auch nicht gedrittelt werden. Ähnliche Argumente kommen ebenfalls zu dem Schluß: Es gibt keine allgemeine Methode, mit der irgendein Winkel mit Zirkel und Lineal in fünf, sechs, sieben, neun, zehn oder irgendeine andere Zahl gleicher Teile, die nicht der 2, 4, 8, 16 . . . Reihe entsprechen, geteilt werden kann. Unter den unendlich vielen Winkeln, die gedrittelt werden können, befinden sich diejenigen mit dem Verhältnis $360/n$, wobei n eine ganze Zahl ist, die nicht ohne Rest durch 3 teilbar ist. Unter den unendlich vielen Winkeln, die nicht dreigeteilt werden können, befinden sich ebenfalls solche von $360/n$, wobei n jedoch eine ganze Zahl ist, die ohne Rest durch 3 teilbar ist. Ein Winkel von 9° kann dreigeteilt werden, sein Drittelwinkel, der 3°-Winkel, kann es nicht, was das gleiche ist, wie wenn man sagt, daß es keinen Weg gibt, um einen Einheitswinkel mit Lineal und Zirkel zu konstruieren. Auch ein 2°-Winkel kann nicht konstruiert werden.

Es gibt natürlich viele Möglichkeiten, einen Winkel näherungsweise

Abb. 112   Eine einfache Möglichkeit, näherungsweise einen beliebigen Winkel zu teilen

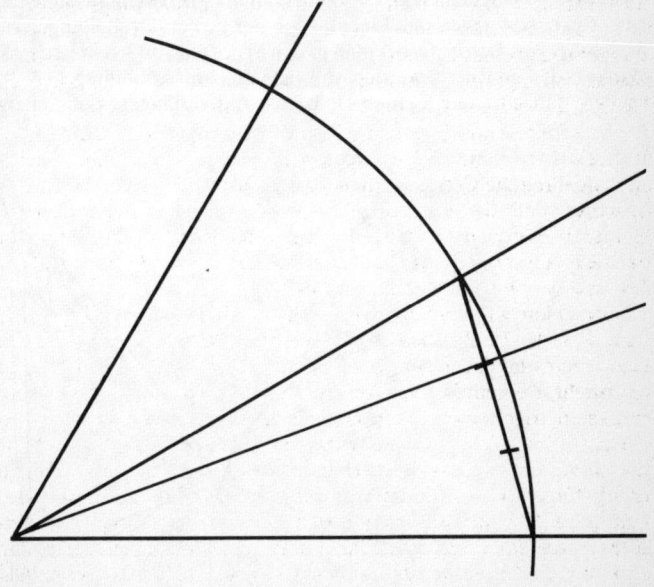

zu dritteln. Einer der einfachsten, den Hugo Steinhaus in seinen »Mathematical Snapshots« vorgeschlagen hat, wird in Abbildung 112, angewendet auf einen 60°-Winkel, gezeigt. Als erstes wird der Winkel halbiert, danach wird eine Sehne des halben Winkels gedrittelt. Damit erhält man einen Punkt für die Dreiteilung des Originalwinkels mit einem Fehler, der kleiner ist als die normalen Ungenauigkeiten, die beim Zeichnen eines Winkels auftreten. Dutzende von noch besseren Näherungsmethoden wurden veröffentlicht, aber die meisten von ihnen erfordern beträchtlich mehr Arbeitsaufwand.

Eine absolut genaue Dreiteilung erhält man nur, wenn man eine der traditionellen Einschränkungen bricht. Viele der nichtkreisförmigen Kurven, wie Hyperbeln und Parabeln, produzieren perfekte Dreiteilungen. Andere Methoden gehen von unendlich vielen Konstruktionsschritten bei der Drittelung des Winkels aus. Der einfachste Weg unter Verzicht auf die Beschränkung besteht darin, zwei Punkte auf dem Lineal zu markieren. Man braucht dazu nicht einmal direkte Markierungen anzubringen. Man verwendet entweder das Lineal zur Markierung eines Streckensegments oder, was ebenfalls möglich ist, man hält einfach den Zirkel fest gegen das Lineal. Eine der besten Dreiteilungen nach dieser Art von Betrug findet man in den Schriften von Archimedes. Der Winkel, der gedrittelt werden soll, ist *AED* in Abbildung 113. Man zeichne zunächst um *E* einen Halbkreis und verlängere den Schenkel

Abb. 113   Archimedes' Methode der Dreiteilung

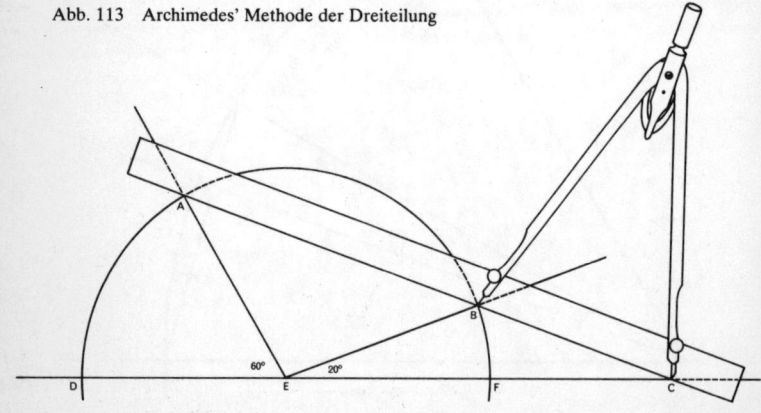

DE nach rechts. Mit dem Zirkel, der noch auf den Radius des Halbkreises *DE* eingestellt ist und der gegen das Lineal gedrückt wird, das wiederum an Punkt *A* anliegt, kann der Punkt *B* auf dem Halbkreis festgelegt werden, indem man das Lineal so lange verschiebt, bis der eine Schenkel die Gerade am Punkt *C* berührt; mit anderen Worten, man macht die Strecke *BC* gleich dem Radius des Halbkreises. Der Bogen *BF* ist nun genau ein Drittel des Bogens *AD*. Für die Dreiteilung von Winkeln wurde eine Vielzahl zum Teil kurioser mechanischer Geräte erfunden. (Zwanzig sind allein abgebildet in dem italienischen Standardwerk über Hobbymathematik »Matematica Dilettevole e Curiosa« von Italo Ghersi, auf den Seiten 476 bis 489.) Leo Moser von der Universität Alberta drückte sich in einem Artikel einmal so aus: »Diese Instrumente arbeiten wie eine gewöhnliche Uhr. Wenn der Minutenzeiger sich über einen Kreisbogen bewegt, der viermal so groß ist wie der dreizuteilende Winkel, dann bewegt sich der Stundenzeiger über einen Kreisbogen, der ein Drittel des gegebenen Winkels ist. Eine wunderliche Konstruktion wurde von dem Londoner Juristen Alfred Bray Kempe entworfen. Sie arbeitet nach dem Prinzip sich kreuzender

Abb. 114   Kempes Anordnung zur Dreiteilung beliebiger Winkel

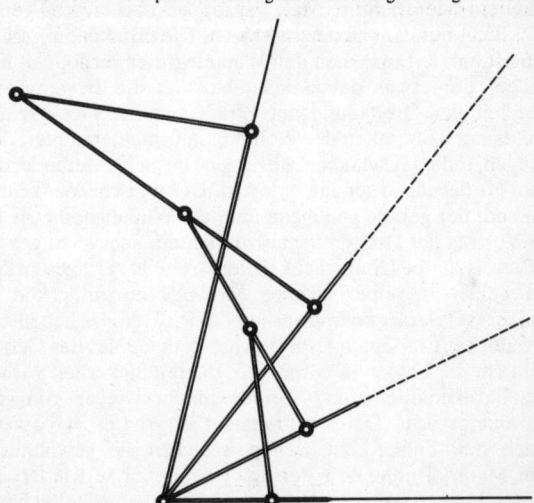

Parallelogramme (siehe Abbildung 114). Die drei sich kreuzenden Parallelogramme sind miteinander verbunden und einander ähnlich. Die lange Seite des kleinsten ist die kurze Seite des mittleren, eine lange des mittleren wiederum die kurze Seite des größten. Wie gezeigt wird, drittelt diese Einrichtung automatisch einen Winkel. Fügt man dieser Anordnung noch weitere Parallelogramme hinzu, so erhält man ein Instrument, mit dem sich Winkel in eine gewünschte Anzahl gleicher Teile teilen lassen.

Leicht herzustellen ist eine Schablone für die Dreiteilung von Winkeln, die »Tomahawk« genannt wird, keine beweglichen Teile besitzt und auch keine zusätzlichen Konstruktionslinien erfordert. Sie erlaubt eine schnelle und sehr genaue Dreiteilung eines Winkels (siehe Abbildung 115). Die obere Kante der Schablone AD wird durch die Punkte B und C in drei gleich große Abschnitte geteilt. Die gebogene Kante ist der Bogen eines Kreises mit dem Radius AB. Der »Tomahawk« wird mit der Ecke D auf den einen Schenkel des zu teilenden Winkels gelegt, und zwar so, daß der Halbkreis den anderen Schenkel tangiert und die Spitze des Winkels auf den rechten Rand des Griffes liegt. Die Punkte B und C dreiteilen den Winkel. Ist ein Winkel zu spitz, als daß er mit dem »Tomahawk« gedrittelt werden könnte, so wird man den Winkel ein oder mehrere Male verdoppeln, bis er groß genug für eine Dreiteilung mit dem »Tomahawk« ist. Die erhaltenen Ergebnisse werden so oft halbiert, wie man den Winkel vorher verdoppelt hat.

Für jeden, der etwas davon versteht, sind die Beweise für die Unmöglichkeit der Dreiteilung mit Zirkel und Lineal überzeugend. Doch gibt es noch überall in der Welt Amateurmathematiker, die sich selbst belügen, indem sie glauben, sie hätten eine neue Methode, die den klassischen Forderungen genügt, entdeckt. Der typische Winkeldreiteiler ist jemand, der gerade genügend über die Winkelgeometrie kennt, um einen Vortrag zur Dreiteilung auszuarbeiten, aber nicht genügend, um dem Beweis für die Unmöglichkeit der Dreiteilung folgen zu können oder den Fehler in seiner eigenen Methode zu entdecken. Seine Dreiteilung ist oft derart kompliziert, und seine Beweise haben so viele Schritte, daß es oft für einen Experten auf dem Gebiet der Geometrie nicht leicht ist, die Fehler zu entdecken, die mit Sicherheit vorhanden sind. Die Berufsmathematiker werden immer wieder von solchen Beweisen heimgesucht. Da es zeitraubend ist, und es sich auch nicht lohnt, nach den Fehlern zu suchen, schicken sie gewöhnlich das vorgelegte Material ohne den Versuch einer Analyse wieder zurück. Durch diesen Vorgang wird der Verdacht der Winkeldreiteiler bestätigt,

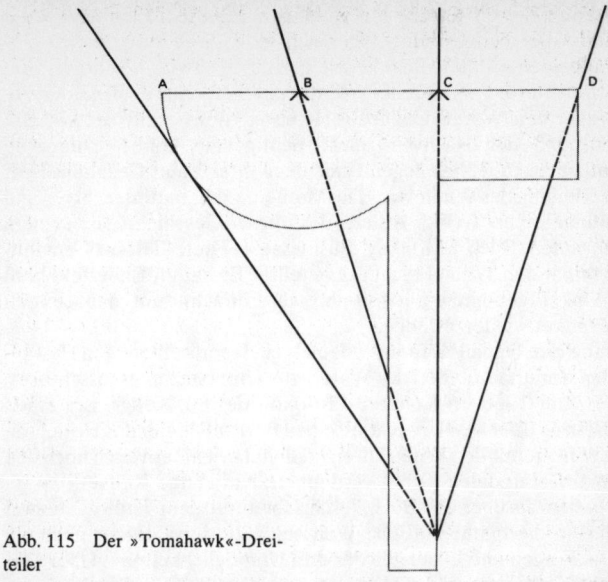

Abb. 115   Der »Tomahawk«-Drei-
teiler

daß die berufsmäßigen Mathematiker eine Absprache getroffen haben,
um ihre großen Entdeckungen nicht bekannt werden zu lassen. Wenn
alle mathematischen Zeitungen, denen sie ihr Material einsandten,
dieses zuückgewiesen haben, lassen sie ihren Beweis oft als Buch oder
Pamphlet auf eigene Kosten drucken. Oftmals beschreiben sie ihre
Methoden in einer Annonce einer Lokalzeitung mit dem Hinweis, daß
ihr Manuskript bei einem Notar hinterlegt wurde.

   Der letzte dieser Amateurmathematiker mit großer Popularität in den
USA war der hochgeschätzte Reverend Jeremiah Joseph Callahan. Im
Jahre 1931, als er Präsident der Duquesne Universität in Pittsburgh war,
verkündete er, daß ihm das Problem der Dreiteilung gelungen sei.
United Press kabelte eine lange Story, die Vater Callahan selbst
geschrieben hatte. Die »Time« veröffentlichte sein Bild mit einem
wohlwollenden Bericht über seine revolutionäre Entdeckung. (Im
gleichen Jahr veröffentlichte Vater Callahan ein 310 Seiten starkes
Buch mit dem Titel: »Euklid oder Einstein«, in dem er die Relativitäts-

267

theorie durch Beweisführung mit Euklids berühmtem Parallelpostulat zerriß und dabei die Absurdität einer nicht-euklidischen Geometrie, auf der die allgemeine Relativitätstheorie beruht, nachwies.) Reporter und Laien waren empört, als etablierte Mathematiker, ohne auch nur auf die Herausgabe von Vater Callahans Konstruktionsschrift zu warten, erklärten, daß der Nachweis nicht richtig sein könne. Duquesúe veröffentlichte schließlich gegen Ende des Jahres Vater Callahans Heft »Die Dreiteilung des Winkels«. »Die Mathematiker hatten recht«, sagte der Mathematiker Irving Adler, der diese Geschichte in seinem unterhaltsamen Buch »Monkey Business« (»Faule Tricks«) erzählt. »Callahan hat den Winkel nicht dreigeteilt!« Er hat im Endeffekt bloß einen Winkel genommen, dann ihn verdreifacht, um danach den Originalwinkel wiederzufinden.

Der ehrenwerte Daniel K. Inouye, damals ein Repräsentant von Hawaii, später Senator und Mitglied des Watergate-Untersuchungsausschusses, las am 3. Juni 1960 im Kongreß-Protokoll des 86. Kongresses einen langen Beitrag über Maurice Kidjel, einen Portrait-Maler aus Honolulu, daß dieser nicht nur den Winkel dreigeteilt habe, sondern auch noch den Kreis quadriert und den Kubus verdoppelt. Kidjel und Kenneth W. K. Young haben darüber ein Buch geschrieben mit dem Titel »Die zwei Stunden, die die mathematische Welt erschütterten«, ferner noch ein Heft »Die Fragen und Lösungen der drei Unmöglichkeiten«. Über eine Gesellschaft, genannt »The Kidjel Ratio«, verkauften sie diese Literatur zusammen mit Kidjels Verhältniszirkel, mit dem man ihr System anwenden konnte. 1959 hielten diese beiden Männer Vorlesungen aus ihren eigenen Werken in einer Anzahl amerikanischer Städte, und die Fernsehstation KPIX in San Francisco produzierte eine Dokumentation über sie mit dem Titel »Das Geheimnis der Zeitalter«, nach Inouye. »An Hunderten von Schulen und Colleges überall in Hawaii, in den Vereinigten Staaten und Kanada lehrt man die Lösungen, die Kidjel angegeben hat.« Man kann nur hoffen, daß diese Angaben übertrieben sind.

Ein Korrespondent aus Kalifornien übersandte mir einen Ausschnitt der »Los Angeles Times« vom Sonntag, dem 6. März 1966. Darin hatte ein Mann aus Hollywood eine zwei Spalten lange Anzeige aufgegeben, in der er seine Methode für die Dreiteilung des Winkels in vierzehn Schritten darstellte.

Was kann ein Mathematiker heute zu einem Winkelteiler sagen? Er kann ihn daran erinnern, daß es in der Mathematik möglich ist, eine Vorstellung zu definieren, die im absoluten Sinne unmöglich ist, und zwar wirklich absolut unmöglich zu allen Zeiten, in allen vorstellbaren logisch möglichen Welten. Es ist ebenso unmöglich, den Winkel dreizuteilen, wie es beim Schachspiel unmöglich ist, die Dame in der gleichen Weise zu ziehen wie den Springer. In beiden Fällen ist der Grund für die Unmöglichkeit der gleiche: Die Operation verletzt die Gesetze eines mathematischen Spieles. Der Mathematiker kann auch den Dreiteiler überreden, ein Exemplar des Buches: »Was ist Mathematik?« einmal in die Hand zu nehmen und die oben angeführten Abschnitte zu studieren und danach seine Beweisführung daraufhin zu untersuchen, wo der Fehler liegt. Aber die Winkeldreiteiler sind eine ausdauernde Rasse und nicht in der Lage, irgendwelche Vorschläge entgegenzunehmen. In seinem Buch: »Budget of Paradoxes« zitiert Augustus De Morgan eine typische Phrase aus einem Pamphlet des 19. Jahrhunderts über die Winkeldreiteilung: »Die Konsequenz von Jahren des angestrengten Nachdenkens.« De Morgan kommentiert das seinerseits mit dem Satz: »Sehr wahrscheinlich, aber auch sehr traurig.«

Martin Gardner

Die Zahlenspiele des Dr. Matrix

Ullstein Buch 4160

Martin Gardner, bekannt durch zahlreiche Veröffentlichungen aus dem Bereich der Mathematik, z. B. »Mathematischer Karneval«, »Mathematische Hexereien«, legt hier ein weiteres, außergewöhnliches Buch vor.
In unterhaltsamer Form führt er den Leser an die Probleme der Zahlentheorie heran. Er vermittelt ein Gefühl für die Technik des Zahlenrechnens, gibt aber auch Einblick in die manchmal kuriosen Zusammenhänge der verschiedenen Rechenmethoden.
Ein unterhaltsames und informatives Buch.

Ullstein Ratgeber

Martin Gardner

Rätsel und Denkspiele

Ullstein Buch 4162

Martin Gardner hat in diesem Band eine Vielzahl von verblüffenden und faszinierenden Rätseln gesammelt. Witzige Rätsel, knifflige Fragen, Streichholzspiele und vieles mehr bringen dem jungen Leser Spaß und Anregung.

Aus dem Inhalt:

- Ein Dutzend Droodles mit flinken Nudeln
- Errate die Typitoons
- Der erstaunliche Herr Staunemann
- Hilf Sherlock Holmes bei der Verbrecherjagd
- Der verschwundene Schnurrbart

Ullstein Ratgeber

Martin Gardner

Das verhexte Alphabet

Tips und Tricks
für Geheimschriften

Ullstein Buch 4165

Geheimniskrämerei macht jedem Spaß! Das ist sicherlich einer der Gründe dafür, daß so viele junge Leute gerne codierte Botschaften verschicken oder erhalten, selbst wenn es keinen triftigen Grund für ihre Geheimhaltung gibt. Es ist einfach amüsant und spannend, Botschaften zu verschlüsseln oder zu entschlüsseln. Angefangen von ganz einfachen bis hin zu schwierigen Code-Systemen, werden von Martin Gardner viele Möglichkeiten, das Alphabet zu »verhexen«, einprägsam und amüsant dargestellt.

Ullstein Ratgeber